U0357358

“十二五”国家重点出版物出版规划项目
地域建筑文化遗产及城市与建筑可持续发展研究丛书
国家自然科学基金资助项目
中俄政府间科技合作项目
黑龙江省科技计划项目

中东铁路沿线近代城镇规划与建筑形态研究

A Research on Modern Urban Planning and Architecture along Chinese Eastern Railway

刘大平　卞秉利　著

哈尔滨工业大学出版社

前 言

中东铁路是近代中国版图上一道重要的痕迹，是东北地区发展进程中重要的历史节点。19 世纪末，俄国即进入中国东北地区进行测绘，1896 年《中俄密约》签订起开始进行中东铁路建造，哈尔滨、长春、沈阳、大连等东北重要城市的形成与发展都与这条铁路的历史有着密切的联系。从中东铁路干线西部的满洲里到东部的绥芬河，从干线中心的哈尔滨到南部支线的大连，整条铁路沿线至今仍存留众多的历史城镇以及其间的大量近代历史建筑，从而形成了一条文化内涵深厚、形态独特多样的近代历史建筑遗产廊道。

中东铁路沿线的历史城镇最初是随当时铁路车站的设立而出现的，并为满足铁路建设者与管理者的生产与生活需求而不断发展起来。出于铁路沿线运行配置的需要，车站被划分为大小不同的 5 个等级，其所处的地理位置亦不同。所承担的铁路运营功能亦不同。沿线的历史城镇在城镇类型、规模、建筑风格以及景观特色等方面逐渐形成了各自的特色，这种差异性使这条遗产廊道变得更为丰富多彩。正是铁路沿线大量城镇的存在，才使这条遗产廊道的形成成为一种可能。其中，除作为一等站的哈尔滨与大连已成为东北地区的大型城市之外，横道河子、扎兰屯、一面坡、昂昂溪、博克图这 5 个在二、三等站基础上发展而来的历史城镇是其典型代表。这些历史城镇至今仍保留着相对较多的历史建筑以及基本的城镇格局。

目前关于中东铁路建筑遗产的研究已受到广泛关注，但研究的对象多集中于中心城市及其历史建筑上，而铁路沿线大部分站点的历史小城镇，一直处在被忽视的尴尬状态。本书在查阅历史文献和进行大量现场调研的基础上，通过梳理和解析中东铁路沿线 5 个典型历史城镇的规划特色、建筑类型、建造技术、建筑艺术以及文化表征，来全面揭示这一线路遗产的价值及特色：笔者主要侧重对城镇的选址与功能定位、空间结构、建筑布局、功能分区、交通网络、绿地系统等进行多方位的分析；从其依托自然环境与城镇空间结构的关系上，对各城镇的景观特色与自然和谐的环境观进行分析；从建筑平面功能布局、交通流线组织、空间组合手法等方面，解析设计手法以及建筑技术与艺术特色；结合历史城镇的发展演化历程，分析其多元、融合、传承与流变的文化表征。

近年来，沿线历史城镇开发建设的深入发展，线路上二等以下站点的历史建筑与街区面临着荒废、破败、消失的危机，原有的城镇结构与建筑肌理正在被蚕食。对中东铁路沿线历史城镇进行整体系统的调查分析，寻找文化线路遗产保护的最佳途径和方法，可以避免遗产支离破碎的片段式拼贴，并形成完善的保护策略，建立有效的保护体系，才能尽量减少整个社会进程中的缺失与遗憾。这是每一位历史文化遗产保护者应尽的义务，也是笔者撰写本书的初衷。

刘大平 卞秉利

2018.4

Introduction

The Chinese Eastern Railway (CER) was an important trace in late Chinese Qing territory and a historical node in the development of northeast China as well. At the end of 19 century, Russians entered northeast China and surveyed for the railway, which was subsequently built after the *Sino-Russian Secrete Treaty* was signed in 1896, and the history of this railway was closely connected with the formation and development of such important cities as Harbin, Changchun, Shenyang and Dalian. There still exist a number of historical towns and modern buildings along the CER, from the west point of Manzhouli to the east point of Suifenhe on the main line, and from the hub Harbin to the southern branch end of Dalian, thus forms a modern architectural heritage corridor with rich cultural connotations and various architectural forms.

The historical towns along CER were originally built due to the railway station, and developed gradually to match with the working and living needs of the railway builders and the managers. According to the general planning of the railway, the railway stations were divided into five different grades, and due to the different location and operation capability of the stations, these historical towns along CER had their own characteristics in type, scale, building style and landscape features. It is exactly the historical towns who gave the opportunity to form a heritage corridor and made the heritage corridor much colorful. Besides Harbin and Dalian, the only two of the first grade stations which later become large cities in northeast China, five typical historical towns as Hengdaohezi, Zhalantun, Yimianpo, Ang'angxi and Boketu are developed from the second and third grade railway stations, and by far the fundamental town patterns are well kept and many more historical buildings still exist.

Researches on CER architectural heritages have widely received attention, yet the research objectives mainly focus on central cities and buildings, while historical towns as the majority along the railway have been ignored. Based on extensive literature review and site investigation, this book aims to reveal the value and characteristics of this route heritage through clearing and analyzing the planning features, building types, construction techniques, building aesthetics and cultural representation of the five typical historical towns. It will especially focus on the analysis of function, spacial structure, building layout, functional zoning, transportation network and green space system. Landscape features of the towns and the environmental concept with the nature will be analyzed from the point of view of relationship between town space structure and the environment. Architectural design and building techniques and arts will be discussed through the functional layout, traffic flow line and space combination, and the multiple, blending, inheriting and developing cultural representation will be interpreted according to the evolution of the towns as well.

With the undergoing developments of the historical towns, heritage buildings and blocks in towns under second grade station are facing the situation of abandoned, broken and disappearing, together with the decline of the original layout and texture of the town. It is the duty of every historical and cultural conservator, as well as the original intention of writing this book, to investigate thoroughly and systematically of the heritages, trying to find the best way of conservation for this cultural route heritage, and to build an efficient conservation system and a sound strategy instead of a collage of fragments of the heritages, so as to reduce the regrets and deficiencies in the process of social development.

LIU Daping, BIAN Bingli

April 2018

目录
Contents

1 扎兰屯近代城镇规划与建筑形态 /1
Modern Urban Planning and Architecture in Zhalantun

1.1 扎兰屯近代的城镇规划 /1

1.1.1 扎兰屯近代选址原因 /1

1.1.2 扎兰屯近代的城镇布局 /3

1.2 扎兰屯历史建筑的功能类型和平面布局 /12

1.2.1 公共建筑 /12

1.2.2 居住建筑 /30

1.2.3 工业建筑 /36

1.3 扎兰屯近代历史建筑的艺术特色 /40

1.3.1 建筑形体与空间特色 /40

1.3.2 建筑装饰艺术特点 /46

1.4 结　论 /59

2 一面坡近代城镇规划与建筑形态 /61
Modern Urban Planning and Architecture in Yimianpo

2.1 一面坡近代城镇规划解析 /61

2.1.1 一面坡历史沿革及社会背景 /61

2.1.2 一面坡近代城镇规划形式 /68

2.1.3 一面坡近代城镇规划特征 /75

2.2 建筑的类型、空间及建造技术解析 /81

2.2.1 一面坡的建筑功能类型 /81

2.2.2 丰富的建筑空间处理方式 /94

2.2.3 多样的建造技术 /104

2.3 一面坡建筑艺术与文化表征 /113
2.3.1 建筑形态构成 /113
2.3.2 建筑手法及理念 /124
2.3.3 建筑文化表征 /129
2.4 结 论 /139
3 横道河子近代城镇规划与建筑形态 /143
Modern Urban Planning and Architecture in Hengdaohezi
3.1 横道河子近代城镇规划特色 /143
3.1.1 横道河子城镇选址及功能定位 /143
3.1.2 横道河子近代城镇结构布局 /147
3.2 横道河子近代城镇景观特色 /152
3.2.1 城镇自然景观特色 /152
3.2.2 城镇人工景观特色 /156
3.2.3 城镇文化景观特色 /160
3.3 横道河子历史建筑的功能类型 /161
3.3.1 公共服务建筑 /162
3.3.2 居住建筑 /172
3.3.3 工业建筑 /178
3.4 横道河子历史建筑艺术特色与技术特征 /185
3.4.1 建筑艺术特色 /186
3.4.2 建筑技术特征 /193
3.5 结 论 /198
4 昂昂溪近代城镇规划与建筑形态 /201
Modern Urban Planning and Architecture in Ang’angxi
4.1 昂昂溪近代的城镇规划 /201
4.1.1 昂昂溪近代的历史沿革及选址成因 /201
4.1.2 昂昂溪近代的城镇布局 /203
4.2 昂昂溪历史建筑类型 /206
4.2.1 铁路站区建筑 /206

4.2.2 军事建筑 /210
4.2.3 公共建筑 /212
4.2.4 居住建筑 /214
4.3 昂昂溪历史建筑的艺术特色 /217
4.3.1 体量组合与立面构图 /217
4.3.2 材料表达与装饰细部 /224
4.4 结 论 /235

5 博克图近代城镇规划与建筑形态 /237
Modern Urban Planning and Architecture in Boketu

5.1 形成背景 /237
5.2 建筑类型 /237
5.2.1 铁路站舍与附属建筑 /237
5.2.2 护路军事与警署建筑 /239
5.2.3 铁路社区与居住建筑 /241
5.2.4 市街公共建筑与综合服务 /244
5.3 规划特点 /245
5.3.1 顺应地势、网格布局 /245
5.3.2 功能清晰、分区严谨 /247
5.4 艺术风格 /247
5.4.1 空间处理 /248
5.4.2 材料表达 /249
5.4.3 细部装饰 /250
5.5 结 论 /253

附录 1 扎兰屯历史建筑一览表 /254
Appendix 1 A List of Historic Buildings in Zhalantun

附录 2 扎兰屯历史建筑分布示意图 /264
Appendix 2 A Sketch Map of Historic Buildings in Zhalantun

附录 3　一面坡历史建筑一览表 /265
Appendix 3　A List of Historic Buildings in Yimianpo

附录 4　一面坡历史建筑分布示意图 /286
Appendix 4　A Sketch Map of Historic Buildings in Yimianpo

附录 5　横道河子历史建筑一览表 /287
Appendix 5　A List of Historic Buildings in Hengdaohezi

附录 6　横道河子历史建筑分布示意图 /309
Appendix 6　A Sketch Map of Historic Buildings in Hengdaohezi

附录 7　昂昂溪历史建筑一览表 /310
Appendix 7　A List of Historic Buildings in Ang’angxi

附录 8　昂昂溪历史建筑分布示意图 /330
Appendix 8　A Sketch Map of Historic Buildings in Ang’angxi

附录 9　博克图历史建筑一览表 /331
Appendix 9　A List of Historic Buildings in Boketu

附录 10　博克图历史建筑分布示意图 /345

Appendix 10　A Sketch Map of Historic Buildings in Boketu

参考文献 / 346
References

图片来源 / 350
Picture Credits

后记 / 352
Postscript

扎兰屯近代城镇规划与建筑形态

Modern Urban Planning and Architecture in Zhalantun

1.1　扎兰屯近代的城镇规划

扎兰屯作为中东铁路沿线的三等站，因其独特的自然风光和气候条件被归类于避暑胜地和疗养天堂，在中东铁路附属地中具有独一无二的地位。本章从扎兰屯的地形地貌和自然条件出发，结合历史背景，分析和推断扎兰屯作为中东铁路三等站的成因。出于对西方古典主义风格规划思想的崇拜，加之考虑到军事战略的需要和当地自然地形与河流及铁路的走向，俄国规划师将扎兰屯沿铁路方向规划成具有细长方格网道路的城镇，并将扎兰屯定位为避暑度假型城镇。日本人接手扎兰屯以后，在俄国规划方案的基础上对城镇进一步划分，以火车站站舍为中心，规划站前广场和城镇公园，同时延续其平行于铁路的三条主干道，将城镇划分为三个部分。以铁道为基准，道路以西是广阔的林海和潺潺的雅鲁河，道路以东是连绵的石山，而整座带形城镇则规整地坐落在它们的中央。日本人不仅延续了俄国人对扎兰屯作为避暑城镇的功能定位，还在此基础上设立了医院和疗养院，进一步确定了扎兰屯在日本占领时期作为休闲疗养型城镇的功能定位。

1.1.1　扎兰屯近代选址原因

扎兰屯原来只是一个位于大兴安岭东部，供游牧、狩猎部落居住的偏僻小村落，它独特的自然条件和重要的战略地位使得中东铁路选址于此。扎兰屯位于内蒙古自治区与黑龙江省的交界处，背靠大兴安岭山脉和呼伦贝尔大草原，西邻雅鲁河，森林、渔牧、石材资源都极为丰富，并且是具有战略意义的咽喉要塞。中东铁路修筑后，扎兰屯不仅成为嫩江平原中重要的军事基地，而且在政治、经济、社会、文化等方面迅速发展，吸引了大量的俄国人在此定居，他们参与铁路的建设、管理，从事开采、商务、文化等活动。由于铁路建设需要大量劳动力，因此上千名中国人从山东等地也移居到这里，他们和俄国移民共同成为当时扎兰屯的主要居民。

（1）历史背景。

扎兰屯位于呼伦贝尔市南端，背靠大兴安岭，面眺松嫩平原，地理坐标为北纬47° 5'40"~48° 36'34"，东经120° 28'51"~123° 17'30"。东以音河为界与阿荣旗相依，东南及南以金长城为界与黑龙江省甘南、龙江两县及兴安盟扎赉特旗为邻，西及西北以哈玛尔山和漠克河为界与阿尔山市、鄂温克族自治旗为邻，北以阿木牛河为界与牙克石市相邻。

据专家考证，至少在7 000年前的新石器时代，雅鲁河附近就有人类活动。雅鲁河扎兰屯段山高林密，河流和鸟兽众多，作为众多动物的栖息地，它是中国古代北方游牧民族理想的狩猎场所，世代生活在索伦的鄂温克族、鄂伦春族和达斡尔族用各自独特的狩猎手法在此处捕猎鹿和狍子等动物。根据1864年黑龙江将军衙门的手稿和《黑龙江省地图册》记录可知，当时布特哈总管衙门长官的面积约为237.5 km²，扎兰屯共有21户。

扎兰屯最早的政权设置可追溯到清雍正五年，即1727年。雅克萨之战后，清政府于1689年（康熙二十八年）同俄国签订了中俄《尼布楚条约》。为加强北部边疆的防务，巩固对东北的统治，清政府修筑了黑龙江城，设黑龙江将军镇守，并于1691年（康熙三十年）在嫩江西岸宜卧奇（今内蒙古自治区莫力达瓦达斡尔族自治旗尼尔基镇北）设立布特哈总管衙门，管理布特哈八旗事务，将嫩江流域的达斡尔族人编为三个"扎兰"，济沁河、雅鲁河流域的鄂温克族人编为五个"阿巴"，建立布特哈八旗，将嫩江流域的达斡尔族、鄂温克族、鄂伦春族人均编入其中。由于正蓝旗、镶红旗同驻雅鲁河，因此在正蓝、镶红两旗设扎兰衙门并派"扎兰章京"坐镇扎兰屯，司掌正蓝、镶红两旗行政、军事和司法诸事务，由布特哈总管衙门节制。

1894年（光绪二十年），布特哈总管被废除，改升为布特哈副都统，副都统衙门从宜卧奇迁址到博尔多（现讷河市），新形成的布特哈旗以嫩江为界，分设东、西两路布特哈。新成立的两个布特哈的行政中心分别为宜卧奇和博尔多。后来，随着人口的不断增长，清政府在扎兰屯的临时政府被废除，扎兰屯被设为官庄并重新改革军队编制。

1901年（光绪二十七年）5月，中东铁路由昂昂溪修筑到扎兰屯。随着中东铁路的修筑和清政府垦荒政策的盛行，俄国人和冀、鲁、晋、黑、吉、辽等地农民纷纷涌入扎兰屯，使这一地区人口逐渐稠密，形成村屯、集镇。同时期，中东铁路方面在扎兰屯站设公务分段、消费组织、电务分段、铁路俱乐部、电灯厂、护路军支队等，同时以扎兰屯作为木材、燃料、木炭的集散地，将货物主要向满洲里地区运送。由于多民族、多元文化在扎兰屯相互碰撞、相互融合，因此缔造了扎兰屯丰富多彩的历史文化并留下了很多历史建筑。这些文化与建筑遗产记录了近代扎兰屯的发展轨迹，成为后人研究的重要内容。

（2）作为三等站的功能。

扎兰屯位于内蒙古自治区东部、呼伦贝尔市南端。它背倚大兴安岭原始森林和呼伦贝尔大草原，面眺松嫩平原，四周是呈群山重叠之势的天然屏障，地理位置险要，是内蒙古自治区通往黑龙江省的门户，亦是中东铁路二等站昂昂溪与博克图的中点。它的地形以丘陵、山地、平原和河谷为主，基本上70%是原始森林、13%是草原，还有13%是当地人种的田地，其余4%为居民点及独立工矿等用地。这里是温带大陆性季风气候，一年四个季节的平均气温达到3.2 ℃。境内一共有47条河流，湿地众多，其中四大主要的河流是绰尔河、济沁河、雅鲁河和音河，而贯穿市区里最重要的水系为雅鲁河。

扎兰屯在中东铁路规划之初被确定为三等站，面积为1万～2万km²。此地气候宜人，冬季平均

气温为 -20 ℃，最寒冷时也很少超过 -30 ℃；夏季非常清凉，平均气温为 18 ℃，最高温度不超过 35 ℃，秀美的风光十分适合度假（图 1.1）。沃斯特罗乌莫夫担任中东铁路管理局局长时期，为了中东铁路西部线的发展，将扎兰屯规划为避暑、避寒的别墅地，建设各种设备、设施，这令其扬名西欧。当时，每到夏季，有很多俄国人到此度假避暑。为此，设计师在扎兰屯建设了避暑旅馆、日光浴场等，以供使用。而到了日本占领时期，扎兰屯被建成了设备齐全的军队疗养之地，一些患病或受伤的战士被送到这里来救治、休养。正是这独特的功能定位使大量人口聚集于此，进而使扎兰屯擢升至中东铁路二等站。

1.1.2 扎兰屯近代的城镇布局

中东铁路管理局在中东铁路沿线共设置 30 余处城镇，依据规划面积可分三个等级：一级城镇面积在 5 km^2 左右；二级城镇面积为 3~4 km^2；三级城镇面积为 1~2 km^2。扎兰屯在中东铁路时期占地面积为 6 000 垧（1 垧 = 0.01 km^2），属于三级城镇。

为了保证在中东铁路的控制和管理中占主导地位，俄国人早在 1897 年就组织国人移居至此，尽管那时期中东铁路沿线附属用地的位置和面积尚未完全确定。中东铁路修筑完成后，更多的俄侨来到扎兰屯定居，在中东铁路建设过程中，中国东省铁路公司（简称中东铁路公司）还在山东、河南等地招募了大量的筑路工人，人口的日益增长令扎兰屯这个小村落迅速繁荣起来。与此同时，这里的城镇建设也拉开了序幕。与标准站点设计图纸一致，扎兰屯是以火车站为中心进行建设的。当时的中国人主要集居在雅鲁河以西（现为河西区），直到现在，铁道与雅鲁河中间的条形地带还保持着中东铁路时期的空间布局，

图 1.1　扎兰屯秀美风光

如图 1.2 和图 1.3 所示。

（1）规划思想。

俄国在工业革命之后迅速崛起，经济发展飞快。由于其在社会、经济、文化等方面受西方资本主义国家，尤其是英法两国影响较深，因此在城镇规划理念方面，俄国亦以英法等国为榜样，奉行西方城市规划理念。当时，西方资本主义国家在城镇布局上主要呈两种趋势：第一种是巴洛克形式，即以广场或教堂为城市中心呈放射状的布局形式；第二种是网格式形式，城市布局密集而有规律，类似于中国古代的城市空间结构。

中东铁路建设之初，俄国人将上述两种规划形式均运用到铁路附属地的设计中。最能够体现巴洛克风格的铁路附属地城市是大连。当时大连的土地被划分为欧洲人区和华人区。市区规划以尼古拉耶夫卡亚广场为中心，以一些地标性建筑及其他广场作为副中心，采用多核心放射状路网形态，并在广场周围建立市政建筑，如铁路站舍、银行、剧场等，同时在道路尽头设置公园和建筑作为对景。此种布局手法，继承了巴洛克风格，一直受到俄国人的青睐，采用该种风格布局的城镇显得宏伟壮丽。

哈尔滨由于受到河流、地势、铁路等影响，因此并未完全采用巴洛克形式的规划手法，而是顺应地势选择使用网格式的规划手法，只将部分区域的中心或广场用放射形道路连接起来。虽然哈尔滨的城镇形态不像大连那样迎合当时规划者的喜好，但是从城镇的长远发展角度来看，网格式的布局更加实用。

由于北侧、西侧与东侧被连绵的石山所阻，因此扎兰屯的城镇建设用地基本上是以雅鲁河为中心的平坦矩形地块。俄国人在铁路修筑之前曾针对不同等级的站点进行标准化设计图纸的绘制。标准化设计通常以铁路为分割线，而建筑则沿铁路一侧或两侧呈带状布局。三等及以上的站点城镇会配备机车库与

图 1.2　1932 年扎兰屯全景图（1）

图 1.3　1932 年扎兰屯全景图（2）

水塔，镇内设教堂、俱乐部、小学、卫生所等，且火车站前多设广场或公园，这些都是俄侨日常生活中必不可少的生活设施（图 1.4）。

在铁路建造之初，扎兰屯被明确划分为俄国人居住区和中国人居住区（图 1.5）。俄国人居住区主要集中在火车站以西的城镇北部位置，即一山、一水的中间地带。中国古代传统规划思想中也有“左青龙、右白虎、前朱雀、后玄武”一说，可见山体、河流、道路对于城镇的发展来说是很重要的。俄国人居住区东侧为山和铁路，北侧是内蒙古大草原和大兴安岭余脉，西面为雅鲁河支流，河流、森林和草地间还有一些湿地。俄国人居住区的交通情况、生态环境和自然资源都是十分有利的。俄国人居住区内建筑风格大多为俄式田园风，建筑质量高且容积率低，从日常生活角度来说，颇为适居；建筑多沿地块边缘布置，每栋建筑均有自己的庭院。考虑其以游览观光为主的城镇总体定位，每栋建筑的立面或者山墙部位还设置了室外敞廊，以方便居住者与秀美的自然风光亲密接触。位于扎兰屯北侧的中东铁路避暑旅馆是中东铁路时期整个扎兰屯为数不多的二层建筑之一，是当时俄国人来扎兰屯避暑的居住地。虽然建筑只有二层，但在当时来说，其视野宽阔，几乎能够看到附近所有景色，尤其是与它相邻的城镇西北部的景观（现扎兰屯吊桥公园）。

中国人居住区主要集中在城镇西南侧，区内建筑多以土坯、草杈为材料，与俄国人居住区的建筑相比，这里的建筑质量较差且容积率高，公共服务设施差，景观绿化大多为周围天然的林场和草原，并没有公园或是庭院绿化等，与俄国人居住区相比较为简陋、杂乱（图 1.6）。

1905 年俄日缔结《朴次茅斯和约》后，日本获得了关东租借权和南满铁路（简称满铁）经营权，并占领了中东铁路支线。日本在最初经营满铁时沿袭了俄国的经营方法，在迁入大量日本移民的同时，开展铁路沿线的城镇规划。从 1907 年到 1909 年间，日本一共实施了 15 个重要城镇的城镇规划案，到 1923 年 3 月为止，完成了附属地 140 个地点的城镇规划工作。与此同时，日本将南满铁路附属地的建设经验结合日本国内已有的都市计划内容汇编成文，制定法律法规，以期为伪满洲国的城镇规划工作提供依据。

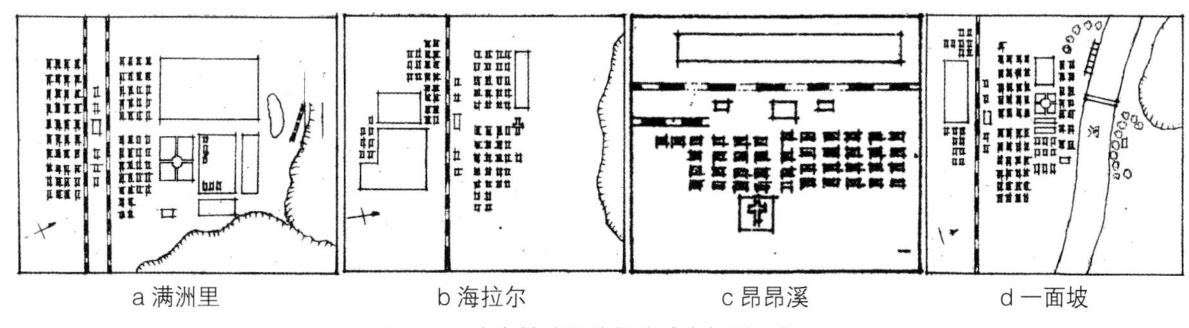

a 满洲里　　b 海拉尔　　c 昂昂溪　　d 一面坡

图 1.4　中东铁路沿线部分站点规划示意图

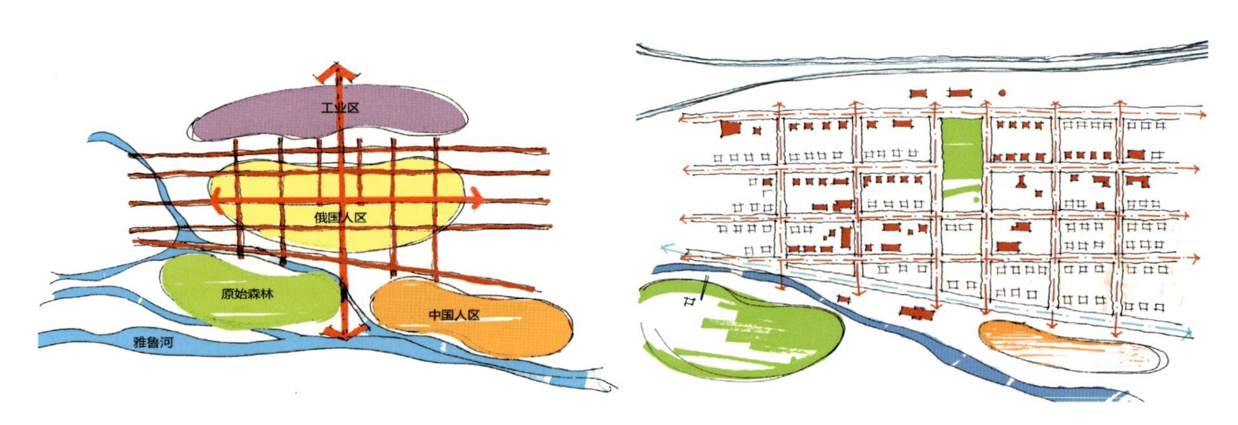

图 1.5　中东铁路时期扎兰屯功能分区图　　图 1.6　中东铁路时期扎兰屯规划示意图

九一八事变以前，日本就有侵吞中国东北甚至中国全境之野心。为了更好地掌握中国东北的自然地理、经济文化和社会现状，日本关东军委托满铁调查课对东北和内蒙古的各州县进行了全方位的调研，并完成《关于满蒙占领地统治的研究》一书。九一八事变以后，日本建立伪满洲国，随即将之前对于满铁附属地的建设经验融合在了伪满洲国的建设之中。1933 年 2 月发表的《满洲国建设摘要》将城镇规划的立案过程分成四期：

第一期（1931 年 12 月到 1934 年）。在这段时间中，满铁经济调查会不仅对三大都市（辽阳、长春、哈尔滨）进行规划立案，而且出于军事上的考虑，也对小城镇（图们、北岸镇、牡丹江）进行规划立案。同时，关东军司令部于 1933 年完成了《满洲国都市计划实施基本纲要》。

第二期（自 1935 年至 1937 年）。这期间，满铁经济调查会与伪满洲国合作进行都市立案的规划，并且对地方上重要的城镇（铁路交叉点及县城所在地）也进行规划立案。

第三期（自 1938 年至 1939 年）。这一时期由于日本方面希望满铁附属地之规划尽量与伪满洲国一体化，所以他们一方面进行都市计划事业，另一方面着手地方城镇的规划立案。

第四期（自 1940 年至 1945 年 8 月）。这一时期由于满铁附属地上经历了战争，建筑材料不足，城镇建设呈低迷状态，一些规划好的城镇并未按原定计划进行建设。

日本在经营满铁之前，其国内的城镇规划也刚开展不久，很多对于城镇规划的探索与实践都是在中国的土地上首先施行的。日本在南满铁路沿线规划的第一座城镇是大连，设计师为后藤新平，他被认为是日本的“都市计划之父”。他曾担任东京市长，在任期内发表《东京市政纲要》，主持关东大地震后的复兴计划主干规划，其被认为是日本国内真正的城镇规划。

后藤新平的很多规划理念在当时是极富前瞻性的。他与团队对于城镇规划的法规制定全面而翔实。在城镇规划立案之初，他们首先根据该城镇的军事、文化、经济等因素定位都市的类型（用途）。例如，在满铁时期，日本将附属地建设分为三类，根据城镇的不同性质设计不同的城镇规划思路：一类是综合性较强的较大都市，它们在一定区域范围内具有影响力，如长春、潘阳等地，是在原有的旧城区与附属地之间的地域上进行建设，让这些原本的“城市郊区”成为商埠地，使得城镇往往呈现出三种迥然不同的城镇风貌。一类是农产品的集散城市，这些附属地在建设之前属于落后的农村或是无人的荒野，如开原、四平、公主岭等。一类是具有工矿都市性质的附属地，如鞍山、抚顺和本溪，它们本身富含丰富的矿产资源。

在确定城镇类型之后，城镇规模随之而定。在确定规划人口与密度后，就可以用面积来决定城镇的大小，并且在城镇规划区域的外围设定绿地区，以防未来城镇过度发展。同时，还根据区域的位置综合考虑交通工具、现有市政设施、地形等因素。

日本接手中东铁路后，由于很多附属地城镇早期已被俄国规划过，因此一般在遇到这类城镇的时候，日本大多会保留原有城镇肌理，在承续俄国人规划的同时保证新开发区域与原有城镇肌理的衔接。扎兰屯的规划思想就是如此。

总体来说，日本人在城镇规划方面具有长远眼光，在学习西方国家规划方法的同时又有自己对于规划领域的探索和研究。

（2）总体布局。

中东铁路时期，扎兰屯总体分为三大区域：铁道以东的采石场与火车站、仓库、机车库等为铁路工业区；铁道以西的城镇南侧为中国人居住社区；铁道以西的城镇以北是俄国人居住社区。本章主要以俄国人居住社区为研究对象，因为该区域的空间结构是通过组织规划形成的，与中国人居住社区自组织形成不同，俄国人居住社区的肌理形态最终成为扎兰屯城镇化发展的基础。

俄国人居住社区规模不大，占地面积为 1~2 km²。从整体上看，虽然城镇不是中轴对称式布局，但是以火车站、站前广场为中心，由东向西，还是形成了一条城镇纵轴。轴线两边建俄式住宅，并形成了较为集中的居住区。为方便铁路职工工作，住宅区离铁道很近。与城镇纵轴垂直的道路即为现布特哈北路，该路两侧大多分布教堂、学校、商业等公共建筑，是当时扎兰屯非常重要的一条街道。城镇的西北角是一片原始森林，为当时俄国官员来扎兰屯度假、狩猎的场所。原始森林以南是华人聚集的区域，其中最著名的商业街叫“葛根路”，道路两侧汇聚了很多商店和手工作坊，店面多为前铺后居的形式，这里后来成为华人社区的商业中心。

日本占领扎兰屯之后，面对在一定程度上已经有过土地规划和建筑设计的情况，日本规划师采取的处理手法并不是将原有建设完全丢弃而对其进行重建，而是从实际角度出发，测绘和评估已有的土地规划和建筑功能，按照实际需要保留他们认为有价值的部分，再依据满足日本人居住需要这一基本原则，进一步实行城区新空间、新功能的开拓，如新建公园、医院、神社等，并于 1942 年 12 月公布《改正都邑规划法》、1943 年 2 月公布《改正都邑规划法实行规则》。

针对扎兰屯，日本有关部门通过对城镇自然环境、人口、资源、交通、生产、劳动力等资源进行调查，然后拟定新规划政策，并且先后两次绘制扎兰屯城镇规划图。从当时的设计图中可以看出，设计者大到对城镇产业选点、人口配置、交通网规划、水利规划、行政区划、福利设施规划，小到对神社、寺庙、景观区域的设立都有一定考虑。日本占领时期的扎兰屯，从原来以度假休闲为主的小城镇发展成为集政治、军事、工业、旅游、商业于一体的中心城镇。

日本占领时期，扎兰屯的城镇结构延续了中东铁路时期的城镇肌理，同样在城镇中形成了两条轴线：一条是经火车站、站前广场由东向西延伸的轴线，城镇大部分公共、商业建筑都设立在这条轴线两侧；另一条轴线即从北到南原划分居住区和城镇公园的斜道（现中央北路），这条路在中东铁路时期是城镇的边缘道路，在日本占领时期是伪满洲国的行政中心，大部分的伪满洲国政府机构都沿这条道路两侧建筑。而城镇的居住空间不止局限在站前部分，还向城镇南侧扩展，同时，居住区附近还设立了军事基地、增加了教育机构和宗教区域，用来满足在扎兰屯的日本人的生活需要。

从城镇功能分区来看，其用地类别主要为以下五种：居住用地、商业用地、工业用地、混合用地和绿地。城镇中有些功能分区有着明确的用地界限，如工业、市政、行政、墓地等，而有些功能分区则是夹杂在一起的，或者是按照服务半径进行规划的，如商业、文教、社交、居住、宗教等。除了规定用地性质、用地范围界限之外，城镇规划上的重要设施以及重要的建、构筑物的种类、名称等都在规划图上标有注释。

具体分析，城镇工业区依然集中分布在铁道两侧，铁道以东是采石场，铁道以西是服务铁路运输业的机车库、水塔、仓库等。城镇的市政用地位于工业区以西，如发电所、电气区。城镇社交区域主要位于站前广场以及东西轴线上，轴线两侧分别设有公园、茶道室和日本餐厅等。周边的居住社区内还混合了商业、宗教、教育、医疗等功能的建筑，这些建筑主要分布在中东铁路时期的城镇东西轴两侧。中东铁路时期的大部分建筑的功能到了日本占领时期仍在延续，如中东铁路避暑旅馆、六国饭店和扎兰屯站原东正教堂，少部分建筑则被重新改造、利用，如原路立俄侨子弟小学被改建为满铁独身宿舍。

为丰富原有城镇的建筑功能类型，满足日本移民的需要，设计师在扎兰屯成立了满铁生计所和满铁厚生会馆，它们分别是提供生活用品和社会福利及保障的机构。日本人还在扎兰屯修建了武德殿、神社这类宣扬日本传统武道精神的、具有宗教意义的建筑，以及用于培养日本儿童的教育类建筑。根据当时的规划图纸可知，扎兰屯拥有两所小学，分别位于城镇北部和西南部，服务半径约为 400 m，几乎覆盖了当时的整个扎兰屯城镇，除此之外，还有两所高等院校位于铁道以东，分别是警察学校和指导学校，学校的数量也从侧面反映了当时在扎兰屯的日本人，尤其是日本年轻人的数量较多。

位于东西轴线以南的一大块地是日本守备队驻扎用地。大部分新规划的居住用地位于军事用地以南。日本人规划居住用地的组团地块面积都比较大，即便在小城镇也是如此，它们的位置通常远离城镇原有居住社区，以便创造舒适、宁静的居住环境。

中东铁路干线（以下简称干线）各处地势多变、景色优美、气候宜人，日本接手中东铁路后将原本具有疗养、度假职能的几个城镇的职能延续下来，如扎兰屯、兴安、巴林、富拉尔基等。日本人还在各地原有设施基础上加建了疗养所和医院等，尤其是扎兰屯，由于其从中东铁路时期就是中东铁路沿线著名的避暑胜地，因此到了日本占领时期，这里更是成了西部线上最大的疗养基地。据记载，当时扎兰屯内共有两所大医院，一所疗养院，两所大医院分别是满铁病院和旗立病院，用于医治贫血、神经衰弱、忧虑、肺痨各症及半身不遂、肥胖等病。目前，这两所医院都已被拆除，但疗养院建筑依然存在，只是已废弃不用。

扎兰屯的行政中心建筑主要集中在贯穿城镇南北，现布特哈北路上。当时，这条街道两侧多为政府建筑或能够主导人们生活的企业。其中，公署、协和会、兴农社三家是日伪政府进行侵占活动不可缺少的三大机构，这三家共同执行城镇的宪法、群众教育、经济生产等大事，实行一体化管理，当时被称为“三位一体”。扎兰屯作为当时的中心区域，同时设有三座公署，分别是兴安东省省公署、布特哈旗旗公署和扎兰屯街公署。日本人在建立伪满洲国后，设立伪满洲国兴安局，并于1933年将原设立在齐齐哈尔的兴安东分省公署临时办公处改迁至扎兰屯，并在扎兰屯正式建立兴安东分省公署。同年，兴安东分省将布特哈左翼、右翼两旗合并，建立布特哈旗，隶属于兴安东省，伪旗公署设在扎兰屯。布特哈旗旗公署下辖恩和、乌尔吉、济沁河、博克图四个区和扎兰屯街公署。除公署外，布特哈北路两侧还设有银行、畜产公社、电子公社、警察署等，这些机构和企业掌握了扎兰屯的政治、社会和经济命脉，对城镇的发展起到决定性的作用。

自1903年中东铁路全线通车至1932年扎兰屯设立日本伪政府机构，短短30年里，扎兰屯的人口增长至3万多人。1939年的人口统计资料显示，当时仅在扎兰屯的日本人就有1 850人之多，其他为中国人。随着人口的增长和经济的发展，扎兰屯的中国人居住区的经济发展也在一定程度上从以传统农业、手工业为主向以工商业为主转型，并于1937~1939年间到达鼎盛时期。据统计，截止到1940年，扎兰屯有大小工商业150余家，有门头有字号的不超过50家，资本总额约20万元伪币，贸易额约110万元伪币。这些收入大多来自中国人居住区的商业中心葛根街。葛根街全长约1 km，是当时扎兰屯中国人居住区的经济中心。街道附近的几十家百货店、杂货店自北向南依次排列。葛根街旁的店铺多采用前商后居形式，经营方式主要有独资与合资两种。在分配形式上，多数店铺采取股东占一半、员工占一半的比例分配收益。每个商店各有自己的销售地盘，各有自己的老主顾，这些地盘和老主顾都是在关系和信用的基础上建立起来的。例如，建于1936年的通裕号位于葛根街北路口，以合资方式经营，除经营百货、日杂等国货外，还经营洋货，主要商品有牙膏、牙刷、棉线、棉袜、蜡烛、火柴、香皂、毛巾等。通裕号店铺面积为400 m²，店伙计有20多人，统一着制服，接待的顾客主要是日伪高官。此外，葛根街旁还有一些食品工业和手工业作坊，如汽水糖果厂、粮米加工作坊、酱菜厂、磨坊、皮铺等。

（3）道路规划。

中东铁路时期的扎兰屯道路网呈矩形交叉的网格状，这种路网有两方面优势：一方面，从军事角度来说，这种路网有利于城镇的快速建设，容易使城镇在较短的时间内形成一定规模，比较适用于扎兰屯这种因修建中东铁路，人流大量聚集形成的城镇，同时，网格状路网更便于土地的划分和交易，且对不同地形的适应性较强，易于形成良好的城镇秩序，便于城镇的管理，有利于附属地对外扩张；另一方面，受到铁路和河流的影响，扎兰屯的发展建设几乎是围绕铁路进行的，城镇建设自然地沿着铁路两侧呈带状蔓延，而铁路也起到划分城镇区域的作用。对于扎兰屯影响较大的河流是雅鲁河支流。在中东铁路修建以前，当地居民为了方便获取生活、生产用水，在河边建设聚居地，且在铁路成为城镇主要的交通运输工具之前，大部分运输方式是河运。河流在给城镇的发展带来便利的同时也影响着城镇的整体布局和未来发展。

在中东铁路时期，俄国人居住区主要有四条南北向，与铁道平行的街道，分别为一道街（现沿铁路）、二道街（现扎兰路）、三道街（现布特哈北路）以及葛根街所在的街道（现中央北路）；另有四条东西向街道，当时名称不详，现分别为新华街、铁小街、站前街、水塔街，它们与南北干道相互交叉，划分地块，地块面积一般在 4 000 m² 左右，每个地块可以形成一个居住组团，俄式住宅每 3~5 栋为一组分布其中。中东铁路局 1907 年人口统计显示，当时在扎兰屯生活的俄侨达 1 643 人，若按核心家庭每户 5~10 人计算，有 100~200 户。除此之外，该区内还散落着其他服务于居民生活的其他类型建筑，如小学、医务所以及一座东正教堂。

中东铁路时期的街道尺寸约 15 m（红线间距），虽未考虑到之后汽车的发展对城镇交通的影响，但是这个尺寸已经完全能够满足10辆马车同时平行通过，说明扎兰屯道路交通的规划是具有一定前瞻性的，在一定程度上考虑到了未来人口的发展和城镇规模的扩大。通常，街道两侧的建筑的正立面面向街道，建筑风格基本一致，高度控制在一、二层，密度较低。在一些拐角处，建筑会设计成 L 形，以照顾街道两旁建筑立面的延续性，体现了俄国规划师对于临街界面的重视。

日本占领扎兰屯时期的城镇路网，基本上是在俄国遗留城镇肌理的基础上进一步完善和扩展形成的。日伪政府 1942 年公布的《改正都邑规划法》规定，都邑规划范围内的地段面积、容纳人数、户数及街区形制都应有一定的比例要求。例如，市区内居住用地、商业用地、混合用地的面积在 25 000~60 000 m² 时，能够容纳人口为 2 000~3 000 人，大约为 600 户，其街区面积为 40~60 m²；而工业用地则需要根据工厂规模和种类等因素确定。根据该比例计算，扎兰屯已规划的城镇面积为 90 000 m²，预计人口应达到 3 000~4 500 人（规划人口主要为日本人），单个街区面积为 60~90 m²。现存规划图中所绘街道尺寸与地段面积都符合法规要求。而道路多建成 5~36 m 宽，路面材料为柏油或碎石，其上灌以沥青，道路两旁的沟渠用洋灰修建。宽 10 m 以上的道路，道两边修人行道。另外，有些街区还被控制容积率和建筑高度，并且规定市区用地范围内的建筑基地均要有 40% 以上的空地。

从沿街建筑立面来看，日本占领时期的建筑风格较中东铁路时期更为多样，且建筑体量也相对较大。由于当时的日本建筑师在设计建筑时受到多方面条件的影响，所以设计出的建筑的风格能够反映出当时社会和国际上的一些潮流波动。例如，位于现结核病医院院内废弃的住院处，原来是日本侵略时期的疗养中心，它属于体量和占地面积都较大的建筑。建筑采用砖材砌筑，外观十分简洁，在屋顶和山墙面以及入口门廊的处理上大量使用俄罗斯风格的装饰构件，使建筑整体风格上带有欧式元素，似乎是有意要与俄国人遗留下来的俄式建筑相协调。而作为扎兰屯政治中心的兴安东省省公署的建筑造型与新京（现长春）的部分建筑造型极为相似，都是结合中国传统建筑中的大屋顶和斗拱来设计建造的。日本设计师设计这种形式的建筑主要是考虑到日本对中国的侵占势必会造成中国人民的不满与反抗，认为将建筑物设计成中国传统建筑形式可以博得中国人的好感，事实上是没有作用的。还有一些日本平民的住宅，形式较为现代，没有太多立面装饰，简洁实用。日本占领时期扎兰屯的沿街建筑立面更具有连续性，因为当时大部分公共建筑都是正立面面阔较宽的长矩形平面布局，并且多为中轴对称式，所以虽然它们多为两层建筑，但由于占地面积较大，仍然给人一种雄厚、敦实之感。

（4）景观规划。

优美的绿化景观在扎兰屯的城镇规划中占有很重要的地位。由于扎兰屯的功能定位为休闲度假，所以无论是道路绿化、公园绿化还是环城绿化都始终贯穿在整个城镇建设中。道路绿化是城镇中最常见的绿化形式，有两种表现形式：行道树和林荫大道。因为扎兰屯道路较宽，靠近红线两端的预留面积较大，所以方便种植行道树。行道树与居住建筑周边的绿化相结合，使树木看起来疏密有致，摆脱建筑立面构图的单一感。当时的林荫大道与今天的步行景观大道有很多相似之处，可以说是广场、道路与公园的结合体。扎兰屯站前广场即为林荫大道的形式，四周植树，中心有硬质铺地与绿化，这种组合形式不仅有利于站前人流的疏散和聚集，还增加了城镇的整体绿化面积，是一种较为先进的娱乐、休闲露天场所形式。

位于城镇西北的公园原本是一片原始森林，有雅鲁河支流潺潺流过，符合俄国人一贯喜爱将公园与水系相结合进行规划的设置条件。俄国人在公园附近修建吊桥、日光浴场、避暑旅馆等设施，服务来此度假、避暑、狩猎的俄国官员和城镇居民。这个公园到现在还被保留着，现为扎兰屯地区远近驰名的吊桥公园（图 1.7）。扎兰屯的城镇除了有铁路和河流这两条人工和天然的界限之外，还有原始森林作为环城绿带，避免城镇快速发展而无限度地向周边扩散。

日伪政府对于城镇内绿地系统的重视程度绝不亚于俄国人。从现存的当时的规划图中可以看到，除了站前广场旁的公园之外，东西轴线的北侧位置同样规划有公园。为满足疗养度假的需要，大面积的自然山水游园是城镇中必不可少的部分。日本沿用了俄国在城镇西北部规划的休闲绿地，并加建许多设施，使之成为城镇公园。园内除了俄国遗留的吊桥、日光浴场之外，还设置有大面积铺装、运动场地和纪念碑等，公园附近的中东铁路避暑旅馆也被改为温泉旅馆，为日本人服务。这些公园绿地与行道树和城镇周边的天然山林共同组成日本占领时期扎兰屯的城镇绿地系统。每到夏天，整座城镇被绿色包围，如同坐落在森林里一般，同时，城镇大面积植树遮阳，利用水流以获取清凉之气，使人们的居住环境更加舒适，城镇特色更加鲜明，从而吸引着越来越多的人来此游玩。

图 1.7　吊桥公园景色

（5）市政规划。

在市政设施等方面，俄国人铺设公路，配进水管和排水管，在街道上设置路灯和垃圾箱，在公园里设置座椅，在生活区内的居住组团中集中设置水井、污水池、公共厕所、仓库、冰室和开水房等，这些服务设施的建设为居民的生活提供了便利，为城镇的正常运转提供了最基本的保障。

与中东铁路时期相比，扎兰屯的市政规划在日本占领时期可以说达到了一定的规模。通信设施、电力设施、给排水设施和一些城镇基础设施在这一时期均实现了从无到有的历史性进展，各类设施的分布特点可以从当时的规划图中看到：发电所和电气区均位于城镇工业区内，其生产的电量主要用于工业生产；邮政局负责市民日常邮政、电报、电话等服务项目，被设置在城镇中心，交通便利；当时的给排水系统虽然不能将整个城镇覆盖在内，但在比较重要的市中心区域和医院、政府所在地以及新建日本人居住的社区内均铺设了管网，以方便人们的日常生活。此外其他基础设施，如道路、路灯、广场、绿地等，均有大量建设。

1.2　扎兰屯历史建筑的功能类型和平面布局

扎兰屯现存的历史建筑大概有 55 栋，其中已有很多建筑被列为全国文物保护单位。这些历史建筑承载了扎兰屯近代一百年的兴衰荣辱。它们精湛的建造工艺体现了当时工程师们的高超技艺，精美的建筑形态展现了那一时期的建筑思潮和富有民族性的装饰艺术，而丰富的建筑功能则表明了当时人们的生活状态。如今这些建筑大多得到了保护、修复，如重新加固、安装防震带等。下面将分三个类别对这些建筑进行整理分析，三种类别分别为公共建筑、居住建筑和工业建筑。

1.2.1　公共建筑

扎兰屯的公共建筑类型丰富、风格多样，包括商业、金融服务业和交通、文教卫生、行政办公业建筑，以及满足城镇居民不同信仰的各类宗教建筑。这些公共建筑在中东铁路时期是扎兰屯城镇繁荣的主要体现。时至今日，大部分俄国人遗留的建筑以及小部分日本人遗留的建筑仍在使用。这些历史建筑多为厚重、稳健的形象。详细分析它们的功能和布局有助于我们了解扎兰屯公共建筑的具体情况。

（1）文教建筑。

中东铁路开工之后，大批俄国人涌入扎兰屯，兴办学校成了当务之急。为了使在华定居的俄国青少年能够受到良好教育，俄国人特别将中东铁路附属地分为四个特别学区：哈尔滨市即第一学区；哈满沿线是第二学区；哈绥沿线是第三学区；哈长沿线是第四学区。前三个学区位于中东铁路主线，最后一个学区位于中东铁路支线。当时，第一学区共有学校 18 所，高小学生 1 422 名，初小学生 5 865 名；第二学区有学校 19 所，高小学生 519 名，初小学生 2 778 名；第三学区有学校 21 所，高小学生 538 名，初小学生 2 831 名。中东铁路主线上的三个学区共有学校 58 所，高小学生 2 479 名，初小学生 11 474 名。虽然当时东北地区民众教学水平和受教育程度都比较低，但这些学校只招收俄侨子弟，并不收纳中国学生。据史料记载，扎兰屯当时设有两所小学，这两所小学的建筑依然保留至今。

① 原路立俄侨子弟小学。

第一所小学位于扎兰屯布特哈北路原铁路职工子弟小学院内。建筑始建于 1901 年，1903 年竣工。建筑的使用功能在历史上曾经历多次变更：1903 年至 1918 年期间为路立俄侨一级小学，1919 年至 1923 年是苏联员工子弟学校，1924 年至 1925 年间为东省铁路十七小学，1925 年至 1936 年为东省特区，第二学区，十五小学。在日本管辖时期，该建筑曾作为满铁青年公寓，中华人民共和国成立以前的一段时间为苏联红军第 7 军 602 师师部和内蒙古革命军骑兵第五师师部，1947 年以后恢复成小学。建筑为俄式风格，中华人民共和国成立后为使用方便，建筑内部加建了一些隔墙和门窗，且建筑外立面也经过修缮和加固，整体保存完好，有很高的保护价值。

原路立俄桥子弟小学占地面积为 1 009.5 m²，建筑只有一层，坐北朝南。建筑南侧有操场，北侧有两栋辅助用房。建筑总平面形如飞机，几乎呈轴对称形式布局，面宽达到 80 多 m。建筑入口处设有四边形方厅，尺度不大，方厅的两侧是办公室和收发室。东西向走廊组织室内交通，将伸向两侧的“机翼”同中心区域联系起来。走廊两侧的房间主要是教室和办公室，由于这部分空间除了有承重墙承重外，还设有立柱辅助承重，所以空间相对灵活，从测绘平面图（图 1.8）可见，这部分空间的隔墙目前已经被拆掉。建筑最北端的房间（即“机尾部分”）曾作为学生们的活动室，设有独立出入口。建筑西侧端部设有木质敞廊。考虑到防火疏散的要求，建筑的东西端部以及南北端部均设出入口（图 1.9）。

学校北侧的两栋建筑，均采用石材砌筑。一栋建筑现在被用于扎兰屯站铁路小学食堂，另一栋建筑曾被用作仓库，现已废弃（图 1.10）。作为食堂的小建筑只有一层，占地面积为 117 m²，砖石结构，双坡顶，装饰风格与原路立俄桥子弟小学相似。从总体上看，该栋建筑虽然精美，但等级却没有前者高。食堂建筑面宽相对较大，但层高较低。立面开高窄窗，并且窗户较少，建造工艺较为粗糙，几乎没有装饰，

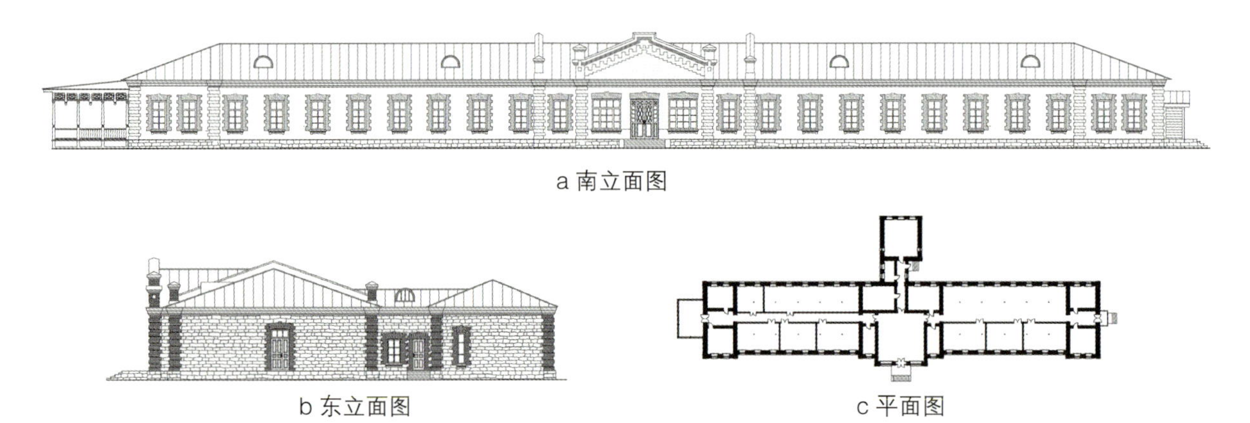

a 南立面图

b 东立面图

c 平面图

图 1.8　原路立俄桥子弟小学测绘图

图 1.9　原路立俄侨子弟小学

a 食堂

b 仓库

图 1.10　学校北侧的食堂与仓库

从整体看来更像一座仓库。猜测是当时储存桌椅等教学用具的地方。

② 中东铁路沙俄子弟小学。

原路立俄桥子弟小学可容纳很多学生，但为了服务和容纳周边更多俄侨子弟，除了这座小学之外，扎兰屯铁路街与扎兰路的交汇处还有一栋建筑，名为中东铁路沙俄子弟小学（图 1.11）。

图 1.11　中东铁路沙俄子弟小学

中东铁路沙俄子弟小学建于 1910 年，平面呈 L 形，山墙分别靠北侧和东侧，为南向留出一个小院，推测是当时给孩子们活动的地方。建筑内部空间几乎都被改建，除了样式精美的壁炉得以保存之外，几乎已经找不到俄罗斯传统建筑室内装饰的影子，所以无法推测以前的格局。建筑外立面也被翻新，以前的双层木窗已经换成塑钢窗，一些窗洞还被砖块堵死了。铁皮屋面和木质山花经过重新修补、粉刷，看起来焕然一新。

日伪政权接管扎兰屯之后，大量的日本移民来此定居，铁路沿线经济一度十分兴旺，更需要大量人才。除了满铁小学、日本小学校等初等教育学校之外，日本人还在铁道以东开设指导学校、警察学校这类高等教育院校。同时，为了方便统治当地居民，日伪政府还专门开设学馆，并强制中国儿童进入学馆学习。

（2）医疗建筑。

① 中东铁路扎兰屯卫生所。

中东铁路扎兰屯卫生所始建于 1903 年，现名扎兰屯文物保护管理所，位于站前广场南侧的扎兰路上，是内蒙古自治区重点文物保护单位。中东铁路主线和支线分段施工，卫生部门为配合施工，便在主线和支线上分设医务段，医务段下设医院、医务所或助医所。据统计，该时期主线共设 14 个医务段，支线共设 5 个医务段。扎兰屯地区为第五医务段，服务区间共 174 俄里。管内职工、家属共 432 人。下设中东铁路扎兰屯卫生所。

中东铁路扎兰屯卫生所的配置为病床 5 张，定员 7 名，医师 1 名，助医 2 名，建筑面积不大，占地面积约 426 m²，使用面积为 233.7 m²，只有一层。建筑坐西朝东，平面呈 L 形，通过单廊组织内部交通。入口在东侧立面中心处，对应入口处的3间办公室是医生的值班室和出诊室，出诊室相邻两间之间设壁炉，正对入口处的壁炉可以通过加热入口空气，减少热损耗，达到保温效果。垂直于办公室的连廊南侧是供病人住院或临时休息的病房，有独立的出口通向后院（现被改为窗户）。病房区设 3 组壁炉，分别为相邻两间病房供暖。位于建筑北侧尽头的房间是护士站以及配药室，也有独立的出口。配药室西侧的房间内设有地下室，面积不大，推测是当时用来储藏药品的储藏间。配药室出口对着一个俄罗斯风格的木质露天阳台，可供人们在夏季乘凉（图 1.12）。

中东铁路扎兰屯卫生所是典型的俄式风格的砖木结构建筑（图 1.13），以砖墙承重，上托木结构屋架，门窗洞口采用砖券。与其他中东铁路附属建筑不同，扎兰屯现存的俄式建筑大多为四坡屋顶，屋顶坡度适中，高度约为整个建筑立面高度的 1/3。整栋建筑唯一一处用金属材料作为结构构件的是地下储藏室，储藏室棚顶采用工字钢过梁，这种做法也是中东铁路附属建筑中地下室的常用做法。

② 日本占领时期疗养院。

日本占领扎兰屯时期，日伪在原有医院及疗养院的基础上大量新建医疗建筑。疗养院与医院不同，一般不会给患者做医疗方面的救治，接待的多是需要康复休养的患者，且通常会配备专业的医生和营养师。由于扎兰屯风景优美、冬暖夏凉、气候适宜，所以有很多重伤军人和慢性病患者在此休养身体。

现遗留在扎兰屯结核病医院内的废弃二层小楼就是当年一度繁荣的疗养院之一。它毗邻雅鲁河而建，环境优美，并且与当时的吊桥公园和温泉旅馆距离较近，病人闲暇时可以到公园游览散心，有助于康复和恢复身体。从历史照片中能够领略日伪疗养院附近的自然风光（图 1.14），当时的疗养院周边到处都

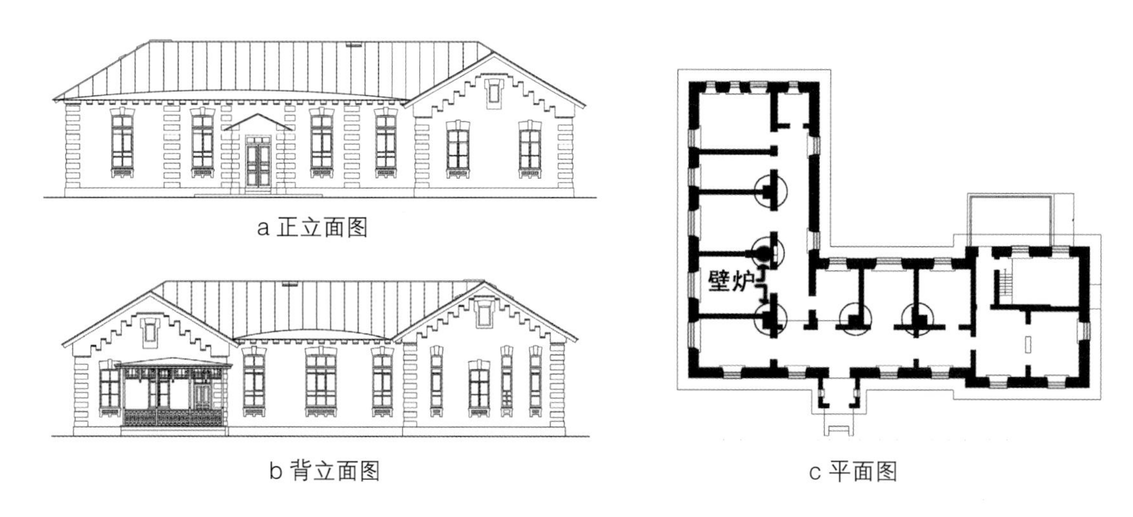

a 正立面图

b 背立面图

c 平面图

图 1.12　中东铁路扎兰屯卫生所测绘图

图 1.13　中东铁路扎兰屯卫生所

图 1.14　日伪疗养院周边景色

是树荫和草地，远处有雅鲁河支流潺潺流过，疗养院附近还设有林间小路和座椅，很适合病人在此散步、治疗、调养身体。建筑坐北朝南，平面呈 L 形，占地面积约为 720 m²，规模较大。疗养院为二层建筑，一层为部分诊室和治疗室，二层为疗养院病房。建筑整体为日式和欧式混搭风格，用木构件作为装饰物，装饰建筑的山墙面和立面窗户，简洁美观（图 1.15）。

（3）商业建筑。

① 中东铁路避暑旅馆。

扎兰屯商业建筑的类型丰富、风格多样，最能代表其休闲度假的城镇功能定位。其中，最有代表性的建筑为中东铁路避暑旅馆。

中东铁路避暑旅馆始建于 1905 年，1937 年时为六国饭店的一部分，中华人民共和国成立后有段时间曾作为内蒙古革命军骑兵五师师部，现为扎兰屯中东铁路历史研究学会（图 1.16）。

建筑位于原路立沙俄子弟小学东侧。建筑坐东朝西，面积约 800 m²，俄式斯拉夫风格，砖木结构，四坡屋顶，铁皮屋面，线脚丰富。建筑有着符合北方寒冷地区气候特征的厚重形象。建筑墙体采用红砖砌筑，共两层，层高较高，和同一区域的一层建筑群相比，显得高大、宏伟。

图 1.15　日伪疗养院

a 1930 年

b 2013 年

图 1.16　中东铁路避暑旅馆

建筑内部空间如今已经经历了较大程度的维修和翻新，在原有的砖石承重墙内嵌入钢构件加固，室内天棚的发券被保留下来。从建筑测绘图中能够看出，一楼入口正对楼梯，一层与二层上下对位；位于东侧的房间面积较大，西侧房间面积较小。虽然没有详细的史料佐证，但是由于该旅馆在当时属于形制较高的服务型旅馆，接待的多为高级官员，并且当时的技术上已达到设计室内卫生间的水平，所以推测中东铁路避暑旅馆与铁路五号楼一样，已有室内卫生间、水房等。建筑山墙两端均设置木质敞廊，敞廊一、二层对位。旅客可通过山墙入口来到室外敞廊，欣赏美景（图 1.17）。

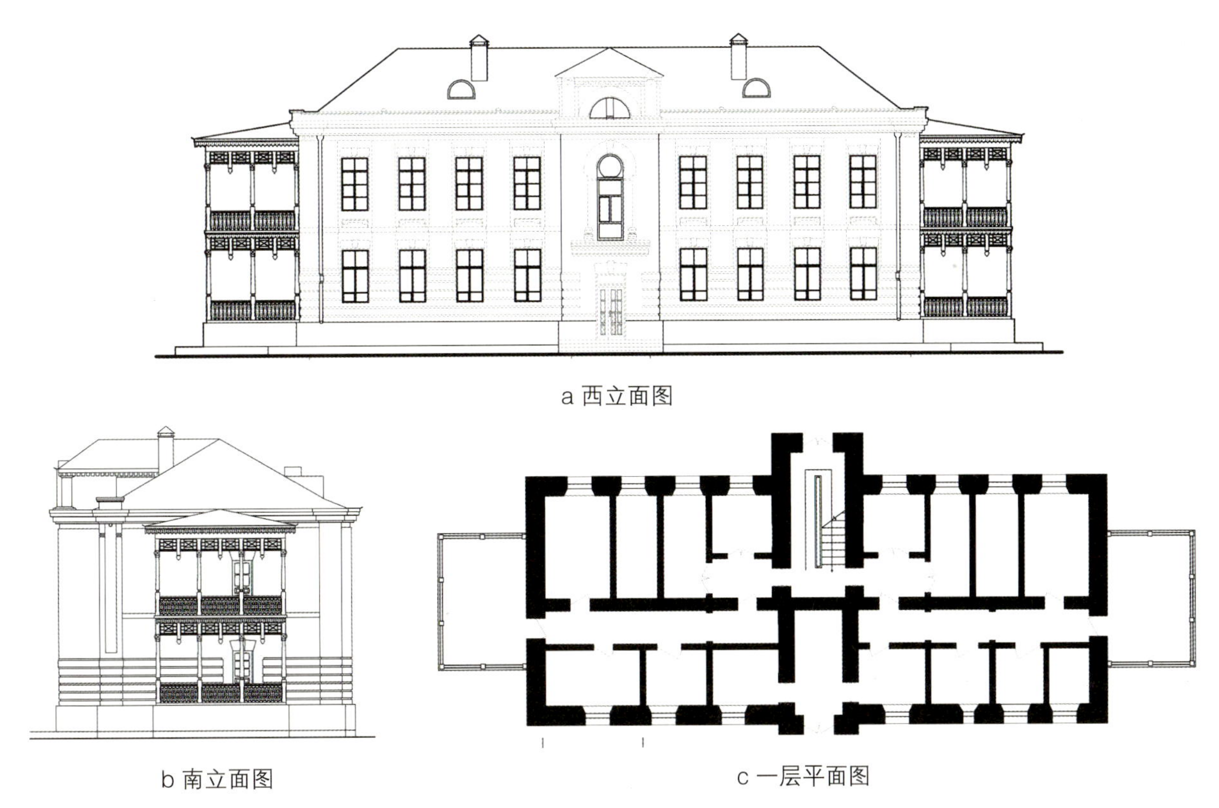

图 1.17　中东铁路避暑旅馆测绘图

另一栋与中东铁路避暑旅馆类型相同的建筑是中东铁路俱乐部，它建于 1903 年，位于扎兰屯东部、吊桥公园南侧，离公园非常近。这里曾是俄国贵族消遣娱乐的场所，日本占领时期的温泉旅馆在中华人民共和国成立之后为中共布特哈旗旗委办公地（图 1.18）。

图 1.18　中东铁路俱乐部

该建筑的外观和内部空间都与中东铁路避暑旅馆极为相似，唯一明显的区别在于山墙部分，中东铁路俱乐部山墙采用石材砌筑，看起来别有一番韵味。

②六国饭店。

中东铁路避暑旅馆南侧 20 m 处为一俄式餐厅，现为六国饭店，建筑面积为 480 m² 左右，为俄国人本僚木什金创办，主营俄式、中式等多国菜式，当时在中东铁路沿线颇为有名。建筑外观属于中式、俄式混合风格，一层建筑，平面矩形，形体简洁，屋顶及檐口部分较为特别。该建筑为双坡屋面，挑檐很大，在靠近檐口的屋顶处每隔几米伸出一个垂直于屋脊的小双坡屋面，木质屋架，铁皮屋面与大双坡屋面相交，大双坡屋面上的分水线汇聚于此，使雨水能够顺利从小双坡屋面与双坡大屋面的交汇处排出。

从历史照片可以看出，现在的六国饭店与中东铁路时期的俄式餐厅相比差异较大（图 1.19）。早期的餐厅室外部分设置了通透的廊架作为过渡，用餐的顾客可以坐在室外廊架处，一边欣赏风景，一边享受美食。廊架将优美的自然环境引入了就餐空间，其上精致的木雕与中东铁路避暑旅馆两侧的阳台木雕风格相近，展现了建筑的区域协调之美。可见建筑师在设计之初就有将两栋建筑统筹规划考虑的想法。

③中东铁路俱乐部。

同为娱乐性商业建筑的还有中东铁路俱乐部，即现在的铁路离退休干部活动室。铁路俱乐部在中东铁路附属地当中是必不可少的一种建筑形式，三级和三级以上站点都设有铁路俱乐部，虽然各附属地铁路俱乐部的功能大体相同，但每个地方的铁路俱乐部还是有自己独特的地域特色的。

扎兰屯中东铁路俱乐部建于 1903 年，建筑面积约为 1 700 m²，属于俄式与古典混合的建筑风格（图 1.20）。史料记载，当时中东铁路俱乐部中有 400 人座席的剧场、标准舞台、乐池、游艺室、办公室、化妆室、地下室等多重空间。因为功能复杂，所以建筑在体量上同样也富于变化。建筑总体上分为一层的活动空间和三层的办公空间。活动空间包括剧场和各个游艺室与棋牌室，其中剧场的空间最为开阔，虽然原有的座椅已经被拆除，但保留下来的木质舞台现在依然可以使用，如今这个房间已经被用作舞蹈

图 1.19　俄式餐厅（1932 年）

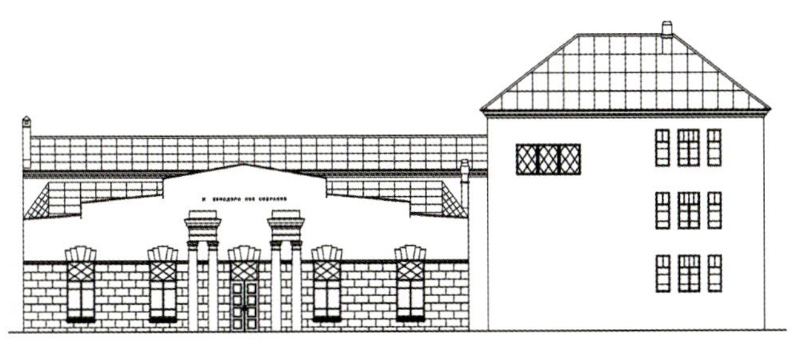

a 立面图

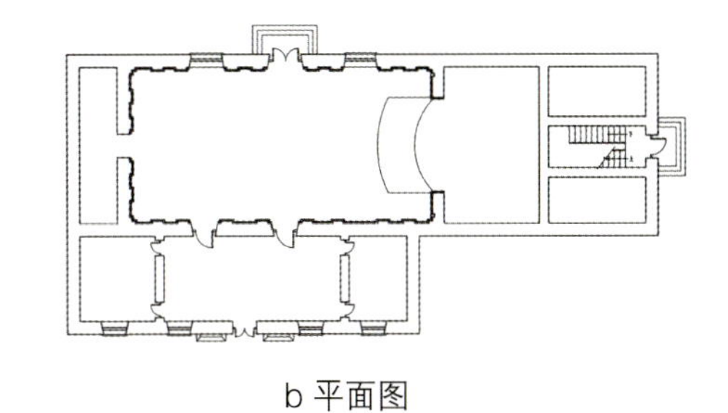

b 平面图

c 入口照片

图 1.20　铁路俱乐部

教室，与之相邻的房间已被改造成储物室和服装室。

扎兰屯在日本占领时期也设有很多的商业和金融类建筑，如茶室、饭店、酒店、银行等，且当时位于现葛根路两侧的中国商铺数量也颇多。但是由于战争和人为的破坏，能够体现它们的特色与风格的建筑几乎消失殆尽，因此无法在本章中详述它们的用途和样式。

（4）宗教建筑。

①圣・尼古拉教堂。

宗教建筑是远离故土的人寻源及庇佑心灵的乐土，俄国人的铁路修到哪里，他们的教堂就建在哪里。

俄国人在中东铁路沿线修建的第一座教堂是设立在哈尔滨香坊区的尼古拉教堂，其后，在哈尔滨共建造了教堂 19 座、祈祷所 4 个，而在中东铁路沿线共建造教堂 130 多座。其中，在玉泉、一面坡、博克图、兴安、满洲里、横道河子、海拉尔、双城堡、长春、穆棱、免渡河、昂昂溪、扎兰屯、绥芬河、阿什河和富拉尔基等的铁路用地内共建造教堂 16 座。这些教堂，大多数坐落在车站附近，部分教堂靠近河流，或者面对山丘，并且所有教堂无一例外地都有一个花园兼广场的大院落。给人们的印象是，教堂与山、河、车站及周边的建筑是遥相呼应的。

扎兰屯内唯一的东正教堂圣·尼古拉教堂建于1905年，由居住在扎兰屯的俄国护路军和当地俄侨集资修建。教堂为一层建筑，建筑面积为171.7 m²，平面呈巴西利卡式，西侧为半圆形礼堂，东侧原有木质钟楼，木柱支撑展现通透之美（图1.21）。木质钟楼顶部为洋葱顶，上有东正教十字架。木质钟楼现已损毁。

教堂经改建后，现为扎兰屯职业高级学校音乐教室，而教堂外面的花园广场也早已消失不见，如今我们只能从资料中一窥其独特的宗教文化建筑韵味（图1.22）。

教堂南侧有一座四面双坡顶建筑，是沙俄教堂办公室，其建筑形态与其他扎兰屯俄式建筑的样式不同，它的屋顶很高，并且屋顶上方还有两个类似老虎天窗样式的通风口。在檐口下方，有一排作为装饰线脚的斜砌的砖，且类似的装饰在建筑立面的门窗之间和山墙面上也有出现(图1.23)。

②其他宗教建筑。

到了日本占领时期，扎兰屯出现了神社。神社是崇奉与祭祀神道教中各神灵的社屋，是日本宗教建筑中最古老的类型，这一类型建筑随着日本的侵占也来到了中国。根据日本占领时期规划图可知，扎兰屯神社位于当时吊桥公园的对面，规划面积不大且目前已经被毁。据推测，神社的建筑风格应属日本古代传统的寺庙类建筑风格。

（5）办公建筑。

①兴安东省省公署。

图1.21　圣·尼古拉教堂

日本占领时期，扎兰屯乃为兴安东省的省会，其省公署旧址就坐落于如今的扎兰屯幼儿师范学校院内。作为日伪侵占扎兰屯的象征，该建筑并未建成日式风格，而是扣以中国古代传统建筑的大屋顶，这样做主要是为了得到中国人的认同感，削弱中国人的不满情绪。在当时，这座大体量的二层楼，可称得上是扎兰屯最威严、气派的建筑物。建筑整体上可划分为三个区域：中央入口大厅和两侧的办公区域。进入大楼，正对入口的门厅前设楼梯通向二楼，这是近代办公类建筑常用的设计手法。楼梯后面设后门，通向建筑后身的广场。建筑内部均采用单廊组织空间，且房间均为东向。建筑两端位置同样设楼梯及对外出口，用于防火疏散（图1.24）。

a 南立面图

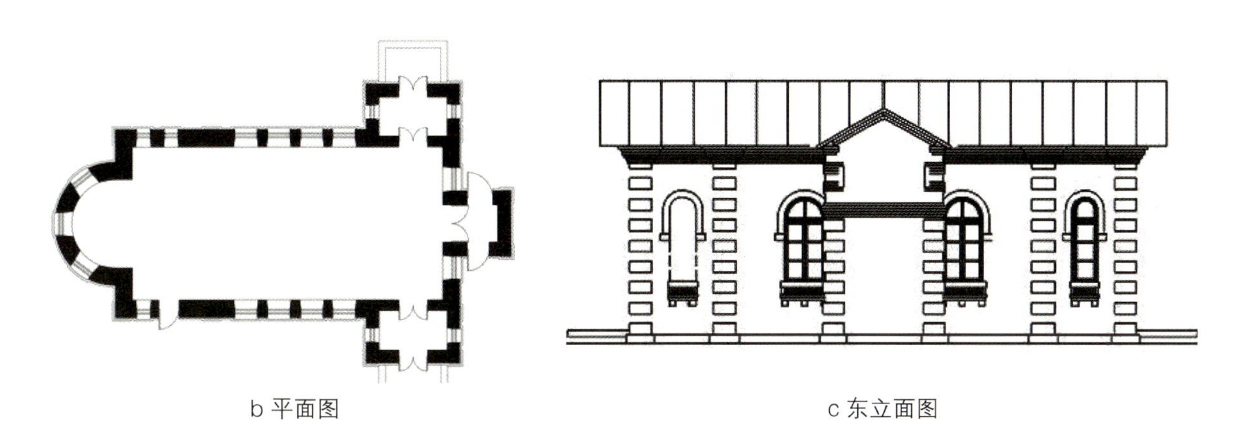

b 平面图　　c 东立面图

图 1.22　圣・尼古拉教堂测绘图

图 1.23　沙俄教堂办公室

图 1.24　兴安东省省公署

在建造之初，该建筑是没有琉璃瓦、脊兽和檐下斗拱装饰的。如今建筑被粉刷、翻新，室内也重新更换装修，但平面布局和空间分隔改动不大。

②其他办公建筑。

在同一时期内，除了兴安东省省公署设在扎兰屯之外，布特哈旗旗公署和扎兰屯街公署也一同设在扎兰屯，它们分别坐落在现中央北路两侧，与省公署相隔不远。另外，还有日本开拓团办公楼、中央银行等。可见，当时的扎兰屯是一个区域的政治经济中心。虽然现在这些建筑均已被拆毁，但不难想象出当时扎兰屯中央北路两侧办公建筑繁荣林立的样子。

（6）军事（司法）建筑。

①沙俄森林警察大队。

在中东铁路时期，俄日为巩固各自在附属地的地位，前后分别建立了警察与司法制度。俄国人在1908 年于整个中东铁路沿线建立四个警察分局：第一分局，辖满洲里至伊列克得车站段；第二分局，辖伊列克得车站至船坞站（现哈尔滨江北）西部信号机段；第三分局，辖道里区至长春车站段；第四分局，辖哈尔滨站东部信号机至绥芬河段。同时，俄国人还在哈尔滨、满洲里、海拉尔、博克图、横道河子五处各设监狱一所，在扎兰屯、昂昂溪、安达、一面坡、穆棱、绥芬河等大站设立警察署及宪兵队。到了日本占领时期，在扎兰屯，日本人于 1933 年修建了日军守备队大青楼、伪警察派出所等军事司法类建筑。可惜的是，日本守备队大青楼和伪警察派出所均已被毁。如今，只有粗犷、朴素的沙俄森林警察大队依然伫立在站前街中心，成为扎兰屯的一道亮丽的风景线。

沙俄森林警察大队现为扎兰屯中东铁路博物馆。建筑建于 1909 年，面积为 1 020 m^2，平面呈矩形。虽为一层建筑但它的举架高，体量大，空间比较完整。据史料记载，当时建筑内部设有办公室、审讯室、羁押人犯室和牢房等房间，并且在建筑内部北侧设有地窖，似原为藏酒之用的酒窖，功能空间独特。目前室内空间已改建为一个大空间，作为展览之用（图 1.25）。建筑采用砖石砌筑，外立面保存完好，装饰简洁，四个方向均设出入口。山墙及入口上部的山花处理是建筑立面的点睛之笔（图 1.26）。

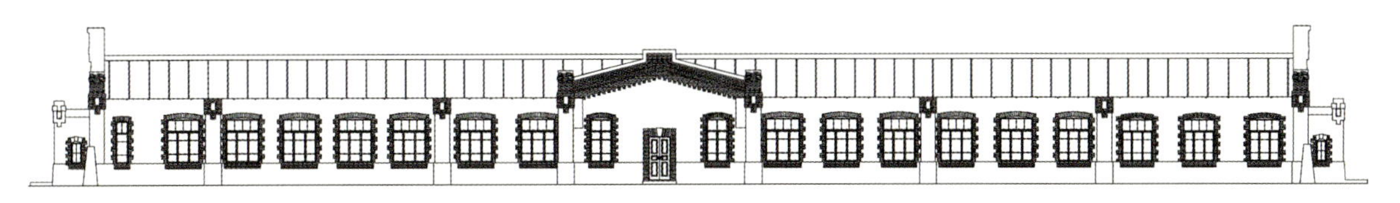

a 西立面图

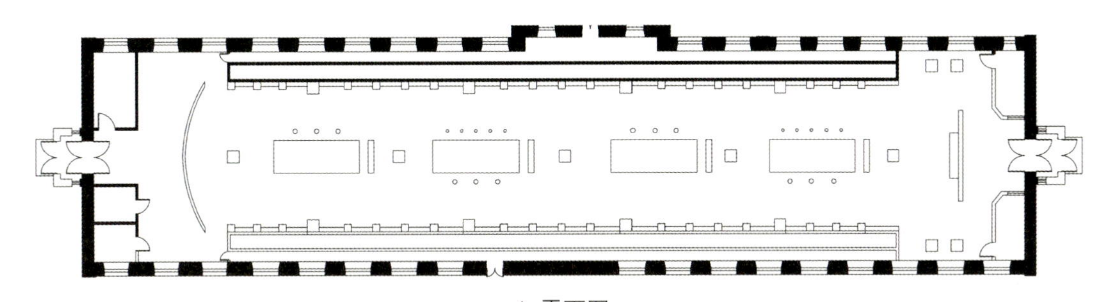

b 平面图

图 1.25　沙俄森林警察大队测绘图

图 1.26　沙俄森林警察大队

②兵营与马厩。

现扎兰屯铁路小学北侧有两栋规模、形式近乎相同的砖石建筑，它们与沙俄森林警察大队在建筑体量和建筑外观上都有很多类似之处。其中，西侧的一栋为沙俄兵营，东侧的为沙俄马厩，均为一层建筑，层高均约为 5 m，平面呈矩形，建筑内部空间完整，外部形体简洁。

沙俄兵营的建筑立面与沙俄森林警察大队较为相似，入口同样设置在两端山墙部位，只是沙俄兵营主入口并没有凸出山墙面（图 1.27）。在墙面的砌筑方式上，两栋建筑也几乎一样，都是在山墙上部、门窗周围等位置砌砖，其他部分用石头勾灰缝砌筑。由于跨度相对较大，因此室内还采用砖砌方柱来支撑屋面荷载。总体来说，该建筑内部空间完整，外部形体简洁。

沙俄马厩与沙俄兵营相比更为高大，且其立面完全用石材砌筑，并没有多余的装饰。屋顶用铁皮覆盖，上方设有两个木质老虎天窗，体量较大，用于室内通风。建筑平面呈矩形，较为简洁。室内设有钢柱，与小学等建筑不同，沙俄马厩里面的钢柱既不是铺设铁道用的铁轨，也不是工字钢，而是半径为 10 cm 的圆形钢柱。柱子从建筑两边墙到中间以 5.2 m × 2.2 m 的模式呈网状排布。由于沙俄马厩曾被改建为宿舍，所以目前内部有了很多围墙，而这些围墙在建设之初是没有的（图 1.28）。

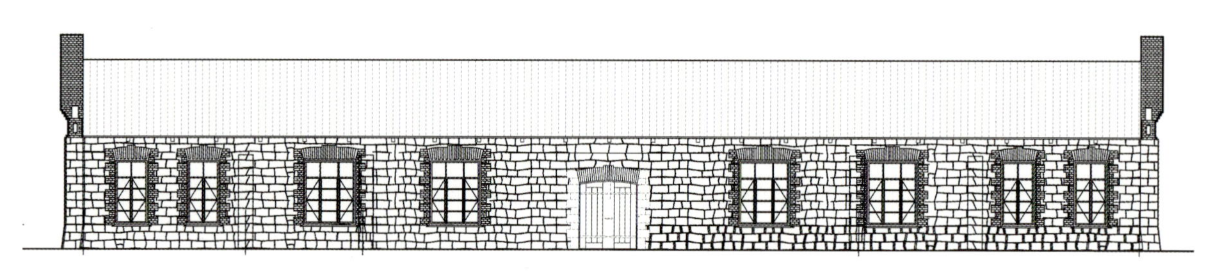

图 1.27　沙俄兵营东立面图

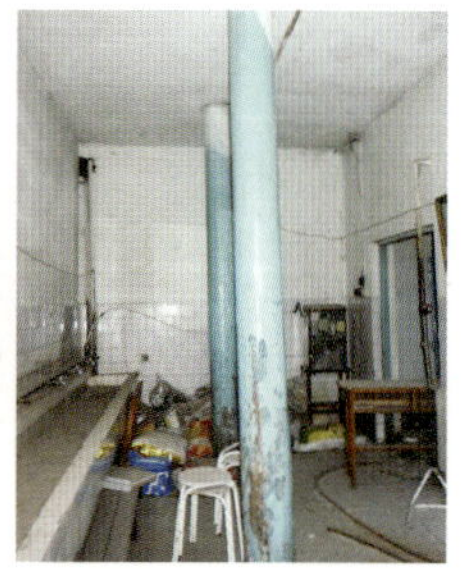

图 1.28　沙俄马厩

（7）交通建筑。

火车站作为中东铁路沿线上最重要的建筑之一，对城镇的交通运输起着至关重要的作用。中东铁路沿线的火车站站舍建筑根据等级不同，采用相应的规范建造。扎兰屯火车站最初规划为三等站，由俄籍工程师冯·奥芬别尔格负责建筑施工。火车站站舍建于 1902 年，砖木结构，局部二层，平面呈矩形，墙面外部样式与内部格局均属标准形制。这栋建筑无论从形制上还是从建筑体量、装饰风格上，都与和它同为三等站的姜家、肇东、安达等车站站舍极为相近。

站舍南侧的建筑是行包房，双坡顶，挑檐不大，檐下有具有俄罗斯风格的木质檩子，檩端雕刻曲线花纹。窗户的贴脸形式与大部分公共建筑一样，山墙的装饰手法较为复杂，除了在转角处砌筑凸出墙面的矩形砖装饰外，还砌有两行纵向的矩形砖线脚，与转角处装饰相互呼应。檐下为不规则形式的落影式砖线脚，与纵向的矩形砖线脚相连，增加了立面的整体感。这座建筑如今已经被拆毁，现在只能从一些老照片中领略它当年的风姿了（图 1.29）。

扎兰屯火车站站舍位于行包房北侧，立面呈不对称式布局，局部二层。主入口处相邻两面檐口起翘，屋脊呈 90° 交叉，南侧二层为盂莎顶，且正脊和侧脊处有类似中国传统建筑吻兽及走兽的装饰，产生中西合璧的奇妙艺术效果；北侧为双坡屋顶，样式与行包房相似。建筑仅在屋顶处就运用了三种不同的形体，还不包括屋顶上形态各异的老虎天窗与烟囱，可见其建筑装饰手法的多样性。建筑立面完全采用砖

图 1.29　扎兰屯火车站站舍

石砌筑。现存扎兰屯火车站站舍经过改建，虽在装饰构件上保留原有特色，但体量已发生巨大变化，失去了原有的丰富韵味（图 1.30）。

（8）园林建筑。

扎兰屯之所以在中东铁路附属地中地位独特，主要是因其城镇性质的独一无二，而这与扎兰屯的气候条件和自然景观分不开。在中东铁路修建初期，城镇边缘的大部分都是原始森林，雅鲁河的潺潺流水穿过林下、各种各样的野兽穿梭林中，这些都使扎兰屯成为俄国官员来此度假、狩猎的绝佳场地。

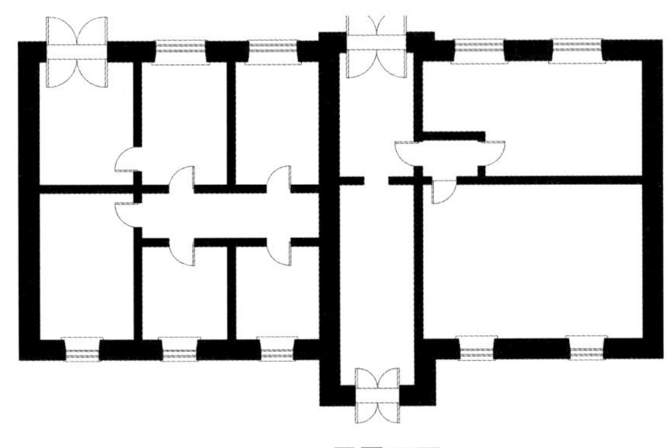

a 一层平面图

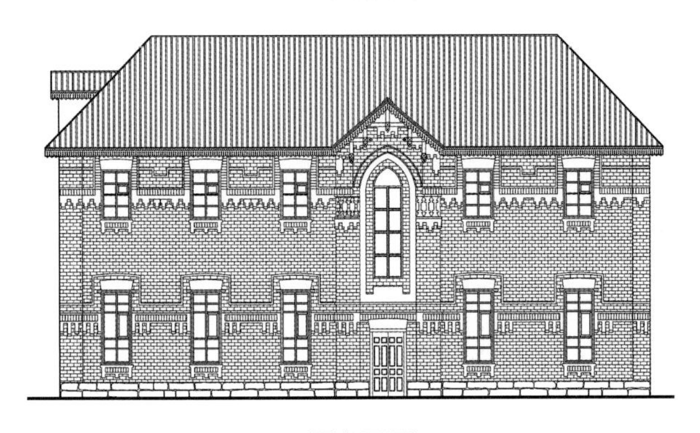

b 西立面图

图 1.30　扎兰屯火车站站舍测绘图

现在的扎兰屯吊桥公园占地 0.68 km²，在城镇的北角，相当于城区面积的 1/20。公园始建于 1960 年，因园内有座历史悠久的吊桥而得名。公园内的吊桥目前已经有一百多年的历史，修建于 1905 年。同时建设的还有中东铁路阳光浴场，是中东铁路时期最繁华的避暑游乐之所。日本占领时期，在扎兰屯举办伪满洲国八省运动会时，溥仪曾来这里视察并避暑，在游览吊桥时，他也对吊桥周边的风光赞叹不已。中华人民共和国成立之后，叶剑英、乌力吉、叶圣陶、老舍等人在此游览后都留下了很多赞美的诗句。直到今天，这里依然是到扎兰屯旅游不可不去的地方。

现在的公园面积与当时相比规模小了很多，但树木大多为中东铁路时期存活下来的古树，它们毫无秩序、充满野性，少有人工雕琢的痕迹。树林里有伟岸挺拔的青松、亭亭玉立的白桦、绿叶婆娑的杨柳、开花结果的各种乔木和灌木，还有一棵粗大、苍劲的榆树。这棵榆树位于吊桥东桥头处，至少有 300 多年的历史，树冠如盖、虬枝旁逸，树荫可容五六十人乘凉。繁茂的树林里是没膝的杂草和弯曲的小径。潺潺溪流，缓缓地流淌于密林之间，人们可以在河畔钓鱼、野炊，整个公园的景致如画一般。

①中东铁路阳光浴场。

在公园深处，吊桥尽头，有一栋欧式建筑，这就是前文提到过的中东铁路阳光浴场，它也是林子里唯一的一栋历史建筑。该建筑平面接近正方形，由两部分组成。阳光浴场部分采用大面积玻璃围合的形式，与入口部分采用石墙围合形成虚实对比。入口屋顶的中间部位凸出了一个高耸的锥形，从远处看十分醒目。

整个建筑立面风格简洁、规整。建筑转角处采用砖块砌筑凸出的矩形线脚。入口前面的几阶半圆形踏步，为整栋建筑增添了柔美之感。这栋建筑与吊桥、树木、流水一样，见证了公园的百年历史，欧式风格建筑与中式风格的园林相映成趣，散发出一种清幽、古朴之美。建筑融合独特的异国风情，让这座园林更具魅力（图 1.31）。

图 1.31　中东铁路阳光浴场

②吊桥。

1905 年，在扎兰屯街北部的雅鲁河支流上建起了一座横跨东西两岸的吊桥，吊桥长约 70 m，宽约 4 m，由悬索桥和桁架桥组成。悬索桥与桁架桥同时修建，位于桁架桥东部，与桁架桥紧密相连。悬索上面系有 42 根细铁索，因为力道不同，所以有低有高，它们共同将一个白色木栅栏板桥吊在雅鲁河支流上。根据目测，细铁索的直径大约为 2 cm，粗铁索的直径为 3~4 cm，这些铁索沿用至今，可见其建造技术与艺术水平均达到同时期的上乘水平。与悬索桥相连的是由 12 根钢筋吊起的桁架桥，12 根钢筋垂直将铁轨与桥身连接为拱形，两根工字形铁轨呈倒弧形。桁架桥与悬索桥形态不同、姿态各异，统称吊桥。轻风掠过，铁索铮铮作响，行人往来桥上，桥身悠悠晃晃，如轻舟泊于水面，又如彩虹悬于缥缈云霭之中，使人有飘飘欲仙的舒畅感。人在桥上走的时候，桥身会晃动，可持续 10 分钟左右。悬索桥与桁架桥的形式虽然不同，但二者连在一起就像姐妹桥一样。

吊桥栏杆均为木制，共 54 组，其中 42 组与铁索相连，12 组与桁桥钢筋相连。每组栏杆都有扶手和护栏，护栏采用带对角线的正方形连接的形式装饰，扶手与护栏之间连接着 5 个黄色的收腰短柱。从整体上看，吊桥具有俄罗斯与现代风格相融合的特殊气质（图 1.32）。

图 1.32　吊桥

细数中东铁路沿线俄国人所建造的桥梁，绝大部分都是如哈尔滨松花江大桥一样的交通运输必备的铁路工业设施，唯独扎兰屯市吊桥公园的吊桥，是用以旅游休闲的，凸显了其城镇形象。

1.2.2 居住建筑

居住建筑是城镇建设中最重要的建筑类型，一般有住宅建筑和宿舍建筑两类。近代扎兰屯的居住建筑主要有两种，一种是以俄式民居为主要建筑类型的住宅建筑，另一种是以铁路职工宿舍为主的宿舍建筑。俄式民居大多建造精良，位于火车站前的良好地段，建筑平面较为宽敞，讲究庭院绿化，且多设外置敞廊供人们亲近自然，同时，室内有火墙采暖，并采取统一风格装修，部分建筑内卫生设施齐全。铁路职工宿舍是专门提供给单身的铁路职工的住处，室内设标准间和公共卫生间，适合集体生活。这两种居住建筑在形式上均采用俄式风格，它们形成居住组团，与其他公共建筑一起，作为城镇建筑的主体，具有重要价值。

（1）住宅建筑。

①建筑组团及辅助设施。

扎兰屯的私人住宅分为独立式住宅和联户住宅两种，它们主要分布在火车站西侧、站前广场的两侧，面积约 10 000 km²。现存的俄式民居主要集中在铁路沿线和扎兰路西侧，共有 32 栋，以组团为基本单元。每 3~5 栋建筑为一组团，沿地块四周或道路边沿布置。与今天的别墅区相比，俄式民居组团分布得较为稀疏，每栋住宅中间都留有充分的空间，在保证了充足采光和通风的同时还注重私密性。由于俄国人喜好种植花木，因此这样的布局形式还能够保证每栋住宅都有一个大院落。当夏季来临时，院落中百花盛开、树影婆娑，各个组团连接起来，犹如整座城镇的一座大花园，结合城镇周边的原始森林和雅鲁河支流，更加突出扎兰屯避暑度假胜地、疗养天堂的城镇功能定位（图 1.33）。

a 沿街布置的住宅

b 环境优美的院落

图 1.33　扎兰屯居住环境空间

想要居住得舒适，除了优美的环境，齐备的生活辅助设施也是必不可少的。如今，在一些俄式住宅附近，还遗留着牛棚、仓库、地窖等。据史料记载，当时配套于居住组团的辅助设施还包括水井、污水池、公共厕所、开水房、冰室、牛马棚、商店、洗澡堂等（图 1.34），几乎能够满足所有的生活所需，为居民生活提供了非常便利的条件。如今这些设施大部分都已被毁，只留有一些仓库和地窖至今还在使用。

a 开水房正立面

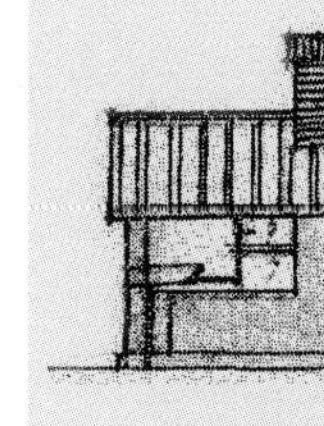

b 开水房侧立面

c 公共厕所剖面

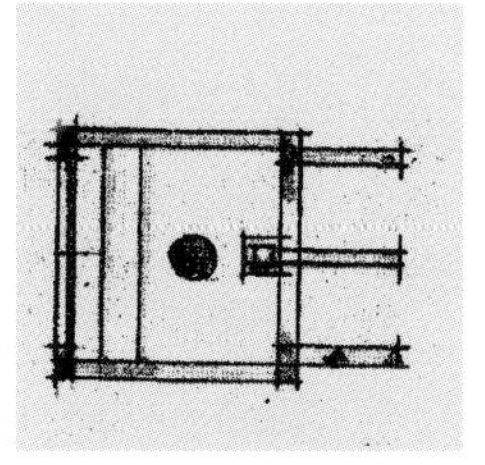

d 公共厕所平面

e 公共厕所正立面

图 1.34　开水房、公共厕所设计图

位于扎兰路和布特哈北路的俄式住宅中，每几栋中间都有一个宽木板搭建的单坡木棚，据当地人所述，这种木棚在近代被当作牲口棚或仓房使用。木棚的主要承重材料是直径为 5~10 cm 的原木。原木每隔 1 m 左右设一根，并根据实际需要确定牲口棚或仓房的开间宽度。木棚的上方采用檩子与椽子交错搭接的形式构成屋面骨架。檩子伸出屋檐和椽子搭接，端部雕有俄罗斯独特的弧形线脚装饰，和俄式民居的檩端装饰一样。屋顶和墙体都是由木板拼接而成的，板间拼接紧密，没有缝隙。木棚采用一边高一边低的建构形式。这样的屋顶坡度很大，有利于排水（图 1.35）。木棚的立面没有窗户，只在较高的一侧开门，门洞较低。通常每家只开一个门，便于管理自家物品和牲畜。较为有趣的是，木棚的立面的木板上会无规则地分布一些方形小洞，只有巴掌大小，据在此居住的老人说，这是专门为燕子所开，方便其在木棚中筑巢。很难想象，在一百多年前就有如此人性化的设计。

同样用于服务居民的配套设施还有半地下储藏室。这种储藏室外表看起来不大，其中却暗藏玄机。

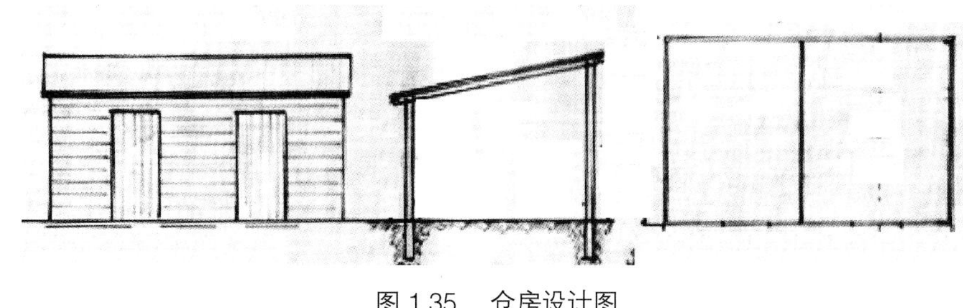

图 1.35　仓房设计图

位于地面上的部分呈矩形，周身采用木板拼接而成，木板宽度与仓房及牲口棚相比较窄。储藏室顶部为四坡，屋顶正中央有一个木制通风口，形如烟囱，与矮小的储藏室本身相比，显得较为突兀。储藏室没有窗，面向住宅的一面开有小门，门框较低，要弯腰才能进入。储藏室内部则相对较为宽敞，其中有一部分是深入地下的，犹如地窖，能够储存很多食物。到了夏季，可以根据具体温度变化，在地窖内放入冰块，延长储藏室对食物保鲜的期限（图 1.36）。

a 储藏室现状（1）

b 储藏室现状（2）

c 储藏室正立面图

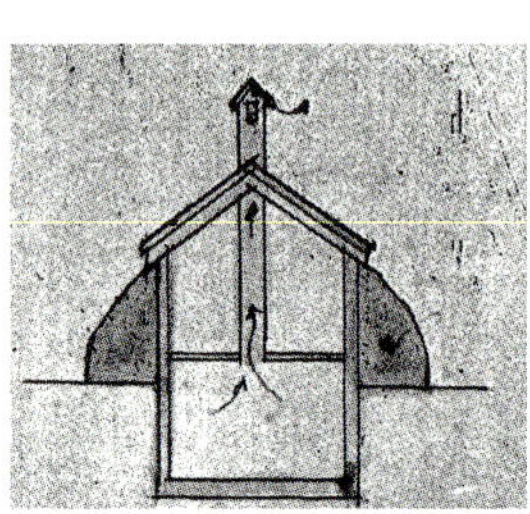
d 储藏室剖面图

图 1.36　半地下储藏室

②铁路住宅。

扎兰屯的住宅建筑可以根据屋顶形式分为两种：一种采用双坡顶，这种类型的建筑等级较高、体量较大、立面装饰丰富，大多作为铁路官员住宅或是私人旅店；另一种采用四坡顶，这种类型的住宅大多为普通职工居住，体量较小，一般可居住两户，每户都有自己独立的出口和敞廊，有些还设有室内卫生间和浴室。在立面装饰上，住宅檐下、门窗洞口、山墙和转角处常砌筑花纹和线脚，或者在建筑檐口及檐下的拖檐板、木质敞廊、入口门斗等雨篷位置进行装饰，令建筑细部华丽、活泼，整体风格更具民族特点。

住宅内部大多采用相同格局，舒适而简洁。室内包括起居室、卧室、儿童室、厨房等房间，一些形制较高的住宅内还会配有工作室、室内储藏室、仆人室，甚至是室内厕所和浴室。由于铁路住宅的居住者是远道而来的俄国人，他们很难在扎兰屯自做家具，因此为方便居住，住宅内的装潢和家具均做了统一的设计与布置，相当于现在的精装房。室内铺满木地板，还有吊顶，有的房间还有木护壁和木踢脚板。起居室的四周墙面常布置沙发、写字台和小型座椅等。卧室中除两个单人床外，还布置衣柜、座椅、写字台，甚至保险壁柜。在设有儿童室的住宅中，儿童床一般布置在两个单人房中间，并用床头柜隔开。除此之外，每栋住宅都配有独立的院落和一定的配套设施，如牲口棚和冰室、地窖等。由此可见，扎兰屯的铁路住宅大到总体布局，小到家具布置，均做了细致周到的考虑，为居住者提供了十分便利的生活条件。

目前遭到不同程度损坏的住宅建筑，大部分源于室内格局的改变和室外部分的加建，少部分为建筑室外敞廊和入口门斗被拆毁。下面我们将就几栋保存较好的住宅建筑进行个案分析。

首先是位于扎兰路北侧的铁路员工住宅 32 和 36 号，它们是等级较高的双坡屋顶住宅的代表。这两栋住宅体量较大、保存较好、立面装饰十分丰富，与周边的四坡住宅相比较为引人注目。铁路员工住宅 32 号位于现扎兰路与铁小街交口处，通身采用砖石砌筑，层高较高，屋顶占整个立面的 1/2，且坡度大，屋面铺铁皮。建筑以檐口为分界线，上部采用砖砌，下部除了门窗贴脸外采用石砌。山墙面顶部砌筑落影式线脚，砖石交界处用砖斜砌线脚分隔。山墙顶部采用十字山花装饰，山花中间填充镂空的栅格板，山花底部及檩端位置雕有镂空花纹，是典型俄式建筑山墙装饰风格。山墙下部一般设木质门斗，门斗直接与墙相接。其中有一面山墙上设窗，窗户周边用砖砌出锯齿形线脚与石块咬合相接。该建筑是扎兰屯为数不多的采用砖石结合砌筑的居住建筑（图 1.37）。

位于铁路员工住宅 32 号建筑北侧的铁路员工住宅 36 号建筑形制规模也较高，通身采用砖砌。主入口部分位于沿街立面，较两侧墙面向外凸出 500 mm，采用升起双坡屋顶的方式进行强调。檐下的三角形区域砌筑不规则落影式线脚，伸出的檐口部分利用十字形镂空木格栅连接，木杆件纵横交错，顶端伸出屋面，极具标示性作用。主入口位置并不在沿街立面正中间，而是偏左侧一些。建筑立面上除了有传统的矩形窗之外，在背街立面的边缘处有椭圆形窗及矩形圆额角窗。两窗之间以及建筑转角处的清水砖墙上均砌筑凸起统一的隅石。两边山墙分别设置出入口，出入口上方是做工精致的木质雨搭，其形态装饰与主入口及山墙类似，令建筑整体风格更加协调统一（图 1.38）。

其次是扎兰屯住宅中最多的俄式双拼住宅。它们的外形敦实、厚重，立面装饰风格几乎一样，有些采用砖砌，有些采用砖石结合砌筑。由于建筑采用四坡顶，四个立面的面积相差不多，因此为避免立面单调，工匠会在建筑窗间和转角处砌筑凸出清水墙的砖线脚，或利用砖石材质的变化丰富建筑立

图 1.37　铁路员工 32 号住宅

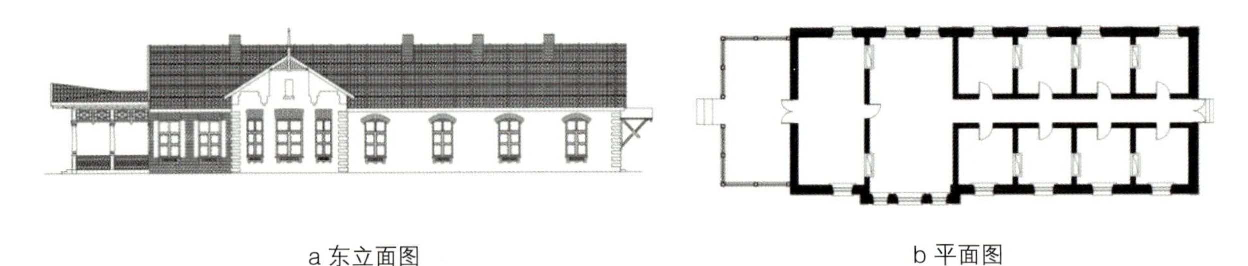

a 东立面图　　b 平面图

图 1.38　铁路员工 36 号住宅测绘图

面。双拼住宅入口不注重朝向，一般根据住宅布局来设置。入口处通常建木结构凉亭，上面有檐口雕饰花纹。扎兰屯四坡住宅户型及布局样式有很多种，图 1.39（见 35 页）中列举出几种基本形式。

由于铁路住宅的平面较为规整，绝大部分为矩形，容易在形体处理上有局限性，因此细部装饰就起到了活泼建筑外立面的重要作用。除了檐口、山墙、门斗处的雕花装饰，立面砖石材料的组合砌筑和窗户贴脸装饰形态也为丰富建筑立面起到了重要的作用，尤其是露天的木质凉亭，充分体现了扎兰屯居住建筑独有的风采。

（2）宿舍建筑。

建于 1908 年的铁路五号楼是二层联户式住宅，曾是中东铁路高级技术人员宿舍，现为海拉尔铁路分局扎兰屯乘务员公寓。建筑为砖木结构，面积约 400 m²，俄式斯拉夫风格。建筑立面为对称式布局，中部坡屋顶檐下及山墙檐下有弧形鱼钩状木雕，山墙面上有砖砌阶梯形落影装饰。窗均为矩形，窗额为嵌拱心石的矩形贴脸，窗台为砖斜 45° 水平排列砌筑。建筑整体感强，功能与形式结合良好（图 1.40）。

建筑平面布置紧凑，入口门厅正对通往二层的楼梯。为保证居住者的私密，一楼的宿舍与入口门厅及楼梯部分用门隔开。宿舍房间在走廊两侧双面布置，两侧的房间隔墙大体对位。位于走廊东侧的房间面积较小，约为 12 m²；走廊南侧房间面积较大，约为 16.5 ㎡，这一点与中东铁路避暑旅馆非常相似。两层楼共设 21 间房，其中还有卫生间和水房，设施较为齐全（表 1.1）。

图 1.40　铁路五号楼

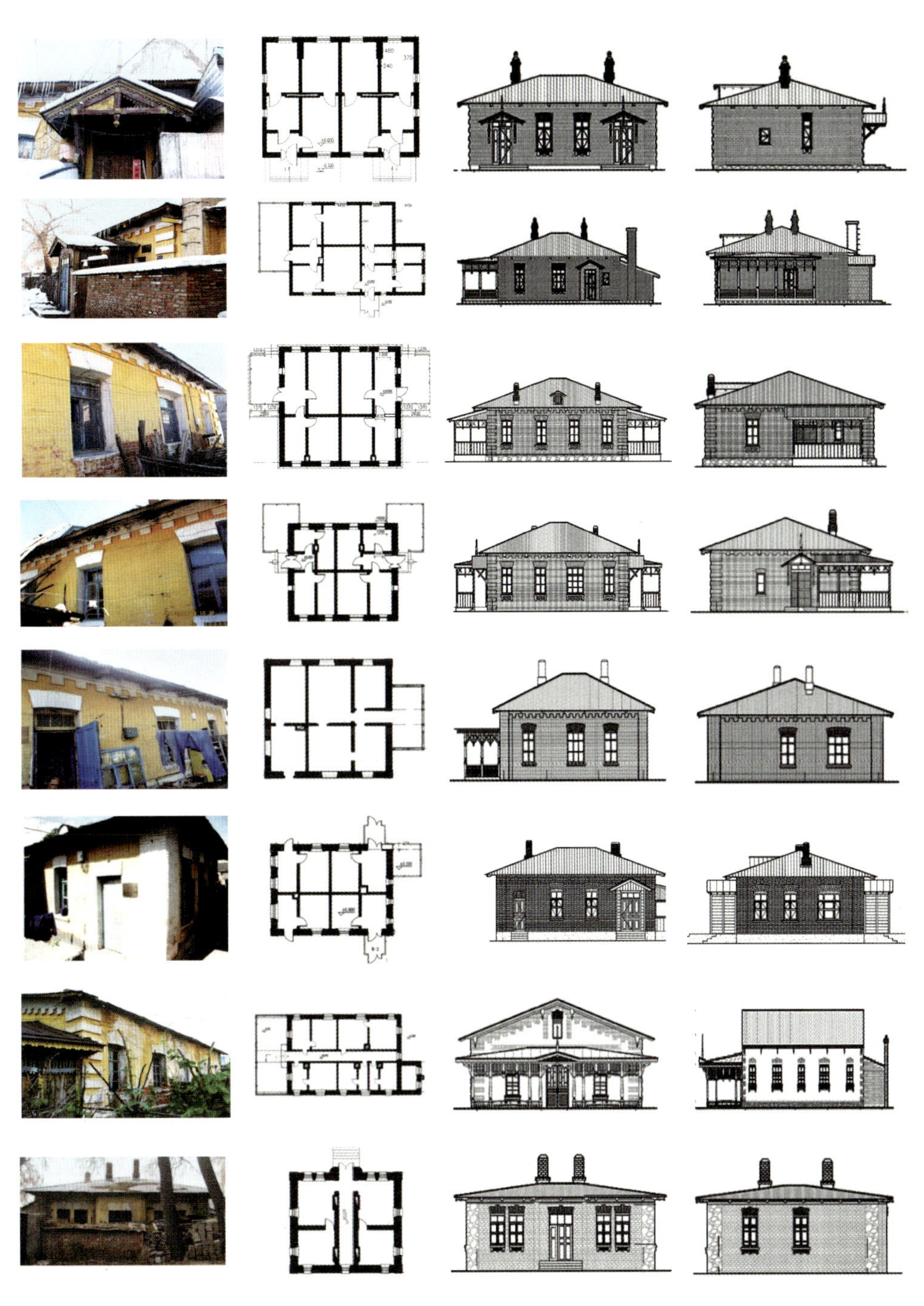

图 1.39　扎兰屯四坡住宅照片及测绘图

表 1.1　铁路五号楼测绘图表

一层平面图	二层平面图	东立面图	北立面图
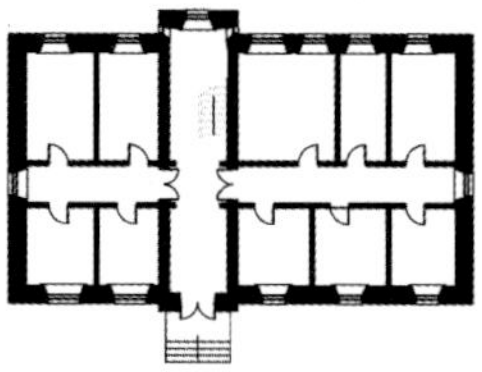	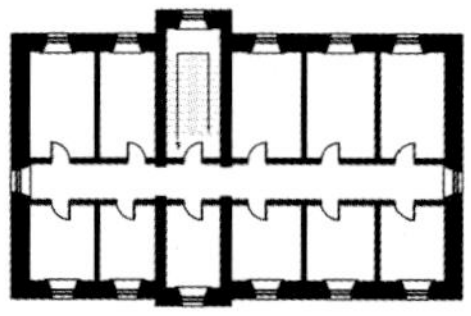		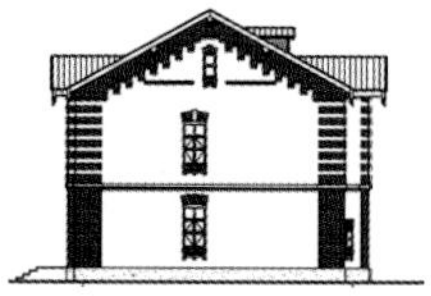

1.2.3　工业建筑

为了服务铁路运营，俄侨最早在扎兰屯建设了火车站、水塔、机车库等工业建筑，它们是保障火车正常运输的十分重要的配套设施。因为受限于中东铁路建筑标准设计图，所以火车站与水塔的平面布局与立面造型与其他站点的附属建筑有很多相似之处。但是高超的建构技术和独特的建筑特色依然令人印象深刻。虽然后期日本人也在扎兰屯修建过其他类型的工业建筑，如亚麻厂厂房等，但受战争和自然灾害的影响，它们已经不复存在。

（1）机车库。

1906 年，中东铁路管理局设机务处，从西线至东线主要有满洲里、海拉尔、博克图、扎兰屯、哈尔滨、一面坡、横道河子、绥芬河等机务段。火车站站舍北侧约 300 m 是扎兰屯站机车库。该机车库具有机车保养、检修等功能。建筑样式质朴，体型稳重。

扎兰屯站机车库的平面形式、建筑外形和建构技术与沿线上其他机车库一样，都是依标准形制建设。扎兰屯站机车库共有 4 个库眼，占地面积为 651.1 m²，可以同时停放 4 个火车头。建筑平面呈扇形，但由于建筑整体规模较小，所以很难从立面看出明显弧度。经过测量，建筑南立面总弧长达 21.8 m，北立面总弧长达 30.7 m，车库总长 24 m（图 1.41）。在南立面一侧不远处，曾设有调动机车头的轴心转盘，它位于建筑两立面所在的同心圆的中心处。在轴心转盘与每个库眼中间还连接有铁轨，铁轨一直深入车库里端，当火车开到轴心转盘处时，通过调转车头方向，可以将不同的车厢开入不同的库眼当中，为检修、保养等提供方便。

机车库高约 9 m，外墙及装饰细部均采用清水砖砌筑，简洁而质朴。每个库的顶部均为三角形，形如波浪，高低起伏，颇具韵律感。三角形的边缘砌筑条形线脚，层层出挑。三角形的顶端墙体升出屋面，给人一种中心挺拔向上的感觉，同时又能将其屋面结构掩盖起来。建筑的北立面设门，门上有三角形的亮子。门高 6 m、宽 9 m。据史料记载，大门为双扇木门。木门门扇用斜向木条呈中心对称式拼接，门

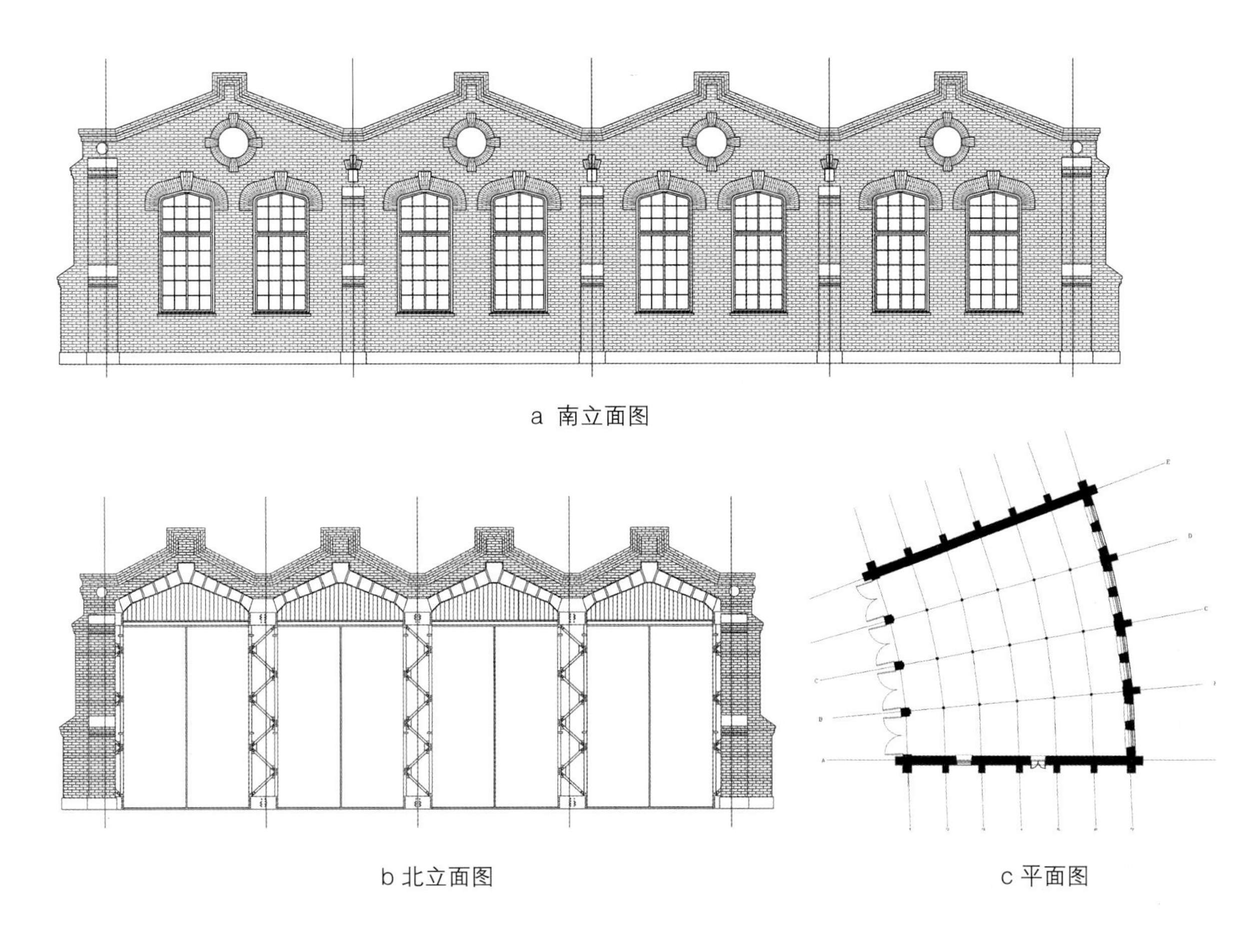

图 1.41　扎兰屯站机车库测绘图

扇中间填入保温的毡子。门与门框的连接处使用金属构件加固，金属构件做工细致。大门上方用方形石块砌筑人字形贴脸，贴脸与门框间用木板填充。门框之间设有钢柱，钢柱边缘露出墙面，内部用红砖填充。大门门扇现已被毁，门洞口也被砖块堵死。

建筑的南立面设窗，每组两扇，窗上部有圆形通风口。窗额中嵌拱心石，圆形通风口的贴脸呈全包围形式，且拱心石上下左右各一个。在窗与窗、门与门的中间，扶墙垛将立面均等竖向划分，在保持每一个车库的整体性的同时又将 4 个车库联系起来。扶墙垛由上至下逐渐加砌砖块，增加厚度。排水管从扶墙垛上方伸出，沿扶墙垛立面方向延伸至地面。这样的设计不仅给人以视觉上的稳定感，而且达到技术与艺术上的高度统一。其他各面也设有同样的扶墙垛。角柱作为墙面端部的结束方式，具有收分效果。建筑侧立面的檐口下部砌有锯齿状的方形砖，产生两层叠砌线脚。整个侧立面被扶墙垛分为六个部分，一侧设窗，一侧为纯砖墙。

机车库内部墙壁并无任何装饰，只有红色的清水砖。为辅助承重，机车库内部每隔 4.3 m 设有一个钢柱，增强了建筑结构的整体刚度。关上库门，虽然有阳光从窗户照进来，但室内并不明亮，也许是建筑纵深太长的原因。透过墙上圆窗照射进室内的阳光形成一束光柱，如同西方古老教堂屋顶上的圆洞一样。机车库每一个库眼上面都设半圆形的拱券，拱券的跨度平均为 6 m。屋顶与拱券形式一致，都是北高南低。每两个拱券之间的凹槽是一道排水沟，其位置与立面上的排水管在同一条竖线上。

功能如此单一的工业建筑，却将使用功能，室、内外空间，建筑立面装饰等元素融合在一起，成为如此精美、坚固、与众不同并遗留后世的宝贵遗产，可见俄国设计师的设计手法与当时的建造工艺都达到了相当高的水平。

（2）仓库。

在火车站南侧，紧挨着铁路，有几座矩形建筑相连成行，它们是中东铁路扎兰屯火车站当时的车站仓库。离车站最近的一个仓库由石材砌筑而成，石块较小、形状自由。仓库门窗贴脸采用砖砌，形式简单，并无过多装饰，虽然双坡的铁皮屋面是近年来新换的，但檐下木檩和正脊末端垂下的装饰木雕却充满了俄罗斯韵味。和它相邻的几座仓库，均由红砖砌筑而成。它们的装饰风格都很相似，但在立面开窗上有所不同：有些仓库是高窗，有些是瘦高窗，这取决于仓库存放的货物类型。

（3）水塔。

中东铁路时期，俄国人根据机务段的地点和机车用水量，在铁路枢纽和沿线上每隔 25~30km 设立一个给水站，给水站主要包括给水所，即水源地和水塔，负责给机车上水。从 1898 年铁路动工到 1935 年俄罗斯完全退出对中东铁路控制的这段时间里，铁路全线共建设了 57 处给水站，一般情况下，在机务段和机务折返段间会设水塔，扎兰屯水塔即为扎兰屯站给水站的一部分。

扎兰屯水塔距离火车站南侧约 150 m，是 20 世纪初扎兰屯城镇中最高的构筑物，成为城镇空间的标志性节点。从整体上看，这座水塔的形制和样式与哈尔滨站的木质水塔相近，它们都是由俄国人设计的通用标准化砖混结构建筑。水塔立面分为屋顶、水箱、塔身和基座四个部分。水塔的基座由规则的方条石排列砌筑而成，尺寸远大于塔身，给水塔以坚固的基础保护。水塔的塔身高度有限，整体粗壮而有力，塔尖到水箱底面的高度为整体高度的 2/5，圆柱形水箱的盖子为正圆锥形，同时塔顶中央还有一座小的采光亭，双层屋盖呈重檐之态，为厚重的水塔带来一些轻盈之感（图 1.42）。

外墙的厚度除了要承载上部水箱的荷载，还要兼顾寒冷地区的保温、隔热。用砖砌筑塔身，利用其本身的砌筑方式形成建筑的线脚，利用砖砌层层出挑的特征，做出锯齿状腰线线脚，使腰线富有节奏地凹凸变化，以增强竖向立面的韵律感。外墙上只开狭长的几扇长条窗，窗贴脸用砖块以出挑的方式砌筑，沿着窗的边缘运用砖的纵向和斜向排列，砌成倒梯形，中间镶嵌拱心石，这种组合从形式上显得立面简洁而清新，同时也未破坏其整体的厚重感。从功能上讲，狭长的窗洞从内而外呈放射状，更有利于建筑冬季保温，可以说是一举两得。

水箱部分虽以木材为外皮，却仍沿袭了塔身稳重的风格。长条木板横向紧密排列的同时，利用纵向木板等分加固，与木质檐口相结合，使立面整体保持一致。木材本身给人一种温暖、舒适之感，与砖材搭配，使得建筑气质更为温和。可见，俄国建筑师并非一味强调单一的建筑风格，而是巧妙地利用不同材质的不同性格和特质进行互相搭配，发挥它们各自所长，同时避免单调和乏味。

对于色彩的应用，因沿袭俄国传统建筑中的暖色调，扎兰屯水塔通身为黄色，只在腰线部分，利用白色的砖砌锯齿状线脚装饰，使水塔比例看上去更加协调，避免水塔给人以头重脚轻之感。同时利用暖色应对东北寒冷的天气，在瑟瑟的寒风中，为城镇添加一抹温馨的色彩。

与外观相比，水塔的内部构造相对来说就复杂得多。从剖面来看，水箱部分采用钢结构框架，由厚重的砖石墙体承托，没有额外的柱子等。除由大面积的桁架结构支撑外，水箱底部的外伸端为防止双层铁皮强度不够，局部增加小型桁架。由于水箱充满水后对锥形塔身端部会形成侧向压力，容易造成塔身失稳，致使整个构筑物坍塌，因此，设计师在水箱下部，即水箱外表皮与塔身连接点之间砌拱形

a 水塔现状

b 水塔正立面图

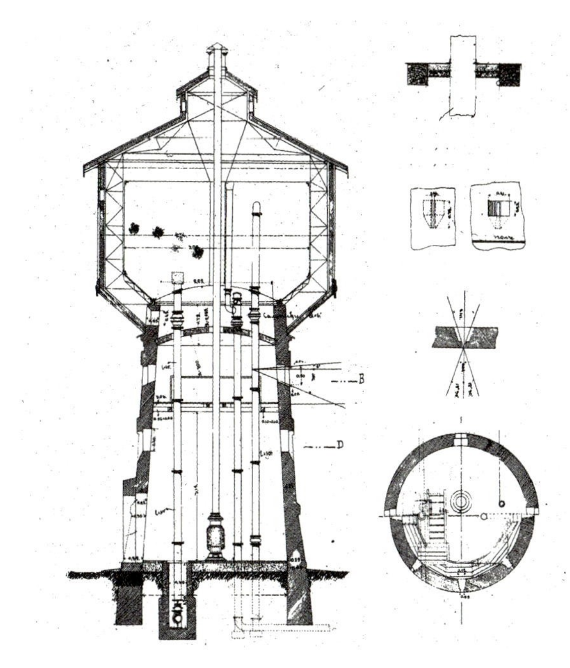

c 水塔剖面及平面图

图 1.42 水塔

支撑体，与锥形的塔身形成稳定的空间结构，使得塔身四周受力均匀，达到整体平衡，从而解决这一问题。

从保温方面来看，水箱的外层是双层的木质保温层，保温层中间加入棉毡，木质外皮与水罐体之间又留有半米距离的空气保温层，水罐体的外表皮亦为双层钢板，铁皮的防水屋面采用白灰锯末保温，以此来防止寒冷地区冬季水箱结冻现象。水塔的开窗形式为竖向长条窗，面积很小，以减小室内墙面冷桥的散热系数，窗洞采用喇叭口的形式，最大限度地接收阳光，同时减少热量损失。单是一个小小的水塔，从结构、构造、保温方式这几点出发，结合砖、石、木、钢几种材料的搭配处理，就能够体现出当时的结构技术和构造技术是相当成熟的。

工业建筑更注重其特殊的功能要求，与民用建筑相比，往往不会将建筑的重心放于装饰工艺上，而中东铁路时期的诸多水塔，无论大小与其所处的位置的偏僻程度，其立面均充分发挥不同材料肌理、质感和色彩的特点，并利用各种材料叠加构成方式和砌筑方式的不同来丰富水塔的装饰构造，充分显示出俄国建筑师的创造才能，扎兰屯站水塔是其后不同时代出现的水塔所无法企及的。

1.3 扎兰屯近代历史建筑的艺术特色

扎兰屯历史建筑的艺术形态与中东铁路沿线其他站点建筑有相似之处，也有其独一无二之处。这些不同之处多表现在外立面材料使用和细部装饰的处理上。扎兰屯历史建筑采用砖和砖石混合砌筑两种方式，结合木质敞廊、雨棚和山花檐口等细部装饰。由于大部分的铁路住宅都是四坡屋顶、平面接近正方形，因此它们的体量就与其他地区的铁路住宅不同，再搭配不同材料和细部装饰更加凸显其特色。

1.3.1 建筑形体与空间特色

扎兰屯历史建筑内部和外部空间看似界限明显，实则不然，木质敞廊经常充当过渡空间被普遍运用在扎兰屯历史建筑中，无论是私人住宅还是公共建筑。木质敞廊作为灰空间，衔接室内外环境，属于扎兰屯历史建筑独特的空间处理手法。

（1）紧凑集中的空间处理。

①均衡的空间尺度与分割。

扎兰屯历史建筑的形状与尺度基本延续了中东铁路附属建筑的一贯设计标准。出于对其地域和气候的考虑，建筑内部以紧凑集中的处理手法来组织空间。

举例来说，扎兰屯的居住建筑大部分是联户住宅。其中，单个房间的面积为 13~16 m^2，高度为 3.1~3.3 m（这里所指的单个房间为住宅的卧室和起居室，面积较大，厨房或浴室的面积较小），建筑多为四坡顶，整体进深和开间相差不多，平面看起来有些接近于正方形。一般在长边立面上开 4~5 个窗户，短边开 3~4 个窗户。联户住宅的使用面积为 140~160 m²，平均每户均摊面积为 70~80 m²，这样的尺度对于居住者来说，绝对称得上宽敞、舒适。与此同时，住宅的空间布局十分紧凑，从图 1.43 可以看出。

相对于居住空间来说，公共空间的尺度相对灵活，不同的使用功能对应着不同的空间，不同的尺度与形状给人以不同的感受。例如，中东铁路俱乐部的剧场空间面积约 195 ㎡，高度为 6.3 m，可同时容纳 200 人，无论是谁站在舞台上，都会有一种居高临下，渴望表现自己的欲望。

圣·尼古拉教堂是中东铁路时期扎兰屯城镇内唯一的宗教建筑，总平面呈拉丁十字形，纵向空间细长，身处其中会让人不知不觉产生一种寻求和祈祷的意愿。

沙俄森林警察大队内低沉昏暗的空间让人觉得压抑和沉闷，体现出一种严肃的威慑力，使人感到害怕。

对于空间分隔来说，一个单一的小空间不存在内部分隔的问题，而在处理大空间时，出于结构的需要，有时需要设置柱子，柱子将原来的大空间分隔成若干部分，在确保结构合理的同时还需注意到空间形式带给人们的影响，因此，要保证合理的结构和功能，令空间完整，在应对不同功能需要时，应采取不同的处理方法。

扎兰屯历史建筑内的柱子全部采用金属材质。原路立俄侨子弟小学内钢柱为铁轨两两相接而成。因为铁轨在中东铁路沿线上属于最容易获得的钢结构材料，成本又较低，所以这种形式的柱子在其他附属建筑中也经常采用。在该小学中，柱子主要分布在建筑的“两翼”，即教学空间部分。柱子分布在教室内，为了不对学生视线造成严重遮挡，设计师依照柱距越远、柱身越细、空间的分割感会越弱的柱网排布原则，将柱身宽设计成 120 mm，柱距为 4.45 m 左右，共两排，每个教室内柱子数量控制在两个以内（图 1.44）。

沙俄马厩是一个完整的大空间，除了四周的承重墙之外，内部空间完全采用钢柱进行划分。马厩内设 4 排列柱，纵向相邻的两柱距离较近，可视为一组，柱间的距离较远，与原路立俄侨子弟小学一样，利用柱网布置将交通空间体现出来。马厩的钢柱呈圆形，柱径约 200 mm，横向柱距为 5.3 m，

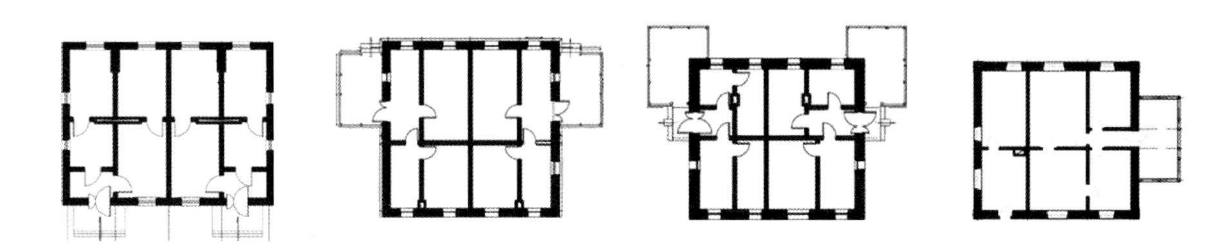

图 1.43　扎兰屯双拼住宅平面图

纵向柱距只有 2 m 多。如图 1.45 所示，通过柱网设计，马厩的室内空间被纵向分成了六部分。若以一个柱距作为单个空间的开间尺寸的话，其横向每两柱之间的距离正好够搭建两个马舍，中央的交通空间又够 2~3 匹马同时出入。可见在设计柱网时，建筑师不仅考虑到了结构要求，还考虑到了空间使用的方便性。

有些建筑，因为面积太大，需要设置多个柱子，功能上也不需要突出空间的某一部分，通常在这种情况下，柱子会分布得更均匀。例如，站前的机车库中的每一个弓形的车库之间都设有矩形钢柱，这里的钢柱由角铁和钢板用螺栓、铆钉栓紧或用电焊焊接而成，十分坚固。柱子间距较大，可以保证整个车库空间的开敞性和完整性（图 1.46）。

②以实为主，虚实结合的围透关系。

扎兰屯历史建筑采用砖石砌筑，窗户面积有限，室内空间一般都比较封闭，只能靠调整门窗洞口尺寸来调节室内空间带给人的情绪和感受。扎兰屯历史建筑的开窗形式多样（图 1.47），除了个别工业建筑体量较大、窗户也相应较大之外，其余建筑的尺寸都较为固定，一般窗高为 1.85~2.6 m，

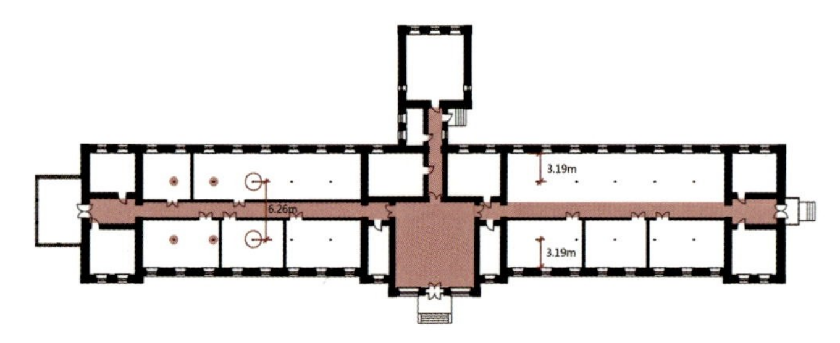

图 1.44　原路立俄侨子弟小学平面柱网

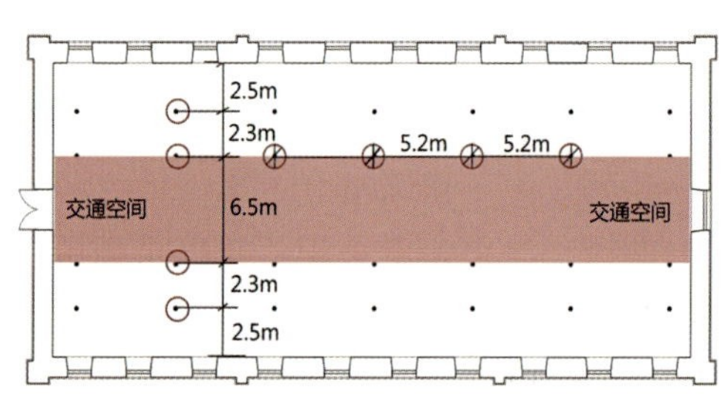

图 1.45　沙俄马厩平面

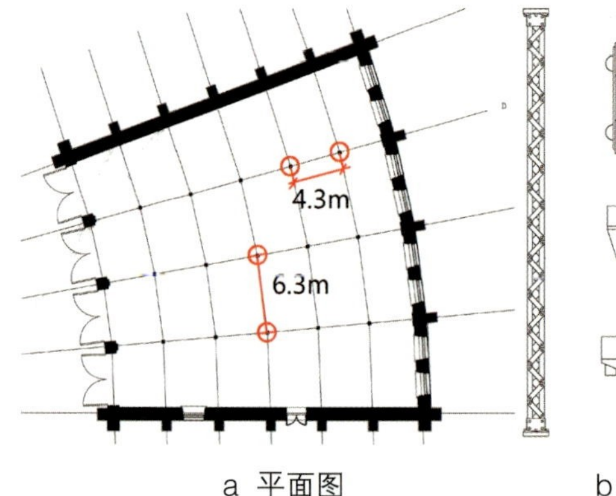

a 平面图

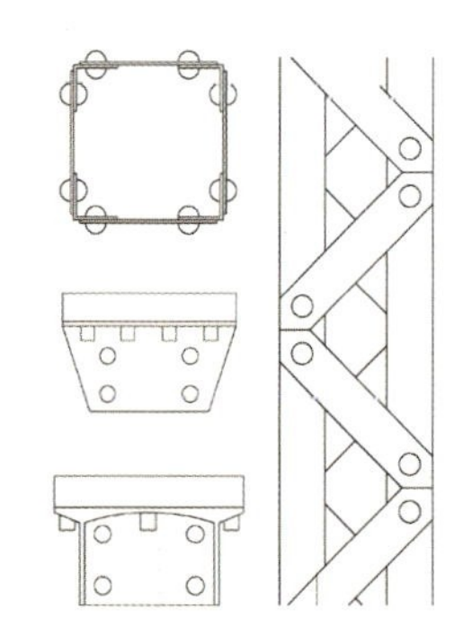

b 钢柱节点大样图

c 现状

图 1.46　扎兰屯站机车库

图 1.47　扎兰屯窗户形式

其中以 2.2 m 最多，窗户的平均宽度为 1.1 m，窗高比约为 1:2。由于北方地区天气寒冷，开窗洞口小有利于冬季保温防寒，并且北方冬季太阳高度角较高，窗户高更有利于阳光照入。虽然建筑是用砖石这类厚重的材料砌筑的，但是窗与窗间墙 1:1.5~1:2 的比例，令人身处室内而感觉不到黑暗、压抑。在原路立俄侨子弟小学中，窗宽 1.1 m、高 2 m，纳阳效果好，学生在室内感到光线充足、明亮，有利于学习。

在设计中，当建筑面向好朝向时，光线、美景等也会渗透至室内；对于不好的朝向则应回避。扎兰屯作为中东铁路沿线上以休闲、疗养为主要功能的城镇，优美的自然景观自不必说。为与自然景观相融合，城镇建筑的外部几乎都设有敞廊。敞廊形似我们今天的阳台，通身木质，紧临建筑的外墙，体量较大，多与建筑入口相结合，具有扎兰屯历史建筑自身的风格，与昂昂溪、横道河子、一面坡等地均有所不同。

对于建筑平面趋近正方形的俄式住宅来说，设计师对主要立面与山墙面并不严格区分，所以建筑四周都可设置敞廊。敞廊作为一个过渡空间，除了与室内外空间相协调外，还形成了一种以实为主，虚实结合的围透关系。每到春暖花开的季节，居民们各自将大门敞开，在敞廊中摆桌椅板凳、盆栽花卉，老人们可以悠然自得地晒太阳或者做针线活；年轻的姑娘们可以围坐在一起聊天欢笑，看着院子里的孩子相互追打跑跳。这一幕幕生活场景，将周围的环境和人们的生活空间紧密地联系在一起。

除了日常生活的居住建筑，扎兰屯的公共建筑对于围与透的关系也处理得很好。俄国人本僚木什金创办的俄式餐厅历经几次改造，但它最初的建筑形态依然是最好的。建筑立面上设通透的廊架，令其成为室内外空间的过渡，廊架尺度很大，能容纳人们在其中就餐，就餐者可以边品尝美食边欣赏优美的自然环境，足见设计者的巧思。其他建筑，如中东铁路避暑旅馆、医院和小学等，均将敞廊建于建筑的山墙面上。从立面上看，敞廊与实墙形成了围与透的虚实关系，丰富了建筑的形态。从使用角度来讲，敞廊可供人们在工作之余休闲观景、感受自然，是极为人性化的设计。

（2）简洁有力的体量关系。

①清晰的轴线序列与稳定性。

传统的构图理论十分重视主从关系的处理，认为在一个完整的个体中，对称关系可以将体量的稳定性体现得最为明显。对称形式的组合中，一般中心部分较两端部分的地位要突出很多，这样才能使它们处于控制之下，从而形成主从关系。在对称形式的体量设计中，突出主体的方法很多，常用手段是使中央部分的体量拔高或凸出。少数建筑还可以借特殊形状和精美的装饰达到削弱两端强调中央的目的。但为了达到整体稳定性，一般着重加强的主体体量较两端部分相比会适当小些，否则建筑会给人头重脚轻之感。

扎兰屯呈中轴对称式布局的建筑有些采用竖向的三段式划分，有些则采用五段式，还有一些通过调整立面窗户的大小和窗间距形成一种节奏感，从而突出主体形成对称关系。

中东铁路避暑旅馆的建筑主体呈三段式划分，突出中间入口即楼梯部分，山墙两侧的木质敞廊也呈对称式，但属于五段式划分。不仅建筑主体部分对称，连两侧的木质敞廊都呈对称式。中心的交通空间因为楼梯的缘故，开窗位置和立面装饰更具灵活性。设计师将楼梯间部分屋面做升高处理，并将窗型及贴脸形式设计得更为复杂，同时窗的尺度也很大，从而使建筑整体更加突出中心、明确轴线。同样，这种中心交通、两侧房间的空间布局也适用于旅馆的功能要求。

除此之外，原路立俄侨子弟小学等公共建筑和一些俄侨民居也采用中轴对称式布局，尤其是双坡屋顶形式的民居，有时连位于民居山墙两侧的木质雨搭都完全对称。这种对称严谨的构图形式最能体现建筑整体的均衡性与稳定感（图 1.48）。

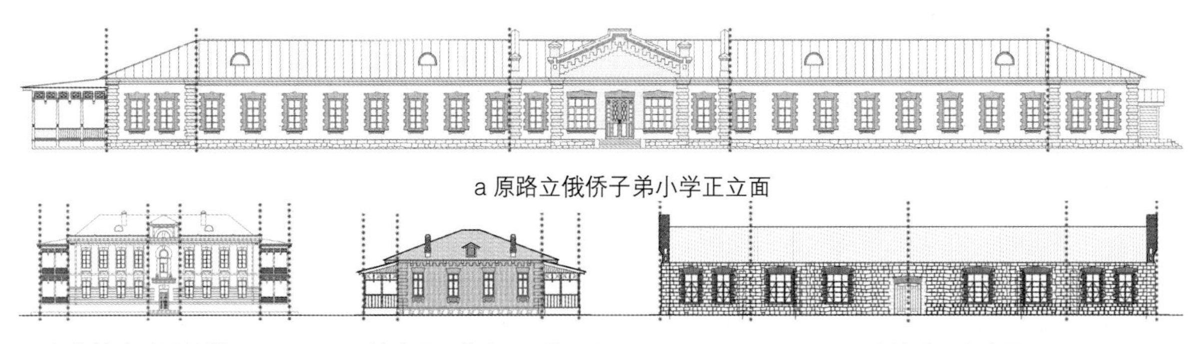

a 原路立俄侨子弟小学正立面

b 中东铁路避暑旅馆正立面图　c 铁路员工住宅 17 号正立面图　d 沙俄兵正立在图

图 1.48　呈中轴对称布局的扎兰屯历史建筑立面测绘复原图

在不对称的体量组合中，组成整体的各要素是按照均衡原则展开的。至于突出主体的方法则通过加大、提高主体部分的体量，或改变主体部分的形状等来区分主从关系，从而达到整体稳定、均衡。

由于扎兰屯四坡顶民居入口门斗和木质敞廊的具体位置主要依据平面使用功能布置，所以建筑整体并非对称布局，但由于主体部分的形状突出、体量较大，能够与门斗和敞廊这些小体量空间组合，且主从分明，从而呈现一种秩序感，从整体来看建筑也是稳定、均衡的。相比之下，中东铁路俱乐部的平面则完全不对称，建筑各部分层数也各不相同，但人们却可以确定其主要部分是一层的小剧场而非三层的办公室，这是因为设计师为了明确主从关系，在一层主体建筑的立面装饰上下了很多功夫，而对于办公室的外立面装饰则简化之，力求弱化其高大体量对建筑主体部分的影响。

而对于平面呈 L 形的建筑来说，四个方向的立面形态不可能完全呈对称形式，如原路立俄侨小学和中东铁路扎兰屯卫生所在处理这种体量关系的时候，将互成 90° 的一字形端部的山墙放大体量，并用丰富的线脚装饰山墙面，使之与旁边的立面形成对比，同时，为避免建筑有头重脚轻之感，设计师还在山墙立面突出中心门斗，使门斗装饰手法与山墙一致，突出山墙面的整体性。这样，建筑便能在不同形体和体量的组合中达到平衡。

②传统美学下的比例与尺度。

建筑的整体布局应根据其基本的功能给予适当的尺寸、材料和装饰。在设计过程中，首先应处理好整体建筑的比例，比例关系的协调与否直接影响建筑的体量感。

传统比例中最为常见的是黄金比例，即 1:0.618。其实除了黄金比例，通过无公约数比例划分的常用比例还有很多，但它们都是以两种关系为基础的：第一种是一个正方形的边和它对角线的关系；第二种是从一个单独正方形发展而来相互关联的矩形系列，有每个矩形的长边是紧挨着的前一个矩形的对角线的，还有相连的两个正方形与矩形长边相接所组成的矩形，也有黄金比例矩形与普通矩形相结合的。但在各式各样的矩形中，$\sqrt{5}$矩形作为最重要的矩形（比例 1:2.236）经常被用于传统建筑的平面布局和体量组合中（图 1.49）。

扎兰屯历史建筑的平面和立面，基本上都符合传统比例。以四坡屋顶的住宅建筑为例，其平面是

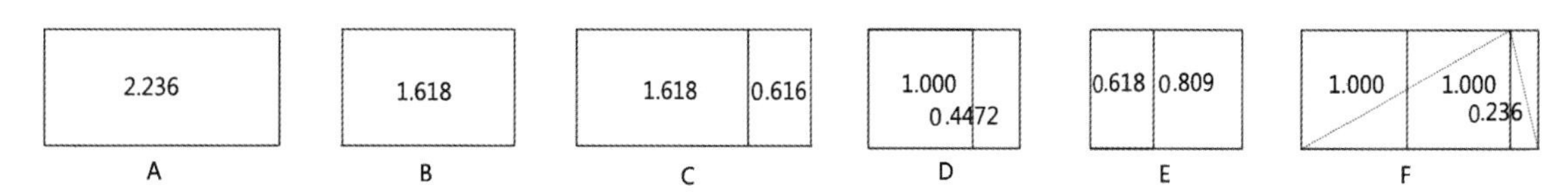

A: $\sqrt{5}$矩形，如果以高度为单位，它的边长是$\sqrt{5}$；B: 黄金分割矩形；C: $\sqrt{5}$矩形包含一个黄金矩形和它的倒边矩形；D $\sqrt{2}$矩形；E: 同是$\sqrt{2}$矩形，分割不同；F: $\sqrt{5}$矩形的细分。上述各种情况下的矩形，很容易用纯图解的方法决定，例如在 D 中，长边是正方形的对角线

图 1.49　建筑比例关系图

相邻两边为黄金比例的矩形，正立面整体是一个$\sqrt{5}$比例的矩形；中东铁路扎兰屯卫生所的平面呈L形，由两个比例为$\sqrt{5}$的矩形为90° 相交而成，正立面依然是呈$\sqrt{5}$比例的矩形；原路立俄桥子弟小学的平面采用两个$\sqrt{5}$比例矩形中间夹一个黄金比例$\sqrt{2}$的矩形组合布置，正立面由两个$\sqrt{5}$比例矩形短边相接组成；中东铁路避暑旅馆立面的实体部分是两个正方形相连而成，山墙处的木质敞廊从正立面上看是两个$\sqrt{5}$比例的矩形，中东铁路避暑旅馆的平面同样是$\sqrt{5}$比例的矩形。说明扎兰屯历史建筑在建筑风格和形式上依然没有摆脱古典建筑的传统比例关系（图1.50）。

此外，和比例关系相联系的还有建筑尺度的处理。大的建筑物或者建筑的主体部分的尺度呈现巨大、宏伟的场景，而小住宅则具有亲切宜人的尺度。事实上，由于人们总是以个人行为作为建筑的测量准则，所以建筑规模可以以人的尺寸或者肢体行动为经验。扎兰屯历史建筑尺度总体来说都不大，主要是因为当时人口并不密集，城镇建筑容积率很小，所以建筑大多为一、二层。虽然与当地中国人的建筑相比，俄国人的建筑要高大华丽一些，但从整体上来说，建筑的尺度是较为适宜的，并没有为了特殊需要而夸大建筑体量、夸张建筑造型的案例。建筑的内部空间尺度和立面各部分尺度均非常适宜。

1.3.2 建筑装饰艺术特点

扎兰屯历史建筑以丰富的材料来表现装饰性效果，选材上接近于俄国人的喜好，通常以木材、天然石材、面砖、玻璃及铸铁等为建筑材料。由于扎兰屯地理位置的独特和自然资源的丰富，因此木材和石材容易获得并被广泛使用。在扎兰屯历史建筑中，砖木和砖石作为常用结构使用得最频繁，有些跨度较大的建筑中还采用金属建材辅助支撑。在立面造型方面，砖、木等单一材料和砖木、砖石等混合材料搭配使用是装饰立面的常用手法。其中，木材经常作为装饰构件独立出现，而砖、石材料相搭配的情况多出现于大面积的建筑立面和门窗洞口的处理中。

（1）丰富细腻的材料表达。

①单一木构件的运用。

扎兰屯历史建筑常使用木材做装饰构件，实例较多。在室外装饰中，木构件主要运用在窗棂、敞廊、门斗、雨搭、山墙、檐口、檐下及其托檐板等部位。在室内设计方面，木构件多用于大门棂条、地板、木质墙裙板等。通常设计者会将单一雕刻图案作为装饰母题，在整体木构装饰中重复排列，形成一定的韵律和节奏；或者将母题构件用于不同装饰位置，达到整体装饰风格统一的效果。总之，在扎兰屯，木材的装饰性潜能被很好地发掘运用。

a. 门斗和雨篷。

在扎兰屯，最普遍的门廊做法是将其简化设计成朴素、简洁的门斗和精巧别致的雨篷。木质门斗和雨篷均为双坡屋顶，屋面形式有利于排水，位置多在低于建筑檐口的地方，重点体现实用性。

木质门斗的外形较为简单，没有多余的装饰构件，通身采用木板拼接而成，旨在表现自身的结构形态。

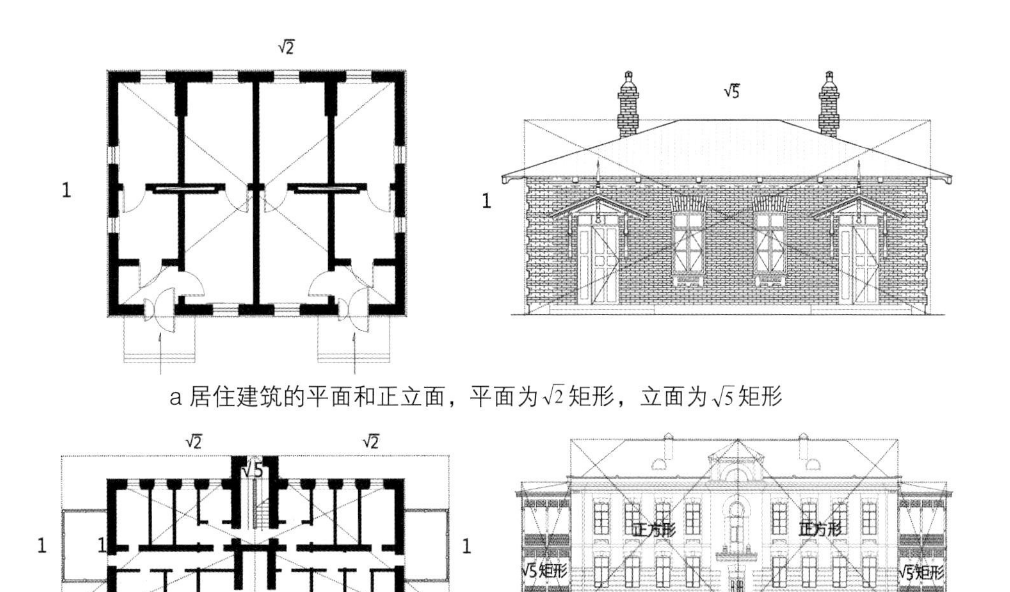

a 居住建筑的平面和正立面，平面为$\sqrt{2}$矩形，立面为$\sqrt{5}$矩形

b 避暑旅馆的平面和正立面，平面外轮廓线由两个$\sqrt{2}$矩形组成，内轮廓线为$\sqrt{5}$矩形。立面实体为两正方形，木质长廊为$\sqrt{5}$矩形

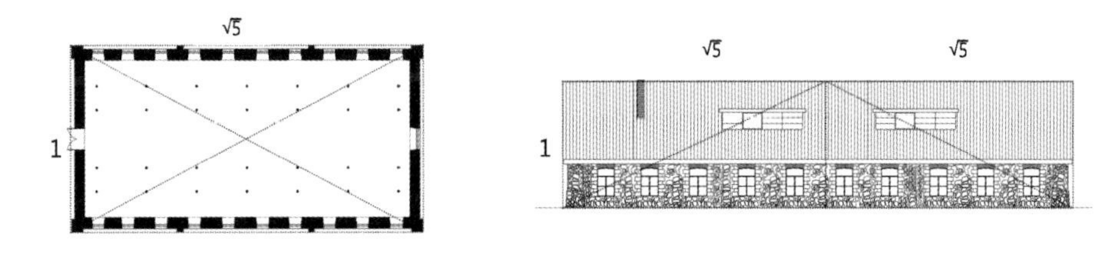

c 俄国马厩的平面和正立面，平面外轮廓线为$\sqrt{5}$矩形，立面实体由两个$\sqrt{5}$矩形组成

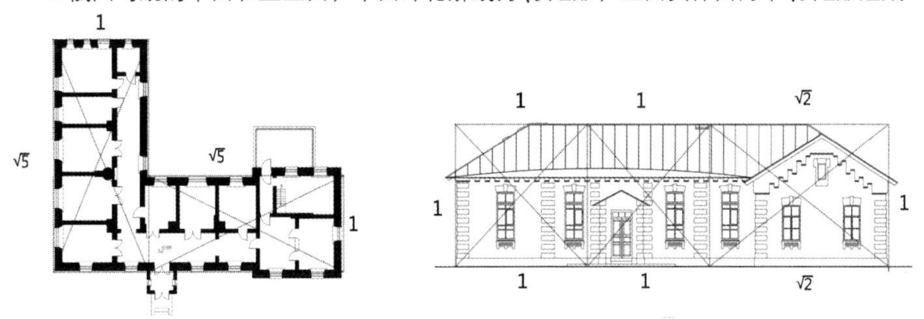

d 卫生所的平面和正立面，平面线为 L 形，为两个$\sqrt{5}$矩形相交而成，立面实体由两个正方形加一个$\sqrt{2}$矩形组成

图 1.50　扎兰屯历史建筑比例关系分析图

有些门斗在正立面的檐下边缘用木板遮挡接缝处，木板两端下部雕刻有俄罗斯风格的曲线线脚；还有一些门斗在山墙的挑檐边缘布置一排半圆形和尖角形相间的装饰线脚。门斗两侧开窗，使光线能够进入，即便门全关上时，里面的人也不会感觉压抑。木质门斗的装饰性比较简单，但样式却显朴素、大方(图1.51)。

雨篷和门斗的使用功能相同，但装饰线脚比门斗丰富。雨篷同样采用双坡式屋面，骨架利用木杆呈三角形纵横垂直相交构成，顶棚固定在墙面上。顶部采用多线脚收分，木杆出挑雨篷，山花部位的木杆相交成三角形，中间一根木杆凸起直穿山花，伸出屋面。木杆端部和相交处均有精美的装饰，上端呈尖状，犹如中国古代的矛，下端为倒锥形的柱头，中央采用收腰处理，具有浓郁的俄罗斯民族特色。在此基础上，工匠将木杆中间用镂空花纹的山花板填充，花纹具有很强的装饰性，与檐下层层的线脚相结合，令雨篷装饰特点鲜明（图1.52）。

图1.51 木质门斗

图1.52 雨篷

b. 室外敞廊。

同样作为入口的过渡空间，敞廊的设计可称得上是扎兰屯历史建筑的点睛之笔。虽然其很多处理手法和装饰母题与前文中所提到的木构装饰有类似之处，但它的细节的推敲和刻画可称之为木构装饰中的精品（图 1.53）。

敞廊通身采用木材建造而成，支撑屋面的矩形木柱底部设柱础，柱身有收分效果，且均匀间隔。木柱顶端用纵横的木梁固定，并支撑屋面。屋面挑檐较大，可遮阳挡雨，满足使用需求。

通常，每两个相邻木柱中间的顶部会有一根不落地的柱，与中式垂花门中的垂莲柱相似，其长度如柱础上的栏杆，形式如两侧木柱，端部用水滴状柱头装饰。这根不落地的柱有时每相邻两柱中间便有一根；有时隔一开间设一根，但与两侧长柱距离相等，有规律可循，目的是丰富立面层次。支撑敞廊的长柱与传统的三分式柱子不同，它没有明确的柱头和柱础，柱身是通过贯穿它们的横木桩和栏板进行划分的。其中，第一部分为檐下到横木桩，在这一部分相邻两柱中间经常有木制格栅装饰，柱式形式为上窄下宽的长条形方木，中间部分的棱角被削成梯形凹槽，在横向构件的连接处底部雕刻半圆形图案；第二部分同样是上窄下宽的方木，其在接近扶手的地方向内收腰；第三部分越向下越粗，使整个柱子看起来稳定性强，而不是头重脚轻。方木棱角被削成浅浅的凹槽，丰富柱子线脚。木杆件的收腰及端部处理和对两杆件相交处方形木块的装饰纹样的处理几乎成为扎兰屯历史建筑中木构件的统一装饰手法。这种手法也相应地形成了统一的装饰符号，出现在扎兰屯各种木质构件中，为扎兰屯历史建筑贴上独有的标签。

连接相邻两柱的装饰线脚利用母题重复体现韵律感。木柱底部的栏杆高约 600 mm，栏板中花纹为重复出现的竖长椭圆形，内外均雕刻成镂空状，整体较薄，形态精巧而轻盈，犹如铸铁构件一般，

图 1.53　室外敞廊

上连栏杆扶手，下连木质平台。这样有规律地进行重复，在增强敞廊立面丰富性的同时，也使图案本身与敞廊融为一体，并未刻意强调或突出哪部分。另有一些敞廊的栏板花纹样式与柱间的装饰格栅相同，均以细木条框装饰，做法为：将大矩形划分成对角线相同的同心矩形，再将两矩形之间用细木条平均分割，使格栅形如中国古典建筑中的窗扇。

以上所描绘的敞廊形式为扎兰屯历史建筑敞廊的普遍形式。虽然并非每个敞廊的样式都完全相同，但基本万变不离其宗。现存建筑设有敞廊的有中东铁路扎兰屯卫生所、中东铁路避暑旅馆、铁路住宅、六国饭店和小学等。其中，六国饭店在改造前曾经拥有大体量的室外廊架，其柱高、柱宽与柱距的比例均较大，是扎兰屯木质敞廊中的一个特例。

c. 檐口与山花。

建筑的木质檐口与山花不像雨搭和凉亭那样实用性大于装饰性，它们的主要功能是与建筑山墙面结合并起到装饰立面的效果。其中，木质檐口最常见形式的做法是：将木檩和木梁作为承托构件，伸出墙体，在端部做弧线处理。这种处理手法是中东铁路附属建筑普遍采用的一种形式。老虎天窗和雨篷檐下的挡板部位也会做此处理。

完全采用木材装饰挑檐的建筑也有一些，如扎兰屯火车站站舍，设计师将较为宽厚的木条相互穿插，随坡度形成曲折线形，所有檐口下部运用相同的椭圆形中空纹饰整齐排列一周，形成稳重大气又不失民族特色的装饰风格。中东铁路阳光浴场则采用双层挑檐式，即在檐口周边用两层木雕重叠的方式装饰，檐口运用绿色的半圆形雕饰附在黄色的内层檐口之上，体现出层次感。一些住宅建筑的敞廊檐口还用单层挑檐进行装饰，装饰花纹也多种多样，有半圆形、梯形、锯齿形、马蹄形以及各种镂空形式。

山墙装饰作为立面造型的重点，主要体现在山花的装饰上。扎兰屯历史建筑的木质山花多采用杆件做骨干，再加山花板。山花的建构形式为：采用十字交叉的木杆件竖直交于山墙檐口下部，形成三角形，而用杆件的端部向下伸出雕花的小木构件进行装饰。三角形杆件有些单独使用，有些使用山花板将其填充，填充的方式有的是将木板呈 45° 角相向拼接，有的是将纵横向的木板依次排列编织，同时在木板上雕刻花纹，这些图案样式和雨搭的山花板雕刻图案相同（图 1.54）。

图 1.54　山花

d. 木质门窗。

除此之外，木质门窗作为建筑中必不可少的构件，虽然使用频繁却并不引人注目。大部分出现在窗户中的木材只是作为窗框或连接杆件，相比之下，门板对木材的运用则较为宽泛。在居住建筑中，单开门和子母门是主要的两种木门形式。门板的处理分为两种情况：一种是直接用木板拼接；另一种是采用细木条呈 45° 角对称拼接，看起来如一个个菱形套在一起，这种纹理形式的门扇称作拼花门，其纹理有韵律感，做工较为细致。有些拼花门的上部使用玻璃代替，使入口通透轻盈。还有一些仓库的大门，使用木板直接拼接而成，如原路立俄侨子弟小学后身的仓库大门。木质大门各样式见图 1.55。

图 1.55　木质大门

②砖石材料相结合的运用。

扎兰屯历史建筑为中东铁路附属建筑中的一支，它们的很多装饰特点和做法都与沿线其他地区相同，但又具有其独特的艺术风格。除了较为有特色的单一木质装饰构件之外，砖石材料相结合的装饰手法在扎兰屯也比较常见。

扎兰屯城镇东侧有一座石山，从中东铁路建设开始至今仍可开采。由于取材方便，且与木材相比更加保温，所以扎兰屯历史建筑中有部分建筑采用的是砖石混合构筑。而两种材质不同比例的组合方式也相应地产生不同的艺术效果。砖为主、石为辅的组合方式中，砖的导热系数较低、保温系数较高，比较适用于北方建筑，尤其是居住建筑。砖的个体尺寸相对于石块而言较小，易于砌筑图案和线脚来装饰建筑立面，也易于砌筑拱券来加固门窗洞口和跨度较大的空间。扎兰屯历史建筑中以砖为主、石为辅的材料组合方式，多是因为砖料不足，才用石材弥补，但因为石材抗压性能好，所以地基都使用石材砌筑。有时，出于立面装饰的考虑，石材多被砌筑在建筑立面的某个部分，如建筑转角处，或是作为分隔立面的石砌线脚。

石材的形状大小不等，参差不齐，有些并未进行加工处理。例如，扎兰屯站机车库附近的办公室的一个山墙面就是采用砖石混合砌筑的。石砌墙面位于中间，结合窗部贴脸和山墙顶端三角形砖砌线脚装饰。线脚呈倒凸字形绕檐口一圈，只在通风口处断开一小段。山墙上面的落影式砖构筑与墙面的石块形成对比，石头形状有大有小，颜色也有暖有冷，好像并无章法可言，但与砖砌线脚相比，展现了其粗犷、自然的一面。石块与砖块的结合使用，使本身属于维护材料的砖、石具有装饰性，且立面层次更加丰富。中东铁路俱乐部也是如此，整栋建筑体量较大，办公部分采用砖砌，活动室部分采用石砌。尤其是门口两侧的石头表面虽被后人刷上油漆，无法体现其本身的颜色和纹理，但从清晰的勾缝痕迹可以判断建筑所选石块大小相似、形状相同。铁路员工住宅 33 号，其主要立面采用砖砌，但在建筑转角处部分应用石材。石材本身给人以厚重感，在转角使用就更增加了建筑稳定性，使其看起来更加坚固。另外还有一些建筑选择石材做地基，如中东铁路避暑旅馆等。中东铁路避暑旅馆地基部分由赭石色和熟褐色的石头勾缝砌筑，既增强了地基强度，又丰富了建筑立面。

这两种材料的另外一种组合是以砖为辅，以石为主。这种组合在扎兰屯历史建筑中属于较为常见并多用于公共建筑的形式。其表现形式为：除了门窗洞口和山墙装饰线脚用砖砌筑之外，其他部分完全采用石材砌筑。

石材在使用上具有两种形式，一种是将大小、形状较为接近的石块打磨平滑，勾细小的灰缝，体现石工技术的精湛（图 1.56 a、b、c）；另一种是将天然石块按一定规律堆砌，再用黏土砂浆填充缝隙。两种方法均将石材暴露在外，显示其独一无二的纹理和色彩，增强建筑立面的质感（图 1.56d、e、f）。

原路立俄桥子弟小学、铁路员工住宅和中东铁路俱乐部山墙面的砖块几乎大小相同，石块

a 原路立俄侨子弟小学

b 铁路员工住宅

c 中东铁路俱乐部

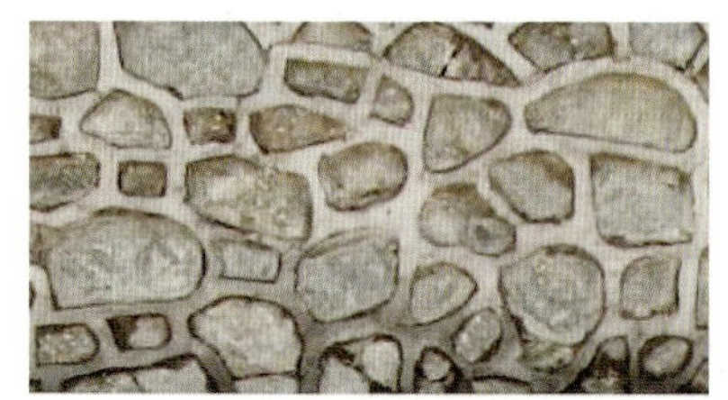

d 沙俄森林警察大队

e 沙俄马厩

f 铁路员工住宅 33 号

图 1.56 扎兰屯建筑石材形态

之间咬合严密，墙体表面平整、灰缝细小。这种大面的石墙远看质朴、厚重，近看却细腻、丰富。这种粗犷的、不加装饰的石材的原始感与旁边隐藏在抹灰下的细腻的砖构筑相比，装饰效果显著。

同样是砖与石的结合，沙俄森林警察大队、沙俄马厩和铁路员工住宅33号的立面处理又采用了不同的形式。它们的砖石组合给人质地厚重、形态古朴的感觉。因为这几栋建筑并未进行墙面抹灰，而是将红砖和灰石两种材质本身的质感和特性暴露出来。在这里，石材并不都是方整的，有很多形状、大小各不相同的石块，通过灰缝连接起来，由于形状上并不能够完全契合，所以灰缝较宽，并且较石块平面凸出一些，目的是使石材连接得更加坚固。有些石块本就不大，勾缝之后露在立面上的部分就更小，即便石材本身具有色彩和纹理也并不能形成突出的效果，反而如网状不规则交织的灰缝，形成了整个石砌立面的纹理。不规则的石面形态与规则的红砖线脚既形成了材料上的统一，又形成了样式上的对比。

③其他材料相结合的运用。

扎兰屯历史建筑以丰富的材料强调装饰效果。除单一木构装饰、砖石结合装饰之外，还有纯粹采用砖砌的建筑。这些建筑一般利用砖本身的砌筑方式砌出各种形态的线脚进行立面装饰，如扎兰屯站机车库立面的装饰线脚。

除了建筑立面，室内部分所使用的装饰材料也很丰富。例如，用于楼梯扶手的铸铁栏杆，用作壁炉和火墙的陶片、瓷砖，用于公共建筑地面的大理石，还有每家每户必不可少的玻璃。不同的材质拥有不同的物理特性，展示出不同的装饰效果。

④建筑室外细部装饰。

扎兰屯历史建筑装饰刻画精美、细腻。除了上文中所提到的凉亭、雨篷、山花之外，还有一些建筑细部，它们是构成建筑丰富立面不可或缺的元素，活泼生动的窗及窗饰便是其中最重要的元素之一。

扎兰屯地区冬季气温平均可达－29℃，从节能保温的角度出发，窗的尺度越小，窗的高宽比越大，越利于保温。扎兰屯历史建筑开窗的处理体现在两个方面：其一体现为建筑不同部位开窗形状的差异，窗的形状或方额直角，或圆额直角，或半圆额，或椭圆，虽然看似自由和富于变化，但由于窗的上下对位，故并无凌乱之感；其二体现为窗饰贴脸的丰富，各式贴脸在窗洞的周围采用柔和自然的线条与窗的形态融为一体，有时亦富有凸凹感，丰富窗的造型效果，体现了工匠们的想象力和艺术创造力。

窗户的贴脸形式分为全包围和半包围两种，半包围贴脸又分为无肩和垂肩两种形式。沙俄森林警察大队和机车库是全包围贴脸的典型代表建筑。沙俄森林警察大队采用砖石组合材料，将窗及砖砌贴脸整体嵌入石墙面，在砖石相交处做成形如犬牙式线脚的曲尺状外形，并在最上方贴脸的中央凸起拱心石，增加层次感（图1.57 d）。机车库顶部的排烟口用砖以狗子咬的形式砌筑，并在上下左右砌筑4个拱心石，拱心石高于贴脸，这是圆洞式砖构的典型形式（图1.57 e）。

半包围贴脸形式较为丰富，尤其是垂肩式贴脸，因为很多建筑将垂下的贴脸用丰富的线脚连接起来。扎兰屯火车站站舍的贴脸装饰极为精美，砖侧砌出的锯齿状线脚凹凸不平、相互交错，沿窗的上半部分围和并与两侧线脚相连，相连处砌倒凸字形砖花，极具韵律感（图 1.57 a），贴脸上方还有一条较窄的线脚，随着贴脸和两窗之间的装饰线边缘凸凹。教堂的窗为圆额角，贴脸为半垂肩式，相邻窗户之间贴脸相连，十分适合教堂略带弧度的立面（图 1.57 c）。无肩式贴脸相对垂肩式贴脸要简单得多，大部分住宅建筑都是使用这种形式。无肩式贴脸只在窗户的上面用砖错缝拼贴或自由拼缝成一个类似扇形的宽线脚，有些在中央砌拱心石，较为有特点的无肩式贴脸为中东铁路俱乐部的窗贴脸。它的贴脸形式是从中间至两边如莲花样砌筑的，造型优美（图 1.57 b）。

窗台与贴脸相对，一般采用两种砌筑方式：一种利用顺砖砌筑线脚，另一种在双层线脚中间用砖块侧立砌筑成面。不同种类的窗台与贴脸组合出不同形态的窗饰，使立面的细部装饰更富层次感。

檐口及檐下部位作为屋面与墙面的过渡和衔接，除了有前文所述的木质装饰外，砖砌檐口装饰在整个檐下装饰中也占较大比例。大部分砖砌檐口利用砖块相互叠砌的方法，在檐下砌出好几层，虽不如木质檐口那般装饰复杂，但层次丰富。有些建筑在檐口下方还砌犬牙式砖线脚来点缀立面，这些砖的排列有时呈直线式、有时呈断点式，还有一些呈 V 字式。有些建筑在转角处会砌出类似于角柱柱头形式的线脚，用以强调转角部位，也是增强立面稳定性的一种方法。还有一些建筑则是以女儿墙的形式来丰富檐口（图 1.58）。

扎兰屯历史建筑立面的入口处或山墙部分多做相似的处理。对于原路立俄侨子弟小学、沙俄森林警察大队、沙俄兵营以及机车库等公共建筑来说，设计师通常会将它们的三角形山花的顶部向上砌筑，高出山墙边缘，并沿其下端砌出层层的线脚和独具俄罗斯风格特色的落影式山花来增加层次感，落影式山花还可采用两层砌筑的形式（图 1.59）。而在住宅建筑或者小型公共建筑中，山墙面则多采用落影式砌筑结合木质山花板的形式。

a 站舍

b 中东铁路俱乐部

c 教堂

d 沙俄森林警察大队

e 机车库

f 中东铁路避暑旅馆

图 1.57　窗

图 1.58　砖砌檐口

a 机车库

b 原路立俄侨子弟小学

c 沙俄森林警察大队

d 沙俄兵营

图 1.59　砖砌山花细部

⑤建筑室内细部装饰。

室内空间是由界面围合而成的，各面的装饰决定了室内空间的舒适与美观性。对于天花、地面、墙面这三个部位，中东铁路附属建筑有统一的设计标准。以天花为例，天花的处理多是在梁板结构的基础上进行加工的。扎兰屯历史建筑屋顶多为木构架，在一般住宅建筑中，天花的处理有以下两种形式：一种是木板和方木相互结合，搭接设计，天花完全被木板包裹，每隔相同距离向下凸出一块方木，整体节奏感强；另外一种处理方式与墙体表面处理方式相同，先在砖外层用薄木条相互交叉呈 45° 角，编织成网，在网外抹灰，将天花处理成白色的平面，这种手法经常在公共建筑中使用。遇到某些跨度较大的公共建筑，在不设柱网的情况下，天花也采用小拱券连续发券的结构形式，这时，对于天花的装饰一般为随着拱券的弧度进行抹灰，并在连接两券的钢梁部位和与四面墙体相交部位做简单的线脚装饰，整体看上去大气简洁，韵律感强。

地面与天花一样，以水平面的形式出现。作为空间的底界面，需要承托家具、设备和人的活动，所以结实、实用、美观就成了地面的装饰原则。中东铁路附属建筑处于北方严寒地带，地基下部寒冷潮湿，为了隔冷、隔潮，通常的处理手法是在基地上方采用方木搭接成方格网状空间，再在此之上搭接木板或地砖。在居住建筑中，一般以木地板铺地面的形式较多，因为木材给人以温馨、柔软的感觉，且在地板上刷红色油漆可以使屋内显得温暖。地板的铺设形式主要有两种：较宽的地板将其短边相互拼接，相邻两行错缝拼接；较窄的地板多采用 45° 角以头结尾、尾接头的波浪形式拼接。

公共建筑中对地面的处理要相对丰富，除了利用木质地板外，室内还多用不同色彩的大理石、水磨石、马赛克等拼嵌成图案来装饰地面（图 1.60）。例如，中东铁路避暑旅馆和中东铁路扎兰屯卫生所的地面就是采用棕红色与灰绿色方石呈 45° 角相间铺设而成的，在开门处用矩形方石铺设，用以提示空间即将转换。

扎兰屯历史建筑在室内颜色的使用上是有一定规律的。一般情况下，建筑物的整个内部遵循光线明暗结合的处理原则。例如，墙面和天花一般颜色较浅，踢脚板和地板颜色则更深一些，这是因为不同的颜色给人不同的感觉，上浅下深稳定性强，给人以安全感。

同样，建筑材料的运用也是有讲究的。虽然室内装饰材料通常是光滑且精美的，但它们的质地的坚实程度、厚度和尺寸大小都是不相同的，有些材料适合天花，有些适合墙面，有些适合地面。例如，天花较高，大多数情况下没人触碰，易于保持清洁，可使用颜色较浅的涂料或者软性的吊顶等材料装饰。地面则不同，它需要承托人的活动，比较不容易保持清洁，因此必须选择比较硬的、光滑的材料，如水磨石和大理石等。由于人经常会接触墙面的下半部分，这一部分相对天花来讲更容易脏，因此常使用踢脚和木质墙裙加以保护，而墙的上半部分和天花相似，适用于颜色干净的涂料。室内装饰要适应功能的要求，巧妙地将不同纹理的材料组合在一起并使它们协调，从而取得装饰效果。

除此之外，装修还需要设计一些精细的部分。例如，中东铁路避暑旅馆中的铁艺栏杆。栏杆利用铸铁做成线条装饰，线条极其自由、舒展，充满灵性，这种模仿自然界植物的花朵、叶片、茎秆等的形式，是典型的新艺术运动风格。而中东铁路俱乐部办公空间的楼梯则采用木踏板和木栏杆装饰，与铁艺相比显得稳重、厚实，又体现出一定的民族性特征（图 1.61）。

a 地砖

b 地板

图 1.60　地面

图 1.61　楼梯栏杆

（2）柔和美妙的光影与色彩。

一栋建筑的凹凸与虚实关系能够影响建筑立面的光影变化。扎兰屯历史建筑中采用大量的挑檐和立面上凸起的砖砌线脚或灰缝来制造光影的变化。例如，位于建筑山墙上的木质凉亭，受阳光照射时，也能在建筑立面倒映出斑驳的影子。凉亭的影子与立面装饰本身的阴影相互交织，令建筑更富变化和美感。而门窗洞口、雨搭、门斗这些凸出墙面和凹进墙面的部位所产生的阴影变化，同样也增强了建筑的体积感，使建筑立面更加丰富。

在建筑色彩的处理方面，似乎可以把色彩调和与色调对比看成是两种互相对立的倾向，因为过分的调和会令人感到单调乏味，过度的对比又会使人感到过于刺激，所以对建筑色彩与质感的统一处理是影响中东铁路附属建筑外观最重要的因素之一。

扎兰屯历史建筑在色彩表达上并没有超出中东铁路附属建筑色彩规范的标准。由于建筑多为砖石结构，因此色彩多朴素、淡雅，更因地处北方，天气较为寒冷，一年中有一半时间建筑都处于茫茫的白色之中，因此大部分建筑墙身都采用明亮的土黄色，装饰线脚和门窗贴脸采用白色，局部构件采用墨绿色或赭石色，木质敞廊和入口雨搭及门斗多用深绿色并点缀些红色、黄色、蓝色等色彩丰富立面。这种色彩设计其实是延续了俄罗斯传统的民间建筑用色。温暖的色调运用在北方，使冬天的城镇多了一份温暖，少了几分萧瑟（图 1.62）。

扎兰屯还有很多建筑采用石材砌筑，且大部分为天然石材纹理，即将石材本身的质地暴露出来，利用石块、砖块和木头等天然材料来取得质感对比的效果。石材虽粗糙，但其本身却有着自己独特的颜色，有些呈暖色调，有些呈冷色调，近看颜色非常丰富。而砖块本身也有红砖和青砖两种。虽然扎兰屯大部分的砖砌建筑都有抹灰遮挡，但也不乏如沙俄森林警察大队和机车库这种将红砖本身颜色暴露的建筑。暗红的砖稳重且不失端庄，无论是独立使用还是与石材结合，都能产生很强的艺术效果。

图 1.62　扎兰屯历史建筑的不同色彩

相比采用本身质地和颜色的砖、石材料，木质构件的色彩是丰富而鲜艳的。中国传统木构建筑就是以金碧辉煌和色彩瑰丽而见称的，经常使用金色、红色、蓝色等明度较高的颜色。无独有偶，扎兰屯历史建筑凉亭的用色也采用了红色、黄色以及绿色等鲜艳的颜色。例如，凉亭的木柱为黄色，柱网上方的格子栅板为暗红色，柱子下部的栏杆和凉亭棚顶采用绿色。而一些山墙面的木质山花板也采用鲜艳的草绿色或是明亮的橘色。这些颜色与温暖的土黄色墙面形成对比，奠定了扎兰屯城镇的色彩基调。

当时，受建筑材料的影响和限制，建筑质感并不能像今天一样丰富而充满变化，但就使用天然材料这一点，在有限的范围内处理质感，还处理得如此细腻已经十分难得。

1.4 结 论

本章以中东铁路附属地扎兰屯为主要研究对象，通过归纳、分析、比较、举例等方法对其城镇的规划布局、建筑分类、艺术特色三方面进行研究，得到以下几个结论。

首先，扎兰屯地处大兴安岭东部，自中东铁路修筑以来，很自然地成了嫩江平原上的军事要地。由于地方风土、气候适合疗养，在奥斯特罗莫夫担任中东铁路管理局局长时期，将其设定为中东铁路西线上的避暑、避寒的别墅地。在日本占领时期，日伪延续其城镇功能定位，将其建设成设备健全的军队疗养地。中东铁路时期，出于对西方古典主义风格规划思想的崇拜，加之考虑军事战略需要和当地自然地形与河流、铁路的走向，俄国规划师将扎兰屯城镇道路沿铁路方向规划成细长的方格网。日本人接手中东铁路以后，在俄国人的基础上对城镇进一步划分，以火车站站舍为中心，规划站前广场和城镇公园。延续其平行于铁轨的三条主干道，将城镇划分为三个部分，铁道以西是广阔的林海和潺潺的雅鲁河，铁路以东是连绵的石山，整座城镇呈带形规整地坐落于中央。

其次，扎兰屯历史建筑通过功能类型可划分为三大类：第一类是公共建筑，包括中东铁路俱乐部、中东铁路避暑旅馆、小学等；第二类是居住建筑，包括铁路职工宿舍、住宅以及当时辅助人们生产、生活的牛棚、仓库等；第三类是工业建筑，包括站舍、机车库、水塔等。本章将建筑的历史背景、建造年代、功能构成、建筑结构、保存和再利用的状况进行了详细的叙述与总结，并结合建筑测绘图和历史照片等深度剖析建筑的外部形态和内部空间，为相关的研究提供基础资料。

最后，从历史建筑的造型风格与装饰细部入手，详细解读扎兰屯历史建筑的艺术特色。扎兰屯历史建筑空间处理方面包含了很多因素，如建筑的形状与尺度、围透关系、空间的分割方式以及体量之间的稳定性和建筑比例。坐落于中国北方的扎兰屯历史建筑平面大多为规整的方形，尺度也亲切宜人，尤其是居住建筑的尺度，极为舒适、宜居。建筑的外墙部分有很多木构敞廊与墙身连接，开敞的木廊与敦厚的墙面形成对比，产生奇特的围与透的效果，这是其他附属地建筑所没有的。建筑平面和立面在比例处理上也无不渗透出西方古典美学的传统审美观。在装饰细节方面，不同材料的表达方式和精美生动的装饰构件相组合，将扎兰屯历史建筑独一无二的艺术特色充分展示出来。

扎兰屯只是中东铁路沿线的众多附属地之一，但无论是在规划还是在建筑方面都有其独特之处。本章通过对近代扎兰屯城镇布局和建筑特色的分析，力求体现出扎兰屯在中东铁路沿线中的重要作用，并从理论基础上给予扎兰屯历史建筑遗产开发与保护工作以支持，希望能对其他附属地遗产研究工作有一定的借鉴意义。

一面坡近代城镇规划与建筑形态

Modern Urban Planning and Architecture in Yimianpo

2.1 一面坡近代城镇规划解析

同中东铁路沿线其他城镇一样，近代的一面坡是东北地区因路而兴的新型聚落形态，其建设方式及城镇形态符合中东铁路附属地城镇的一般特征。同时，由于其自身的环境与区位优势，一面坡的城镇规划也有着许多独特之处。

2.1.1 一面坡历史沿革及社会背景

一面坡的历史比较悠久，在中东铁路建设之前已经有一定的居民基础，清政府已设治管理，因此，相较于其他站点，其近代城镇的形成与建设的社会背景更复杂，影响因素也更多。

（1）早期聚落地理环境及形成脉络。

一面坡位于黑龙江省南部，哈尔滨东南约 161 km 处，现隶属于尚志市。距离尚志市城区东南 20 km，地理坐标为东经 128° 05'，北纬 45° 04'。镇区南侧有莝草顶子与南大山，北侧有二龙山，其成为镇区两侧重要屏障。蚂蜒河自东向西由镇内流过，形成两山一川河谷盆地。镇区面积 5.2 km^2。

一面坡历史最早可追溯到北宋末年，相传由流落于此的唐姓武将带领散兵伐木结庐定居，后逐渐变成了打家劫舍滋扰四方的“匪巢”，得名为“唐氏参营”。民国时期文人郭伯衡在《一面坡公园游记》中写道：“由哈赴崴之中东路线中间车站，有所谓一面坡者。三十年前地名唐氏参营，荒凉一片，匪人居为巢穴……岁甲子，余居此乡，因事冗未尝问津。”这篇文章被记录在民国十八年（1929 年）写成的《珠河县志》中，根据内容可推知此地在中东铁路设站之前的概况，同时也是对“唐氏参营”由来的一个佐证。对一面坡最早由来的另一个佐证是，随着唐氏后人的消失，“唐氏参营”的名称被“一祃坡”代替。相传宋代兵将后人在劫掠前后，要在该处的坡地上进行祭祀活动，而“祃”字“古时亦作行军时在军队驻扎处举行的祭祀之意”。

地方志对该地较早的正式记载是明洪武五年（1372 年）此地属蚂蜒河卫，只有少数人散居林中进行狩猎、采参活动。至清光绪元年（1875 年），形成了约有百余户的稳定的居民点。清光绪五年（1879 年），宾州厅勘放蚂蜒河流域荒地，发给印照收执，由吉林将军批准在延寿放荒，引户入山。清光绪七年（1881 年），清政府准设宾州厅，蚂蜒河烧锅甸子（现延寿县周家屯）设分防巡检衙门，对该地区进行初步的管理。清光绪二十八年（1902 年），烧锅甸子分防巡检一面坡，并设办事衙门。清光绪二十九年（1903 年）设立一面坡巡检。

自 1896 年俄国技术团队进入一面坡测绘起，伴随建设工程的进行，人口开始聚集于此，围绕着铁路站点发展起来。《一面坡公园游记》载：“……后以东清铁路建筑，人烟渐渐稠密，匪人避而之他。俄人以其山东面有坡，逐命名曰一面坡。”郭伯衡在此处对于一面坡名称的确定并不能令人信服，因为当时铁路站点均以俄语命名，俄国人在此地设站时，站点名称定为“五卡斯”。“一面坡”因袭自“一祃坡”，是在口语相传中发生了文字意义的转变。相比之下，一种较为合理的说法为，当时大量的山东籍难民逃荒至此，见当地有一条近 50 m 长的陡坡，平整如人工墁过一般，因此将“祃”误称为“墁”，后当地商人杨连成建立啤酒公司，为便于翻译，将“墁”改为“面”，确定了其最终的名称。

民国三年（1914 年），东北地区实行省、道、县三级管理制度，延寿更名为同宾，归吉林省宾江道管辖；民国十一年（1922 年）2 月，设立乌珠河、苇沙河两设治局，属吉林省管辖；民国十六年（1927 年）两设治局升级为县，即为珠河县、苇河县（现尚志市），一面坡归属于珠河县，是其六区中的第二区。自此之后，珠河辖区内区划制度及行政范围屡有变动，但一面坡一直是其较为重要的一部分。

（2）近代城镇选址因素及功能定位。

1896 年，俄国派出技术团队进入一面坡勘测中国东清铁路（简称中东铁路）路线。1898 年 6 月，东清铁路华工事务所从直隶（现河北省）、山东、东北等地招募 6 万余名华工，其中有 15 000 人被分配到一面坡进行铁路与城镇的建设。1899 年开始在小岭至一面坡之间铺设铁轨，同时修建一面坡车站，将其定位为三等站。为了配合铁路铺设工程管理以及满足之后的运营要求，城镇的规划及建筑建设围绕着一面坡车站展开，城镇也在后来铁路的运营中发展兴旺起来。

为加快铁路建设速度，中东铁路总工程师尤戈维奇将铁路干线划分为 13 个工段（工区），一面坡被划定为第十工段。其他 12 个工段分别为：满洲里、海拉尔、免渡河、兴安、扎兰屯、齐齐哈尔、哈尔滨（七、八、九工段）、横道河子、海林以及绥芬河。

工区的划分，综合考虑了各地人力物力的分布情况以及地理特点，以确保在各个区段内能同时进行施工。一面坡在铁路修筑前已有小规模的人口聚集，北部为蚂蜒河，河南侧冲积成土地肥沃的平原，适于耕种。同时，蚂蜒河流域当时为原始森林，木材资源极为丰富。早期一面坡站货运内容主要就是源源不断地将修筑铁路所用的枕木与建筑木材运送出去。从地理条件上看，一面坡以东，苇沙河至高岭子段海拔骤然升高，是铁路建设与行进过程中较为困难的地段，而一面坡在乌吉密站与苇沙河站之间，是地势起伏变化较多的东部线上相对平缓的区域，因此成为车辆行驶过程中重要的调整与补给站点。

俄国修建中东铁路的初衷是控制远东地区，其基本的职能还是为军事服务。日俄战争爆发后，部队与战略物资源源不断地向胶东战场输送，中东铁路成为俄国军队赖以生存的生命线。可见，各个重要站点的选址都要考虑到军事防御因素。一面坡在中东铁路东部线（以下简称东部线）中部，南北方向共有

3 座山体作为屏障，东西向海拔均逐渐升高，又有蚂蜒河及其周边的森林作为天然的物资储备库，是易守难攻的绝佳战略要地。自中东铁路建设伊始至 20 世纪 90 年代，一面坡均驻有大量军队：1906 年，张勋剿匪部队一部长期驻此；1919 年，中东铁路护路队一营长期驻扎一面坡；同年，奉军剿匪司令部驻扎一面坡；1921 年，同宾县保卫队第三队驻扎于一面坡；1924 年，四县剿匪司令部设于一面坡；1929 年，陆军步兵 36 团驻一面坡；1931 年，东北军 16 旅驻防一面坡，驻地为蚂蜒河北，当地人称为北大营；1932 年，日本多个旅团、联队同吉林国防军在一面坡进行激烈的争夺战，同年，新京（现长春）日本关东军宪兵队司令部的日本特务机关（驻一面坡领事馆）设于民主街；1933 年，日本守备队、伪吉林省守备队、珠河县警察大队共 1 500 多人进驻一面坡；1934 年，珠河县警务局及伪满洲国第四军司令部驻守一面坡；1936 年，陆军部 36 团进驻一面坡；1944 年 4 月，日本 900 部队进驻一面坡；1945 年 8 月，苏联红军在一面坡设红军司令部；1945~1985 年的各个时期，均有军队或警卫队驻扎于此。

除战时军事职能外，中东铁路时期的一面坡站业务性质是客、货运，相比而言，更主要的职能是货运，且主要以木材运输为主。在中东铁路沿线，木材运输一直是各站点的主要业务，这在铁路的建设阶段就已经确定了。由于东部线木材资源丰富，因此该区域内的木材运输量最大。1907 年，中俄签订了《吉林省铁路砍木合同》，合同中规定石头河子、高岭子、一面坡附近三处地段任俄方砍伐。俄商以一面坡为起点，在万山、苇河等地修建了若干条，共计 146 俄里（1 俄里≈ 1.07 km）专门采伐木材的森林铁路支线。1914~1916 年，珠河、苇河两县各站发运木材数量在中东铁路全线的发运量中占首位，其中，1914 年占总量的 63%，1916 年占到 42%。可见，该地区是中东铁路线路上的木材生产基地。

根据 1913~1916 年的木材发运量统计数据可以看出，一面坡的木材发运量在有记录的 10 个站点中排在第四位，虽然总量不大，但薪材发运量最大，远远超过第二位的乌吉密河待避站。可见，一面坡是中东铁路线上的燃料的补给点，兼有木材生产、加工的职能，对线路运营有重要的意义。

货运中另一占有较大比重的货物是谷物。在铁路建设与运营的整个过程中，沿线人口不断聚集，土地开垦面积不断增大，谷物的发运量逐渐增大。一面坡从 1907 年起发运谷物，主要包括大量的面粉、麦麸与豆粕；1910 年以后，这三种货物的运送量逐渐减少，开始发运大量的小麦；1912 年以后各种谷物的输入与输出量进一步减少。根据 1907~1916 年乌吉密、乌吉密河以及一面坡三地的谷物运输量统计数据可以看出，乌吉密站的运送量逐渐减少的同时，乌吉密河站的运送量逐渐增大，后乌吉密河站的谷物货运取代了乌吉密站，而一面坡的谷物运送量虽然总量只居于中等水平，但一直较为平稳，没有过大的波动，说明在此期间该地的城镇发展较为稳定，虽然不是主要的粮食作物运送中心，但城镇的经济水平、建设发展状况、交通区位等优势，使得谷物的货运处于持续平稳的状态。

民众货物运送主要包含居民日常用品以及个体商业货物的运输，整体上在一面坡地区呈输入量远远小于输出量的状态，说明当时此地有大量的商品输出。这一时期，由于铁路刺激而产生的个体商业活动非常活跃。1913~1916 年，乌吉密、乌吉密河、一面坡、未肃河及亚布洛尼 5 个站点中，货物发送量最大的是乌吉密河站，一面坡站紧随其后，其他3站则相对较小。与此同时，货物的到达量则是一面坡最大，且远超过其他几个站点。以货物进出两个因素结合考虑，可以推测出一面坡当时的经济更加活跃，是该地区个体商业活动密集的物资集散中心。

早在1905年，一面坡到绥芬河之间就有22个客运营业站，办理旅客与少量的行包运输业务。当时昼夜开行一对客车、两对客货混合列车，之后逐年增多客车班次并提高车行速度。当时的客运列车中，快车的运行区间是莫斯科至海参崴，在一面坡停车给车头加水、加木柈。中东铁路线路内的车按等级分为邮票车与小票车。另外，夏季星期日增开哈尔滨至一面坡的旅游专列，供哈尔滨中东铁路管理局的俄国工作人员度假休闲用。

1916年，新河待避站至高岭子站之间的16个站点中，一面坡的客车发车与到达数量是其他所有站点总和的5倍多，说明当时一面坡的综合发展状况远远领先东部线内的其他普通站点，成为重要的人口集散中心。

如前所述，一面坡虽然是重要的补给点，但一面坡机务段只有5条车库线，这一点至今未变，原有的机车库仅有5孔，且仅能为机车提供临时的停留整备作业，不能做机车整修，与博克图和横道河子等大型机车库不同（图2.1）。可见，在建设初期定位时，设计者有意对一面坡站铁路客、货车辆的检修职能进行了削弱。其中很大一个原因是地形的限制。一面坡处于群山环抱之间，适于建设的平坦用地有限，城镇的最终规模不会很大，不宜集中布置过多的功能。而且，由于一面坡已经是客货运的重要节点，因此也要在一定程度上减轻城镇的负担，将一部分功能分散出去。同时，另一个重要原因是一面坡自然环境优越，是中东铁路线路上一个重要的休闲度假景点，为了保证城镇的景观效果与生活环境，也不宜再强化铁路维护功能。这些特点也造就了一面坡与众不同的城镇面貌。

铁路建成通车后不久，一面坡便因便利的交通条件与丰富的物产资源逐步成了物资集散中心，经济发展迅速，人口大量聚集，其中有很多俄商、俄侨，加之战略地位也较为重要，驻扎大批的中东铁路护路军，同时，为了给俄国居民提供更好的生活条件，俄国人居住区内的基础设施建设较为完备，且等级较高。教堂、变电站、给水所等必要设施先后完备，又修建了疗养院、俱乐部等疗养休闲建筑。1924年建成的公园利用原有自然条件，结合镇内建筑布局，被打造成远近闻名的旅游景点的同时为城镇居民提供了良好的公共空间。一面坡处于南北山体之间，地势较低，被森林环绕，夏季气候宜人，卓越的环境条件加上完善的城镇基础设施、便利的交通与商业条件使得一面坡成为东部线首屈一指的避暑胜地，每逢夏季，甚至专门开通哈尔滨至一面坡的旅游专列。

综上可以看出，一面坡在俄国建设与运营时期的城镇功能定位为，具有一定军事战略地位的物资集散中心、列车运行补给点、经济贸易节点以及度假疗养小镇。其中，商业与疗养职能的确定对一面坡城镇规划、建筑形式、景观面貌有着决定性的影响。建设开始前的规划中，设计者可能并未对一面坡的经济及休闲职能有明确的定位，但由于其在铁路的运营中，依靠自身的特征与优势，城镇的规模与形态逐

a 一面坡机车库

b 博克图机车库

c 横道河子机车库

图 2.1　一面坡、横道河子、博克图机车库规模对比

渐形成，因此在后续的建设中将其职能明确，使其成为中东铁路沿线的区域中心型城镇。

（3）近代城镇建设过程及发展脉络。

由于依附于中东铁路的建设与经营，因此伴随着近代历史中铁路权属的更迭，一面坡近代的城镇建设发展也大致可以分为三个阶段。

第一阶段为 1898~1923 年，中东铁路处于俄国统管时期。建设伊始，铁路的建设、经营及其沿线附属地控制权被牢牢地掌握在俄国手中，他们在铁路沿线驻军设防，在附属地内设立警察所、法院、监狱等司法机构，在一面坡、横道河子、绥芬河等较大站区设立“行政特别区”，享有一切特权，成为“国中之国”。清政府虽设立行政机构，但没有实际的管辖权：光绪二十八年（1902 年）清廷设立一面坡铁路交涉局，烧锅甸子分防巡检移驻一面坡，设办事衙门，归长寿县（现黑龙江省延寿县）管辖；光绪二十九年（1903 年）设一面坡巡检；宣统二年（1910 年）设立一面坡邮政代办支局，设地方财务处；民国元年（1912 年）裁撤一面坡分防巡检；1916 年吉林省署在一面坡设立同宾、五常两县的荒务局。

1919 年，由于俄国国内政权发生巨变，俄国的残余势力对控制中东铁路及其附属地已经力不从心，因此他们同其他列强组成“国际监管中东铁路和西伯利亚铁路委员会”对中东铁路及其附属地进行“国际监管”，在 1922 年列强内部矛盾的影响下宣布结束。但是实际上，在 1920 年，吉林省督军以中东铁路督办的名义撤销霍尔瓦特的职务，派军警进驻中东铁路，解除了俄国残余势力在中东铁路的军警武装，收回了附属地的驻军权、设警权、行政权及司法权，铁路及沿线城镇的监管权力已经暂时回归民国政府：1922 年（民国十一年），经中华民国内务部、财政部批准，乌珠河、苇沙河设治局成立，开始征收国家赋税与地方税；1923 年（民国十二年）一面坡设立市政分局。

对于中东铁路沿线城镇来说，这段时间的前期主要是配合铁路的铺设而进行的一系列的工程，而后逐步完善城镇内的基础设施，是确定城镇发展方向与最终形态的建设期。1898 年，俄国人在一面坡站设立卫生所，这是地方志中对该地最早的基础设施建设的记录。随后，镇内的各类基础设施相继建成：1901 年建东正教堂；1903 年建一面坡车站，设铁路机务段；1908 年设气象观测台；1919 年设电灯公司；1922 年，中东铁路管理局在一面坡修建疗养院，根据郭伯衡在《一面坡公园游记》中的记述，一面坡公园在 1924 年之前就已经修建完成了。完备而良好的基础设施建设使得一面坡人口大量聚集，又因其兼具区位优势，一面坡的工商业迅速繁荣起来。

1900 年前后，多国商人在一面坡投资办企，共计 30 余家，主要进行食品加工与粮食、木材的出口贸易，包括乳品制油组合公司、哈尔滨松花江火磨代理店、满洲商业公司、杂货罐头东方公司。当时，最大的出口商是瓦沙尔德洋行、西比利亚公司、喀巴勒全洋行、索斯金洋行、远东国家商务局、喀干洋行。

1903 年俄国商人开设的公和利号火磨（面粉公司），设磨头 1 人，机师 2 人，工人 48 人，日加工面粉 500 普特（1 普特≈ 16.38 kg），1917 年时被中国商人收购，直至 1939 年由于日伪政权的贸易封锁被迫关闭，在这 30 多年间，它一直是当时滨绥沿线粮食加工业的翘楚。1904 年俄国商人在一面坡开设啤酒厂，是可与哈尔滨啤酒厂相媲美的知名企业。至 1920 年，一面坡的外国商铺已增至 50 多家，与此同时华商开办的企业与服务业也如雨后春笋般涌现。1903 年，一面坡有工商户 125 户，重点税源登记户一面坡天兴德机器油坊，有机师 2 人，工人 32 人，月产油 750 kg，饼 150 kg。1908~1911 年，一面坡有较大的商号 130 多家，包括粮米、杂货、中西药、绸缎、鲜果等店铺，1909 年时有饭馆 20 余家。至 1920 年时，一面坡有字号的店铺达 150 多家。

1920 年，一面坡与乌吉密河两地的绅民联名上书，请求设治，呈文中提到：“一面坡地方自前清末季始渐开辟，二十年来商民日渐繁盛。”同年，省公署调查员高恩澍经实地调查后写道：“一面坡地方毗连俄站，确已成为巨镇。市面系东西大街两道，铺商二百余家，民户七八百户……”

可见，这段时期内，虽然中国政府设治管理，但城镇的建设与管理权力实际上还掌握在俄国人手中。在俄国人主导的建设中，一面坡的基础建设趋于完备，城镇初具规模，工商业蓬勃发展，已有成为该地区经济贸易中心的趋势，为城镇继续发展打好了坚实的基础。

第二阶段为中东铁路的中俄共管时期。1924 年，中俄签订《中俄解决悬案大纲协定》与《中俄暂行管理中东铁路协定》，确定中东铁路的纯商业性质，并对中俄共同管理达成共识，此时中东铁路及其附属地的实际监管权力又回到了俄国手里，直至 1935 年俄方将中东铁路经营权出售给伪满洲国政府为止。这段时间是一面坡城镇的成熟与繁荣期，铁路附属用地内基础设施的建设基本完善，建设活动仅是伴随移民的增加增建住宅。在繁荣的经济的带动下，城镇的工、农、商、文教等各方面飞速发展。

经济上，当时有号称“八大家”的工商业巨头。1925 年，一面坡已有 3 家华商开办的油坊。1927 年，一面坡有 3 家制粉厂。除生产销售均居首位的公和利号火磨外，另有日本人开设的一面坡制粉株式会社以及俄国人开办的制粉厂。1929 年，公和利号火磨扩建，建成 5 层楼的生产厂房。服务业、娱乐业也极为兴盛，有浴池、茶馆、理发馆、照相馆、大烟馆、茶园、妓院等，种类繁多而兴旺。1929 年，珠河县内大小商号 716 家，仅一面坡就有 331 家。1926 年（民国十五年），一面坡中央大街有日本人开的“明义当”“宝义当”“大正当”“明正当”等 5 家当铺，同时另有中国及朝鲜商人开办的“德兴当”“增兴顺质当”“朝鲜当”。1930 年（民国十九年），县内开设有“义生永钱庄”“福源东钱业”“厚发祥钱业”3 家钱庄。1931 年（民国二十年），伪满政府成立东三省官银号一面坡分号，这是中东铁路沿线最早的私营与公营的金融业。这一时期同经济有关的建设活动主要集中于华人聚居的城镇西南部（图 2.2）。

文化教育上，从早期的一两所塾馆发展到成立特区男二校、女二校。1927 年，东省特别区第六中学在一面坡成立。佛教、道教、天主教、基督教也十分兴盛。南山、北山、西山均建有寺庙，四月份办庙会；北山有道教的青云宫；镇内西北建有清真寺；基督教分“长老会”“浸信会”，每逢星期日大批教徒聚集在教堂做礼拜。

这段时间是一面坡近代城镇发展的最高潮期，人口最多，经济最盛，是附近各站铁路行政之中心点。城镇的建设至此也已到了近代建设与发展的尾声，最后的结构与形态已经确定了。

第三阶段为伪满时期，中东铁路及沿线站点的控制权落入日本人手中。1931 年日军入侵东北以后，迅速占领了境内的铁路站点，并于 1933 年成立了牡丹江铁道建设事务所，筹划开发该区域的铁路，规划其附属城镇的建设。一面坡于 1932 年被日军占领，实际上在此之前，日方就已经通过经济手段渗透到城镇中了。1918 年日本人以合办企业为名，侵占了一面坡附近 100 km^2 土地；1919 年日方借故在一面坡设岗驻扎；1932 年日军进入一面坡驻军，伪财政部定一面坡盐仓为官仓，其储盐为奉盐，伪政府将一面坡定为东省特别区第三区，第一警察分署，直接归哈尔滨警务厅领导。

这段时间，一面坡的城镇发展迅速进入了衰退期，各类产业发展停滞甚至倒退。1937 年日本人在一面坡设立“农事合作社”，从事粮食经营；1938 年日本武装移民团（开拓团）进驻一面坡，成立一面坡

图 2.2　20 世纪 30 年代的一面坡华人聚居区

国民高等学校；1942 年牡丹江铁路局在一面坡等地设厚生会馆（俱乐部）。这些为日本人进行地方管理与封锁服务的机构大多利用原有的建筑，城镇内基本没有什么建设活动。

与此同时，日本人在 1931 年对滨绥一线进行经济封锁，民族工业受到重创，外商纷纷迁离，大部分企业倒闭——公和利号火磨于 1939 年关闭。1938 年镇内商户锐减至 88 家，1940 年日伪颁布《新增产集聚物产对策刚要》，实行粮谷交易加工全面封闭，加速了全县粮、油、酒加工业的倒闭。直至中华人民共和国成立前，一面坡大小商号不断破产，辉煌不再。

2.1.2　一面坡近代城镇规划形式

在中东铁路沿线站点的早期建设中，城镇的规划有一套简单且行之有效的基本模式，既能保证施工速度，也能满足站点城镇的基本功能需求。一面坡的城镇规划也是在这个模式的指导之下，同时结合其自身的资源与环境特点，使城镇布局与景观设置有了自身的属性。

（1）中东铁路干线站点规划基本模式。

中东铁路的建设时间十分有限（实际上仅用了 3 年时间东部线便开始通车），为了缩短工期，铁路沿线站点形成的城镇、建筑都有统一的规划及设计，且形成标准化的模式，可根据不同地区的实际地理环境情况与职能进行局部调整。整体上来说，形成了一种铁路沿线站点城镇规划与建筑的特殊风格。这种标准化的规划与建造模式是一面坡的城镇建设背景。

① 功能构成。

干线上，除去绥芬河、满洲里以及哈尔滨等几个具有特殊意义的节点城市以外，其他沿线城镇的核心职能是服务于铁路的建设、运营、管理与维护，因此城镇基本上都围绕着火车站发展，功能较为简单。作为背后的辅助支撑，城镇的主要构成元素是大量的居住建筑。

由于俄国人在附属地内有独立的司法权，加之需要对铁路进行警戒保护，因此军警驻地也成为城镇用地中重要的一部分。即使是一些规模很小，难以发展为城镇的会让站，虽然不能驻军，但重要的设施与建筑中也会提供很好的防卫性工事。

城镇内的基础设施总体来讲不够完善，只能满足人们基本的生活与工作所需。但是，从沿线的调研情况可以分析出，俄方工程师在整条线路的总体规划中，会挑选适宜发展、交通便利的站点（二、三等站）进行着重建设，以此一点辐射式地服务周边一定区域内的站点，而不会对每个城镇都进行完备的基础设施建设。例如：东部线上的一面坡、横道河子，西部线上的昂昂溪、扎兰屯等城镇的选址大都有山水景观优势，稍加建设就可以满足其辐射区域内的休憩娱乐需求。因此，基于自然与物质的资源优势所创造出的卓越的生活环境使得这类城镇人口聚集较多，规模相对较大，功能也相对更为全面。

商业是站点自身的区位与资源优势所催生的后续发展，初期规划中并不一定涉及。在干线，除哈尔滨以外的所有次级站点中，沿线仅一面坡留存着曾有过相当繁盛的商业的痕迹。这也使得一面坡的城镇分为明显的俄国标准化规划区与因商业自由发展起来的华人区两大个性迥异的分区。

② 城镇结构。

由于建设目的明确、城镇职能简单，沿线城镇的结构被简化至最易理解与实施的程度，满足最基本的功能需求。根据由日本人编写的寒地俄人住宅相关书籍及早期规划图可见，附属地站点城镇一般规划空间模式为铁路北侧建站舍，以此为中心，东西两侧均衡布局，铁路站舍对面布置开阔的广场与景观带，形成一条南北向的中心轴线，铁路站舍前与广场之间有与铁路平行方向的大道，城镇内部其他道路等级相同，呈方格网式布局。建筑沿街呈行列式布置，排列规整而松散，单体建筑占地较大。外部空间形态单一，建筑间基本不进行特别的空间设计，基本上没有围合式的室外空间。住宅建筑搭配木刻楞仓房，以围墙围合，形成占领式的院落布局，联排、双拼、独栋等不同形式的住宅成组布置。个别地区有体量较大的集合式公寓住宅，一般占据景观条件较好的地块单独布置。由于其他功能的公共建筑数量较少，又不集中布置，因此很难说城镇中有功能性的分区与组团。沿线城镇整体上结构松散，向心性弱，但简单、易于识别。

③ 城镇风貌。

中东铁路沿线城镇的景观风貌特征主要表现在建筑形态上。在建设过程中，设计者根据建筑功能类型与建造材料的不同设定标准形式的图纸。例如，沿线站点三等站的铁路站舍有一套标准的平立面形式（图 2.3），不同站点的站舍仅在细部线脚、木作装饰上有自己的独特处理。普通住宅砖构、石构、砖石混构或木构等均有自己的、较为成型的构造与造型处理方式。同种结构构件或装饰语言重复使用，形成模数化，以便于批量生产，在实际建造中大大节省了工程时间。而砖石建筑的建造量最大，外部造型特点更加鲜明，形成了一套中东铁路附属地建筑的特有造型语言体系：砖石结构的建筑在砌筑过程中，用砖石材料本身的错动、错置、排列及打磨，形成凸凹有致、错落叠合的外部装饰语言，这种做法形成的是一种明显的平面图案效果，砖石出挑的细部又在立面上形成了丰富的光影。砖这种建筑材料本身的模数化特点，使得以此为基础形成的建筑外部装饰表现出一种整体上的相似性，不过具体的形式由于建筑功能与分布地区的不同，又千变万化、多姿多彩（图 2.4）。

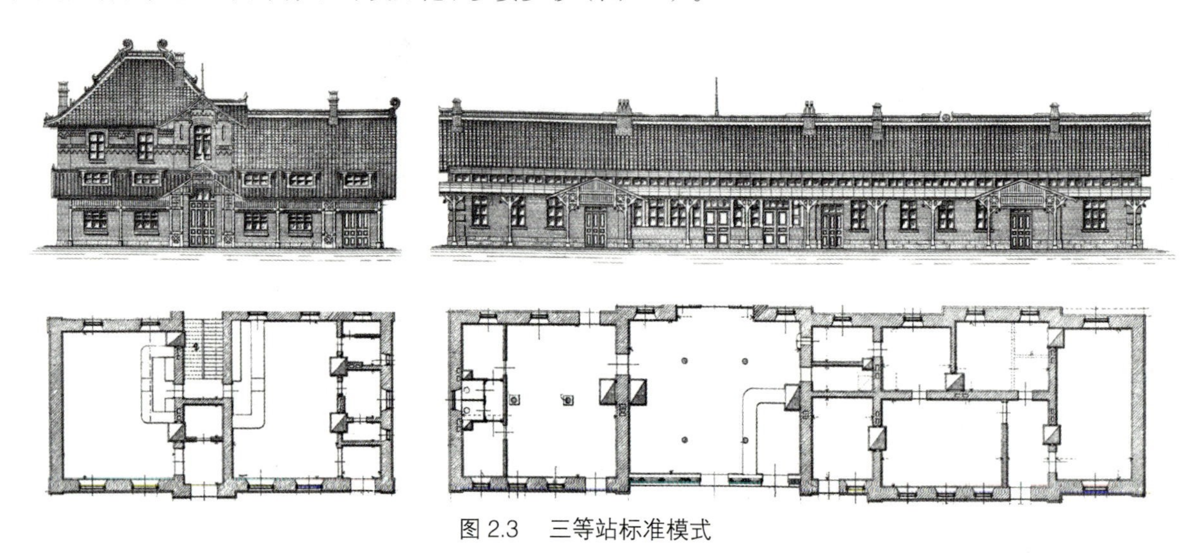

图 2.3　三等站标准模式

图 2.4　沿线砖结构建筑风貌

部分等级较高的城镇中，具有重要功能的建筑是古典主义风格。这类建筑的特点是体量很大并占据城镇中心或其他重要地段。干线上除哈尔滨外，这种带有古典主义特点的建筑仅在满洲里、绥芬河及一面坡等部分站点存在，但每处数量都较少，不能代表城镇及整条线路的整体面貌。

木结构建筑也是构成沿线城镇风貌形态的重要元素。其特点主要是利用木材的材料特性形成质朴天然的质感与丰富的肌理，建筑细部较为精美，装饰语言也有符号化、模件化的特点。同一地区内的建筑形式相似，细部装饰语言统一，甚至有建筑形象完全重复的现象。

（2）一面坡城镇功能布局。

在铁路建设初期，俄方占据铁路北侧，华人的建设范围集中在南侧。1901 年，俄国人将华人驱逐，使他们集中至铁路南侧俄租界以西，并将此地确立为华界。该区域地处山脚之下，尽是沟洼水渠，建设条件很差。一面坡华界商民用了几年时间，不惜艰辛担负沙土，犹如小燕营巢，将不良地形填充平整，使得新建设的华界初步成型。1910 年，华俄官员共同勘界，划定以俄国领事馆以西为界，东部归俄方所有，西侧属于华人。1911 年，俄方推翻前议，强行侵占新建的华街，使得华人居民聚于城镇西南一隅之地（图 2.5）。

根据现有建筑遗存的分布情况（图 2.6、图 2.7）可以看出，铁路北侧为俄国人主要的居住用地，是根据标准化模式在统一规划指导下建设起来的，基本结构与整体特征符合沿线次级站点的规划模式。具体操作上，紧靠铁路居中布置站舍，以此为起点，向北依次为站前广场、教堂、俱乐部、公园（部分）以及蚂蜒河，形成一条南北向的中心轴线。以俱乐部为中心，以西依次为疗养院、兵营，东侧为变电所、给水站以及铁路乘务员公寓，形成了一条东西向轴线。两条轴线相交成十字形，构成了铁路北侧俄国人活动区的基本框架。

俄国人在铁路南侧的建设相对较少，在中俄交界处布置兵营、沿铁路布置工商业建筑以及少量居住建筑，这一部分建筑被拆毁与破坏得较为严重，只留下少许痕迹。这与伪满洲国时期日本人所画俄界内示意性规划图比较吻合。

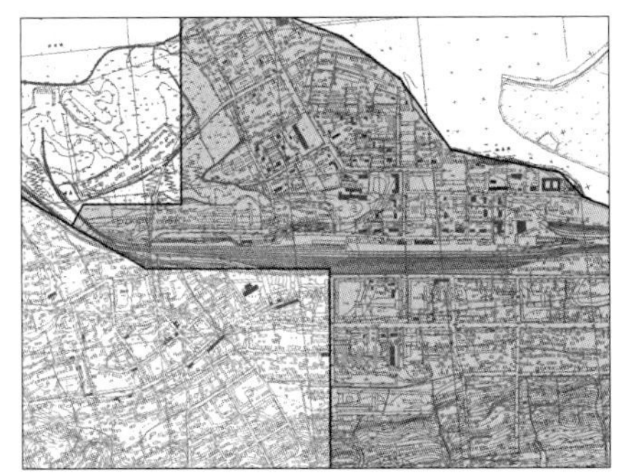

图 2.5　华俄分界图

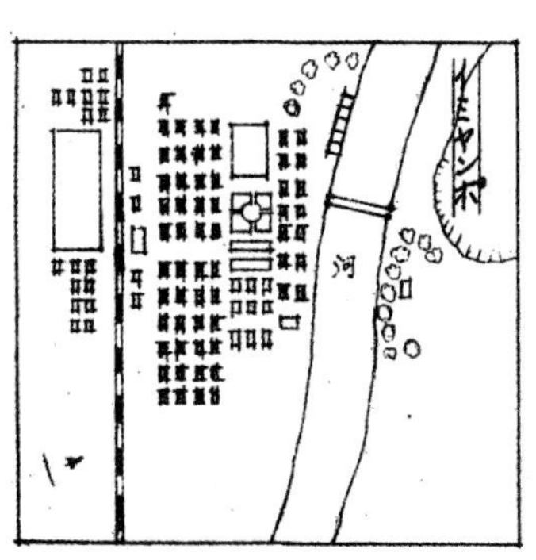

图 2.6　一面坡规划简图

图 2.7　一面坡城镇鸟瞰

铁路北侧俄界内的居住建筑总体上符合标准化规划的一般模式：建筑排列整齐松散，建筑密度很小，呈棋盘式布置，同种类型的住宅集中布置成为小街区。同时，一面坡住宅的规划布置及建筑形式也有很多自己的特征。整体上看，住宅大致分为两种，可以看成是职工住宅区与移民住宅区。

第一种是按照标准化设计的住宅，建筑的平面功能组织与外部造型相同，这类住宅一般是多户组合，多分布在东西向轴线与铁路之间。形成这种布局的原因可能是这类住宅是在城镇建设初期建造的，为尽快满足铁路铺设与管理需求，批量化地进行设计与营建。具体的形式按照材料大致分为两种：第一种是以砖结构为主体的建筑，总体上看，外部造型的处理手法与沿线其他站点的住宅建筑相同，但屋顶的形式、墙面砖砌线脚以及细部木构件装饰跟其他站点的居住建筑相比更为复杂；第二种是以木结构为主体的建筑，也有两种形式，其中一种住宅的平面形式、形体的整体比例关系、立面开窗方式与其临近的砖构建筑基本相同，是统一设计但用不同材料进行建设的，再根据木材与石材的材料特性分别设计各自的细部，而另一种则是形成自己的平面布置形式与外部造型特点。

第二种住宅分布在东西向轴线以北，靠近蚂蜒河，以独户式为主。这类住宅材料与形式都不尽相同，从平面形式到立面细部都各有自己的特点。前文提到的模数化的结构与装饰构件在此常出现，但搭配方式更为自由随意。建筑趋向小而精，外廊、入口门斗、阳光房都有各自不同的处理方式。此区域出现的独户住宅也不是按照标准化原则建造的，即便都是简单的矩形平面，屋顶、山墙与里面花式也都不尽相同。

总体来讲，一面坡的居住建筑较其他站点，建筑形式更加多样，装饰更为繁复。这可能是因为，城镇北部的建设顺序是从铁路开始由南向北逐步进行的，建设相对远离铁路的部分时，城镇的基础设施已经较为完善，经济开始繁荣，这也确定了一面坡区域中心型休闲城镇的功能。城镇的最北侧建成了结合蚂蜒河水体景观的一面坡公园，是城镇内最主要的休闲场所。为了更好地利用景观优势，这一部分的住宅建筑档次较高，现存住宅的形式异常丰富，已经有非常个性化的设计痕迹，可以推测很多建筑应该是私人别墅性质。

以现在沿线留存的工商业建筑分布规律推测，一面坡工商业功能在城镇建设初期的整体规划中并未加以考虑。一面坡货运站场被安排于城镇西侧，紧靠铁路的住宅区边缘；葡萄酒厂则位于城镇东侧郊外，远离城镇中心。由于俄界内并没有为商业发展提供预留用地，因此未经计划、可以自由建设的华界用地则成为商业功能生根、发芽与成长最好的土壤。虽然中俄共居于此，处于一种不平等的生存状态，但得益于中东铁路的交通优势，偏于一隅的华人聚居点也逐渐聚集人口，工商业迅速兴盛起来，并形成了城镇的商业区。镇区内工业建筑主要是火磨、油坊及一些手工业作坊，但除公和利火号磨外，规模都较小，不集中布置。华界内的规划与建筑形成了极为独特的风格。规划上没有统一设计的痕迹，街道较为自由，且为求得经济效益最大化，各类商业建筑都沿街布置，建筑排列形式与间距没有固定的标准，随意而紧凑。建筑平面没有固定形式（有 L 形、山字形、凹字形等形状），沿街为主立面。

（3）一面坡城镇景观系统。

一面坡能形成独特的城镇形态，其中一个最重要的原因是在建设发展中结合其原有的自然地理条件形成了自己的景观结构。在前期规划建设过程中，俄国设计者结合自然景观配置城镇功能布局，确定建筑形态；在后续的发展中，商民自发利用景观资源，开辟活动场所，最终展现出与众不同的景观风貌。

镇区南、北、西三面环山，坡度平缓，绿化繁盛，是城镇的外围景观屏障，既能调节气候，同时又结合佛教、道教的寺观建设，成为居民休闲娱乐的近郊风景点。南山半山腰上建有当时称为“东北三大寺”之一的普照寺，寺后栽植数十亩杏林，春季花开，成为一处盛景，每年农历四月十八开设庙会，游人络绎不绝。与普照寺遥相呼应，北面山脚下是修建于1902年的道庙青云宫，每年都开设道场传道，请戏班演出，也是热闹非凡。城外西侧山腰间建有西大庙，作家阿成在其文章《坡镇赋》曾有提及：“西大庙，颇为秀雅。居不高的山间。庙内多是些好壁画。方丈、和尚也多儒雅。文人墨客至于此地的，喜欢在寺庙的白壁上题诗。传说壁上有这样的诗，多至百首。”如今普照寺还在，但经重建后原有建筑形式已被改变，青云宫与西大庙均已毁败，无从查找。

城镇北侧山体下蚂蜒河蜿蜒而过，成为衔接北部外围山体景观与城内部景观的过渡景观。作为城镇内部的天然绿化带，蚂蜒河是一面坡最为重要的景观构成要素，由历史照片可以看出，沿河有滨水亭榭、人工护坡与人行栈道，形成了一条游赏休闲长廊（图2.8）。在河岸与建筑之间设有公园，集合水系、绿植、人工构筑的景观与沿河建筑（尤其是作为景观收尾的铁路乘务员公寓），构成了优质的城镇边缘休闲娱乐空间。

《珠河县志》曾有记载：“一面坡公园，园在一面坡中东铁路用地内，濒蚂蜒河右岸，就天然山水景物而辟为中东路避暑之一也。俄人在园内设俱乐部一所，对山而河，颇为清幽。售西餐备游人之憩食。跨河有悬桥一架，杂以林木，花草点缀其间，入夏，俄人士女多集河干为冷水浴，铁路局于夏季星期日、节日特由哈开避暑车一次，早至晚归，游人络绎，洵盛地也。历其境者，每低回留连之不忍去云。”

民国十八年（1929年）成书的《珠河县志》，载有郭伯衡所作《一面坡公园游记》，文中详细地介绍了公园的景观风貌。

“……气候和辑，夏不酷暑。北鄙有山，有河，树林阴翳，俄人逐就其天然风景稍稍修葺之，以为消夏之所，名之曰公园。岁甲子，余居此乡，因事冗未尝问津……路间游人络绎不绝，行半时入其界。林间有讲室一，前列桌椅十余排，殆俄人之露天学校也……又北数武为俄人俱乐部，层楼三五，面山枕河，洵一幅天然图画……至河之来源，则发源于毕尔罕窝集，名蚂蜒河，蜿蜒沿山而下，大有清溪流过碧山头之胜况。河有板桥，下无砥柱，枝枝节节，连续而成，人行其上，其板徐徐起伏，宛如列子御风。河干有团部及警署布告各一，禁止游人沐浴及不规则之举止……沿河而西北岸有，临河板屋数间，外障以席，为俄人所组之公共浴所。门外有小池，中有喷水泉，飞沫如雨，池畔之闲花野草，锦簇花团，宛然天衣无缝。风物之佳，虽吴道子绘之，亦必费十日思。迤西为酒肆，以备游者沽酒而饮，即景赋诗。惜余诗肠枯寂，不能搦管留题。由此折而东南行数十武，有小亭一，亭之下砌石为洞，行人可以往来，亦杰构也。亭之

图 2.8　一面坡公园滨水景观

东北地上有一假时计，面积丈余，即此窥测日景，可知如何时刻。其制法以瓦砌一圆周，内照时计时刻之距离，杂植五色花草，红者标为某时，绿者标为某时，红白相兼，青黄错杂者标为某时，其数亦十有二。中植一竿，竿影印于何色即为何时，此亦立竿见影之一效果也。由此东北行，忽有卧虎当前，令人望而却步。及即而视之，乃用石伪为虎形，上敷以土，杂植五色弱草，风吹之草蠕蠕动，宛如真虎，足以惊人。斯亦恶作剧，亦殊异想天开，此数者外，无甚点缀观止矣。余谓友人曰，公园者，由人功而成，此地云树参天，莓苔满地，佳山佳水，豁我襟胸，如此自然景物，无待人为，可以谓之林园，不可谓之公园。以公园名之，殊误我天钟地毓之胜矣。”

文中根据其由南向北的观赏顺序，一一叙述了一面坡公园的设计内容：在绿树掩映中分别设置了喷泉、假山、石洞、类似日晷的计时器与石虎等建筑小品。连接河两岸的是狭窄摇晃的吊桥。沿途布置商业性的辅助功能，供游人歇息消遣。露天学校、俱乐部、浴场则是主要为俄国人服务的公共设施。

虽然这篇文章的内容可能并不能完整地将公园全貌清晰地表现出来，但已勾勒出大致轮廓，可以据此推想其设计的手法与思路：公园是以原有的山水植物景观为主，建筑与小品起的是搭配与调剂的作用，西式与中式，甚至中西结合的人工构筑物罗列于观赏路径上。吊桥、石洞及通行路径，强调的不仅是功能与观赏效果，更注重观者的体验与感受。建筑布局最大化地利用景观优势，同时满足观赏过程中的功能需求。虽然公园设计手法并不复杂，也不注重意境的营造与构筑物的搭配，但较有趣味性，且兼顾功能，为居民提供了很好的休闲场所。

城镇内部土地平整，是主要的建设用地，建筑结合人工绿化，有很好的景观环境。根据现有的一面坡规划图纸可以看出，在中心轴线上，教堂是最为重要的节点，造型也最为精细独特。建筑的周围栽植大量树木，虽然如今教堂已经不复存在，但百年前的树木仍枝繁叶茂。教堂与其南侧的站前广场一起组成了视觉焦点，形成了城镇的门户景观。东西向轴线上的公共建筑体量大，建筑整体比例和谐，细部精美，周围配以大面积绿化，向东与公园、蚂蜒河的人工与自然景观相接，融合成一个整体（图 2.9、图 2.10）。棋盘式道路两侧栽植行道树，配合街心花园，塑造出自然宜人的街道环境。住宅的木质门斗、镂空的外廊及剔透的阳光房形制或质朴或轻盈，既是建筑取景的节点，又是很好的景观元素。整个铁路北侧的景观塑造与规划布局、建筑设计互相渗透，紧密结合而成为整体。

铁路南侧的华界内由于用地紧张，建筑密集、绿化稀少，缺乏景观的设计，西侧与南侧的山体绿化是主要的景观视觉焦点。同中国传统城市相似，华界主要是结合宗教建筑布置的近郊城镇风景点，同时也作为中国居民进行庙会等传统活动的场所，如位于城镇边缘山脚下的普照寺及其他道观庵堂。

可见，在一面坡近代城镇的景观建设中，俄界用地宽绰，以城镇外围山体景观为屏障，以城镇边缘水体景观为过渡，紧密衔接内部人工景观，经过整体规划，结合建筑设计，景观层次丰富，体系完整；华界用地紧张，景观建设主要结合宗教建筑并集中于城镇近郊山体中。但无论是华人自发建造的宗教园林景观，还是俄人经过规划设计的城镇公共景观，其共有的特点是注重人的参与，强调人与景观的互动（庙会、浴场），主旨是为居民提供活动场所，而不仅仅是追求观赏的视觉效果。

2.1.3 一面坡近代城镇规划特征

同其他同等站点城镇相比，一面坡在经济、军事、交通及景观上颇具优势，因此在中东铁路时期，城镇发展更迅速、功能更完善、内容更丰富，形成了许多个性化的特点，体现了很多先进的理念。

（1）独特的城镇形态。

一面坡的城镇形态在多方面体现出融合特征。

图 2.9　一面坡城镇景观

首先，其城镇形态同自身承担的功能有着紧密的融合。虽然同其他铁路沿线附属地城镇相比，一面坡有许多的自己的个性，但仍是在作为首要职责的站点功能的统领下进行建设的，空间布局与建筑形式在标准化设计的控制下有较为多样的变化，但并未跳出常规做法与形态，城镇形态总体上符合三等站的特质。同时，作为沿线城镇公用的度假休闲风景区，铁路北侧的建筑布局与造型同自然环境有充分的对话：利用天然风景设计公园；结合景观带布置公共建筑，使景观系统与城

图 2.10　建筑与景观结合

镇结构重叠；相较其他城镇，拥有规模庞大的疗养与休闲建筑；降低建筑密度的大量的独栋住宅，形式多样、细部精美；非标准化设计、体量巨大、造型考究的公共建筑。种种特点既体现了城镇形态同自然环境相融合，又反映出了一面坡作为旅游休闲城镇的性格，而沿线其他站点对城镇景观的组织与设计少有如此的细致与深入的考量。南侧华界内建筑密集，公共用地少，沿街布置工商业建筑，建筑形式不重复，注重个性化，是在商业推动下发展形成的典型的城镇形态，可以成为一面坡曾作为铁路沿线商业中心城镇的外在表现。

其次，一面坡城镇形态体现出了铁路站点城镇与中心城市形态的融合的特点。在干线上，哈尔滨位于丁字形的交叉点，是干线与南部线的枢纽，是控制整条线路建设与运营的中心，也是被确定的唯一的一个一等站，其建设不仅仅是普通铁路附属地那么简单，而是按照一座重要的中心城市来规划与建设的。哈尔滨的城市肌理与建筑风格更多体现了欧洲与俄国的中心城市规划与建筑的特点，相较而言更为主流，在其规划与建筑中，其他站点城市所体现出的模式化特征则不占主要部分。满洲里、绥芬河作为东、西两侧中俄交界处的二等站，它们的规划与建筑同时体现了前述的两种特征：民用建筑更多体现铁路附属地建筑的模式化特点，而公共建筑则更多以中心城市的主流建筑面貌出现。从目前保存的建筑来看，满洲里与绥芬河的住宅，无论是木刻楞还是砖石混构，都是明显的标准化建造的产物；而站舍、教堂、技术学校、办公楼、铁路职工住宅等公共建筑则均体现出主流城市建筑的特点。在这一点上，一面坡作为一个三等站，既不像哈尔滨般位于中央枢纽，也不像绥芬河、满洲里一样处在两国边界，但其建筑形式却体现了与它们相近的特征，甚至独具特点。虽然一面坡火车站为标准的三等站形式，但城镇内部的其他公共建筑却不是简单地按照标准化建造的复制品。位于城镇内铁路北部的兵营、疗养院、俱乐部、铁路乘务员公寓都是体量较大、各有特点的欧式或俄式（古典）建筑，甚至有个别新艺术运动风格的独立住宅，它们形体简洁，墙面不是常用的清水砖而是进行了抹灰处理，装饰典型的新艺术运动符号，这类建筑形态多出现在中心城市中，在站点城镇中极为少见，在同是三等站的扎兰屯、安达、穆棱以及二等站博克图、横道河子甚至满洲里，都没有发现规模、形式与其类似的建筑，仅在一面坡形成了这种城市建筑形式坐落在站点标准化规划的城镇肌理中的独特形态。与此同时，木结构的住宅与教堂建筑则是当时俄国乡镇村庄的主要建筑形式。可见，在一面坡，这种田园风格的乡村形态同俄国主流城市及中东铁路站点城镇的形态并置，形成了三种聚落形态的综合体。

最后，在一面坡，中俄两种文化并存，并催生了两种不同形态的建筑及组群布置形式：植入的同衍生的并置，外来的同本土的结合。在建筑的造型上则形成了哈尔滨道外式的多种文化杂糅现象：欧式、俄式、新艺术、中国传统等各种符号或并置或交错，形成极为多样化的外部形象。根据现有调查资料，在干线站点中，这种现象只在哈尔滨出现过，其他站点则没有发现过类似的痕迹。

（2）两种城镇生发模式。

城市的现代化进程在《从“西化”到现代化》中被总结为两种形式，即“早发内生型现代化”与“后发外生型现代化”。前者是一种在旧有城市脉络上，通过不断的主动探索与经验总结而达到的自然进化，是一个量变的累积导致质变的漫长的过程；而后者是在外部环境刺激下，为应对生存挑战对先进文明的学习，虽然是“后发”，但往往迅速而有效。同时，由于受到本土文化根深蒂固的影响，因此往往表现为两种文化元素并置或融合的新的面貌。整体上是一种被动的开始，但是过程中有主动的吸收。

近代社会，中国国门被迫打开，随后掀起了西方国家的侵占浪潮，当时中国面对的就是 “早发内生型现代化”，国家在科学技术、社会制度、文化观念等方方面面受到冲击，同时也开启了中国“后发外生型现代化”的发展进程。

中东铁路就是诱发东北地区城镇现代化的一个重要媒介，即铁路修建与运行带来的新的建造技术与建造思想以非常直接的移植方式在此落脚。一面坡俄国人活动区的城镇规划与建设就属于这种方式。由于在城镇建设前俄国人已经进行了精英式的自上而下的统一规划，因此有清晰的结构脉络、明确的功能定位、成熟的景观系统、完善的配套设施以及统一的建造手段。这是设计者配合铁路建设与运营的需要，对本国的现代化经验进行的初步运用，而并不是实际上的现代化过程。

铁路站点职能是城镇形成与发展的内部动力，俄界规划建设活动是外在媒介，但却激发了华人聚居的工商业区的生成与发展，这个过程符合“后发外生型现代化”的特征。由于一面坡在铁路建设前只是一个人口相对集中的小村庄，传统根基较弱，因此，对于后来的城镇建设与现代化基本上没有影响，这一部分的城镇建设基本上是一种在空白地带上的自由开展。在这一过程中，中国的建造者开始主动借鉴俄国人的建造技术与建筑形式。由于处于文化边缘地带，关外地区受中国核心传统文化影响本来就很弱，外来文化在这种文化竞争中处于压倒性的优势地位，因此华人对其接受得相对快速且完整。在现存的华界建筑中，体现出传统文化的民俗符号及传统做法的并不多，除寺庙等宗教建筑外，并没有发现建筑的院落式布局。

铁路建设完成后，由于单一的铁路通行功能不足以支撑起城镇的发展，而规划中确定的旅游景点的职能又带有公共服务性质，因此城镇的进一步成长需要新的支撑点与驱动力。在这种需求下，以铁路为基础，城镇的工商业体系建立起来了。居民生活方式发生转变，主要产业构成由农业转向工商业，原来层次单一的市场交易、集市买卖与低层次的服务业转向商品生产、金融贸易活动以及更为丰富的服务业，城镇的形态也随之确定。

这种自发性商业发展，由于受经营者身份地位与原始资本不同的影响，而形成不同的层级，并对应不同形态：流动摊位、小商店、大商场、手工小作坊、机械化工厂、饭馆、饭店、钱庄、当铺……形成有机的商业生态系统与城镇肌理。

这一过程就是在外部环境刺激下，由本地居民主导的自下而上的自发发展，形成的形态是不同层次、不同等级需求下的空间延展与各类元素（本土的、外来的；工业的、商业的；高等的、低等的）的堆叠。相对于俄界的区域，这一部分的发展与建设缺乏有意识的宏观控制，更为自由也较为粗放，是一种独特的创造，也是“后发外生型现代化”的一次生动呈现。

这两种城镇的生成与发展模式决定了一面坡最终形成的这种明显的二元化的城镇形态。其整体结构的建立过程，一个是按照明确功能定位，根据既定方案的集中建设；另一个是伴随生活生产需要进行的无规则的渐进式累积。有序与无序的两种城镇形态在同一片土地上并置，明显的对比使得城镇发展更为戏剧化。

早期出于政治原因而进行的强制分区导致了两者在空间上清晰的分割，两片区域形成了互相独立的性格特征，但这两部分之间又存在着紧密的内在联系。首先，俄界的站点建设是激发华界商业区生成的内部动力，也是为其建设提供借鉴的示范标本；其次，在相对成熟而先进的技术与思想的启发下，华界的建设迅速，转型干脆，省去了过渡的过程，在短短的20年间形成了近代城镇的结构与风貌；最后，本土文化与外来文化间不可避免的互相交流与影响，在建筑上表现出多种文化符号并列与杂糅的特色。因此，这两个部分又是互相渗透难以分割的整体。

在近代中东铁路附属地的建设发展过程中，以铁路线为主干，沿线站点是被播撒下的具有现代化特征的种子。很明显，作为一个区域中心型的城镇，一面坡所处的位置及其具有的种种优势，使得其城镇生发模式兼具两种现代化过程的特点，并最终形成了这种二元化的城镇生成机制与外在形态。这也是干线城镇中除哈尔滨以外，一面坡独具的特征。

（3）先进的规划理念。

在中东铁路附属地城镇建设与发展过程中表现出了一些具有现代特点的规划与建造思想，如为加快工程进度而采取的定型标准化设计、城镇具有初步的分区规划、整条线路上的附属地城镇有一定的体系规划等。这些做法与理念并不是有意识的对现代规划理论的应用，而仅是为满足建设需求，根据当时当地的条件对特定环境的回应。

在中东铁路的规划初期，俄国人根据各个站点的地理区位、运输能力、资源储备、技术作业量的大小等因素将它们划分等级，各个等级的站点承担不同职能，辅以相应的建设。因此，具有重要政治与经济意义的节点被重点建设为中心城市（如哈尔滨）；综合条件优越、较有发展前景的站点围绕铁路功能逐步形成城镇；其他在铁路运营中起到定点维护、临时避让等辅助功能的低级站点形成小规模的村庄，甚至不能形成居民点。

在干线上，附属地主要的构成元素是围绕三、四级站点形成的中小型城镇，这些城镇在保证其本身站点职能的前提下能满足城镇内居民的日常生活所需，但功能并不全面，工商业的发展也较为有限，城镇规模会维持在一定的范围内。在这些呈线性布局的城镇群中，设计者不会对每个站点进行面面俱到的建设，但会在适当的距离上择址建设功能相对完善的区域中心型城镇，以对其辐射范围内的其他城镇进行服务，如一面坡，因环境与区位优势被选定为度假休闲型城镇，具有服务于沿线城镇群的公共休憩功能。城镇中人口的聚集，既使工商业迅速发展，又使站点本身的铁路维护职能被削弱了。这种对城镇群内的城镇进行宏观的功能定位与建设控制较为接近城镇体系规划，是较为超前的规划思想。这种根据现有条件对城镇进行功能定位，有重点地进行建设的方式也是控制城镇规模的有效途径。一面坡虽然具有多方面的发展优势，但由于地形限制，建设用地有限，城镇规模不适合过大。

1920 年，为决定设治地点，省公署调查员高恩澍前往调查一面坡，得出的结论为：一面坡“面山倚河，为西北东南斜长势……惟地势狭隘。因无官署治理，以致街道丛杂，民户散漫，街基已均有人占领，即街外亦无一席公地。若设治于此，将来县属、监狱、警、学各所均无相当地点……此设治一面坡困难之情形。”因为各地商民就何处设治争执不下，同年，一面坡铁路交涉局分局局长李德備再次前往各镇进行堪履，他在报告书中称：一面坡虽极繁盛，但“山川逼塞，租界斜贯，无一宽大余地可以立为县城基址，自可置诸不议”。因此要对一面坡的城镇建设有一定的控制，不能放任其扩张或进行过于密集的建设。在早期的功能定位上，既然一面坡被确定为休闲型的度假城镇，其在铁路维护上的职能就要相对减弱，表现为虽然车站等级较高，但机车库规模相对较小，同时这也能减轻铁路与机车的维护运营过程中对城镇居住环境的影响。工商业集中在南侧华界内，用地规模相对较大，酒厂布置在城镇外围。这些布置都减轻了主要用地的负担，使得铁路北侧的建筑密度始终较小，保证了城镇居住环境的优越性。在城镇规划与建设过程中，设计者根据地形条件与其承担能力，通过调节城镇功能、疏解城镇的建设量、控制城镇人口数量，保证其得以健康发展。在这种规划思想的指导下，一面坡的城镇发展一直保持稳定有序。虽然工商业日益繁盛，人口逐渐增多，但俄界内的基础设施建设与景观系统一直都保持在较高的水平，使得城镇既能为本地居民提供优越的居住环境，又能成为为沿线其他城镇服务的休闲风景区。

2.2 建筑的类型、空间及建造技术解析

围绕站点建设的城镇结构改变了人们的生活模式与原有的产业结构，新的城镇功能促生了新的建筑体系。铁路的建造带来了更为先进的近代建造技术以及具有现代探索特点的建筑思想，以此为基础，同时结合本土的建筑建造与空间组合方式，一面坡建筑中出现了丰富的空间形式，以此来满足多样化的功能需求。

2.2.1 一面坡的建筑功能类型

一面坡建筑类型较多，可根据功能总体上将它们归纳为三大类：带有服务性质的公共建筑，为铁路建设运营服务的居住类建筑以及各种规模的工商业建筑。由俄国人主导建设的建筑留存的较多，特征明显、易于识别，而华人建设的各类建筑形式不统一，同中华人民共和国成立后的建筑混杂在一起，且较多被改造与拆除，很难辨清原貌，因而无法确定原有功能。

（1）公共建筑。

一面坡的公共建筑主要集中于俄界内，包括铁路站舍及其附属建筑，军事建筑，行政办公建筑，教科文卫建筑以及水、电力等公共设施。这类建筑体量大，形式相对考究，多在铁路建设初期修建，在一定程度上能体现一面坡建筑的自身特色。

① 铁路建筑。

a. 铁路站舍。

一面坡火车站始建于 1899 年 9 月，1901 年 11 月 14 日临时运营，1903 年 7 月 1 日起正式运营，是客货运三等站，现仍作为车站使用。火车站位于城镇中心位置，建筑沿铁路方向展开。建筑按照铁路三等站站舍的标准化设计建造，包括候车室、站台、行包房、办公室等几部分，能够涵盖候车、售票、办公等功能（图 2.11、图 2.12）。在原有布局中，办公与候车两部分为互相独立的建筑，现经过改造

图 2.11 一面坡火车站行包房历史照片

与加建，两栋建筑被连接成一个整体。原有办公建筑为局部两层，现被改造为整体两层，且面宽被延长近一倍（图 2.13）。

现存站舍立面经过改造：贴饰面砖后原有材质与色彩被掩盖，部分细部装饰线脚被抹平；屋顶被更换，原有木构件装饰及瓦作屋顶也已经消失；面向铁路一侧曾有木结构外廊作为站台，现已不存，建筑的外部形态已经被破坏。站舍的内部空间保存得相对较为完整，原有的木质护壁、售票口等仍保留于建筑中。

图 2.12　一面坡火车站调度室历史照片

b. 机务段。

一面坡机务段主要有机车库、水塔及铁路辅助工房 3 栋建筑（图 2.14）。机车库建于 1903 年，有 5 条车库线，同时配建有水塔、给水柱以及 15 m 长的地沟，位于车站东侧，靠近城镇边缘。由于在一面坡成立的是机务分段，因此机车库只能供机车停留、整备作业，不能做机车检修。日军于 1936 年在此成立机务段，并配备机车，同时在车库南面修筑机械室，增加各种所需设备。现存机车库已不做机车停放与检修之用，接近荒废，但建筑本身保存相对完好，水塔已不存。铁路辅助工房位于机车库西侧，是机务段的办公服务用房，保存较好。机车库东侧有一栋较小的铁路建筑，推测为管理、巡查铁路工人的休息之处，建筑墙面为砖石混合砌筑，这种做法是一面坡现存建筑中的孤例。

图 2.13　一面坡火车站现状

a 机车库

b 机务段办公室

c 铁路辅助工房

图 2.14　一面坡机务段建筑

c. 建筑段管理用房。

该栋建筑位于铁路北侧，有较大的院落，建筑居于院落东北角，分为两部分，北侧的为砖构，南侧的为木构，组成了 L 形的平面。现仍作为建筑段的管理用房使用，保存较为完好。

② 军事建筑。

中东铁路沿线军事建筑主要的类型就是中东铁路护路队驻扎的兵营。中东铁路沿线大部分兵营平面功能与立面形象遵循标准化的设计原则，体量和形象与其他类型建筑易于区分，同时也有一些重要地区，如哈尔滨、满洲里等的兵营或司令部是经过独特的设计的。而一面坡的独特之处在于在铁路南北两侧各有一处兵营，兼具了这两种情况。

a. 南大营。

铁路南侧的兵营位于华俄两界交接处，是标准化设计的结果。根据当地居民回忆，那里曾经共 4 栋建筑，均为东西朝向，且排列整齐。单栋建筑与其他站点标准化建设的兵营较为相似，但整体占地规模较大。现仅留存一栋建筑，作为独户住宅，周围加建建筑很多，很难见到其原貌，内部原有空间仍保留，局部有地下室。

b. 护路军兵营。

铁路北部兵营被当地居民称为“西大楼”，位于城镇北侧偏西的位置，坐北朝南。建筑体量与占地面积较大，整体由两部分组成，主体是体量巨大的二层建筑，后部为一层的食堂，两栋建筑间原有连廊相连，现已被拆毁。这组兵营建筑是经过独立设计的，无论平面形式还是外部样式都是中东铁路沿线建筑中较为独特的存在（图 2.15）。建筑外部保存较为完好，但室内大厅部分的装饰已被毁。现有立面不对称，东侧末端被洪水冲毁（图 2.16）。

c. 弹药库。

现存两座建筑，推测是伪满洲国时期日本人修建的。两栋建筑均位于城镇西北，相距不远，都由石材、混凝土砌筑，内外均较为粗糙，外观呈半圆柱体，拱形结构，是早期的新材料、新结构的探索（图 2.17）。

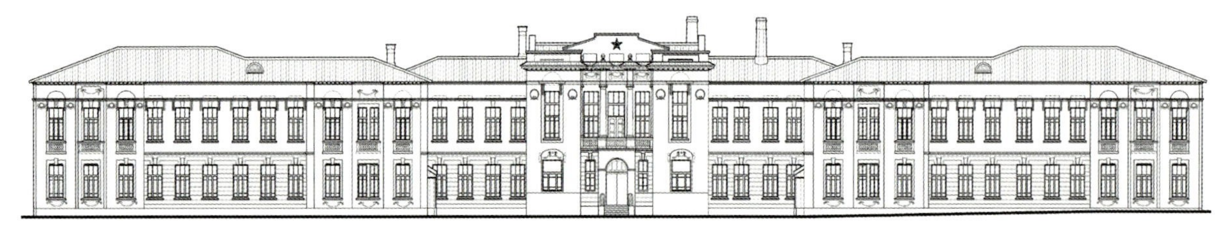

图 2.15　护路军兵营立面复原图

图 2.16　护路军兵营立面现状

图 2.17　一面坡弹药库

③ 行政办公建筑。

一面坡设治较早，商业繁荣，曾设有大量的中国官署，如巡检办事衙门、铁路交涉局、荒务局、粮捐公所、邮政局及警署等。由于建设于华界内，且没有专属的建筑形式，这些建筑混杂于商业与居住建筑中，难以分辨，且又由于有很大一部分建筑已经被拆毁，因此这部分建筑很难与其功能、年代一一对照。而俄国行政建筑现存可考的为领事馆，位于铁路南侧与车站大致呈轴对称的位置。建筑主立面朝西，前有院落，院内种有榆树。现被利用为招待所，保存相对完好。

④ 教科文卫建筑。

这类建筑主要包括中小学校、宗教建筑、医疗疗养建筑、俱乐部等。据《珠河县志》记载，1908 年俄国人在一面坡设立气象观测台；1898 年俄国在一面坡设卫生所，随后，伴随着经济的发展，人口的大量聚集，一面坡又出现了大批私人诊所与药房，但这些建筑均已无法考证具体位置与建筑形式，在此不做详述。一面坡宗教建筑类型较为丰富，包括东正教堂、寺庙、道观、庵堂、清真寺等。

a. 东正教堂。

谢尔盖教堂建于 1901 年，是中东铁路沿线最早修建的一批东正教堂之一，也是中东部教区最大的教堂之一。建筑位于火车站的正北侧，是铁路北侧俄国侨民聚居区的中心。建筑四周原围有铁栅栏，铁栅栏内栽植榆树与丁香，只允许俄国人进出。该教堂于中华人民共和国成立后被拆毁，但树木尚在，可借以辨认原有的场地位置。该教堂当时是一面坡最为精美的建筑，根据历史照片可见，其形体丰富，细部精美（图 2.18）。高耸的钟楼掩映于树木之间，既很好地融合于周围环境中，又起到统摄全局的作用，体现宗教在世俗生活中的重要性，是独具匠心的创造。建筑形式与横道河子圣母进堂教堂相似，但规模更大，形体也更为复杂。结合历史照片及参考横道河子圣母进堂教堂形式对其进行了复原设计（图 2.19）。

图 2.18　一面坡谢尔盖教堂历史照片

图 2.19　一面坡谢尔盖教堂复原图

b. 寺观庵堂。

普照寺于 1932 年由地方乡绅捐资筹建，但由于日本入侵，1934 年才开始动工，1936 年修建完成。寺庙占地面积较大，选址于城镇南部山腰，俯瞰全镇。普照寺为中国传统的院落式布局，建筑也按传统做法建造。建成后成为当时东北地区三大寺之一。后被毁，近年在原址复建（图 2.20）。

青云宫是位于一面坡北山脚下的道观，修建于 1902 年，建筑坐北朝南，与普照寺遥相呼应，室内墙壁绘有彩画，中华人民共和国成立后日渐衰落，后被毁，原有基址被掩盖。西大庙约建于 1922 年，位于镇外西山山腰，庙内有较多壁画与游人所题诗词。后日渐衰落，仅几个尼姑居住，成为尼姑庵，后被毁，现已无从考据。

a 历史照片

b　现状

图 2.20　一面坡普照寺

c. 清真寺。

一面坡最早的清真寺是 1906 年信徒提供的自家住宅，随着信众的增加，1917 年镇西南的山坡上修建了礼拜寺，至 20 世纪 20 年代末被损毁。1930 年教徒在城镇西北部择址新建，1931 年建成。清真寺占地面积 1 600 m^2，建筑面积 320 m^2，以围墙围合成宽敞的庭院。建筑功能包括大殿、方厅、教长办公室、寝室、沐浴室。顶部带有六角形的玻璃亭，称望月楼（图 2.21）。

图 2.21　一面坡清真寺

d. 学校。

在一面坡设治之前，为解决学龄儿童的教育需求，这里出现了大批集中于华界内的私塾，这些私塾规模较小，教学仍采用传统教授方法，是一面坡最初的教育形式。设治后设县立学校，但限于经费，不能满足全部儿童的需求，此时私塾仍作为一种辅助的教育形式而存在。同时，还有基督教会与慈善组织开办的学校，但由于经费不足，均很早就停办。这些学校混杂在居住用地内，大多没有专属的场地与建筑形式，如今很难区分考证。

民国十六年（1927 年），地方政府在一面坡设中学，至民国二十年（1931 年）校舍扩建完成。建筑后被拆毁，原有场地建铁路职工宿舍，仍留有“东省特别行政区第六中学略史”碑文。

俄国人在 1905 年设立中学，校址设在“西大楼”，九一八事变后迁走，中华人民共和国成立后解散。1917 年，中东铁路东段建立一面坡俄语高等小学，共有学生 130 多人。两所学校的校舍位置均已无从考证。

e. 疗养院。

疗养院修建于 1922 年 10 月，位于铁路北侧教堂与兵营之间的城镇中心位置，东西向布置，紧靠道路，占地面积 3 330 m^2，规模较大。建筑周围栽植大量树木，结合一面坡优越的自然环境及便利的基础设施，为中东铁路沿线的俄国官员、职工的休闲疗养场所。现作为一面坡铁路医院使用，保存较为完好（图 2.22）。

图 2.22　一面坡疗养院

f. 俱乐部。

一面坡铁路俱乐部修建于 1904 年，是当时重要的文化设施，位于城镇最北侧，紧邻蚂蜒河，建筑沿河立面设计木质外廊，向水面展开，同时与公园结合在一起。室内有剧场、舞池、游艺室、图书室、西餐厅及各类辅助用房。外部结合绿化设有大型露天演艺场，场地周围安装栅栏（图 2.23）。与其他几栋大型公共建筑不同，俱乐部带有一定标准化建造的特征，细部装饰与节点处理运用了标准化建造的方法进行设计与施工。伪满时期改称“厚生会馆”，也作为影剧院使用。2007 年被拆毁，只存基址。笔者结合原有照片及历史图纸进行了复原设计（图 2.24）。

图 2.23　一面坡俱乐部历史照片

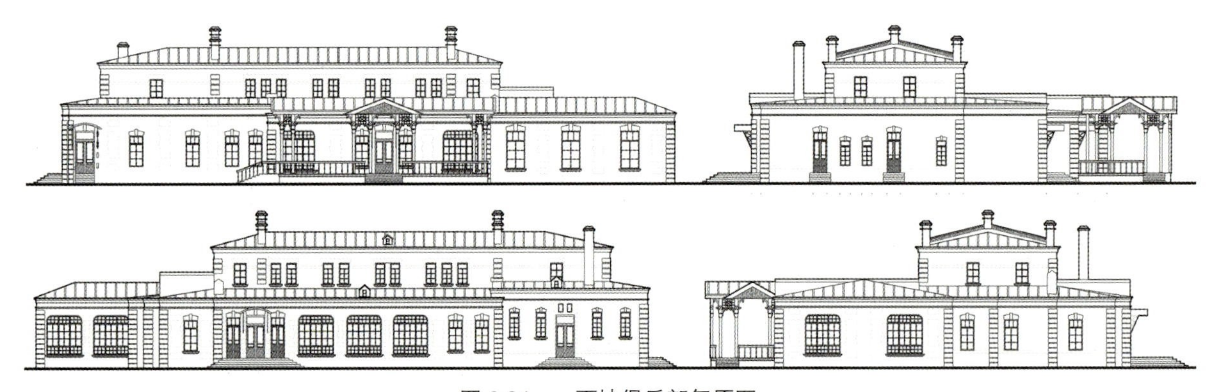

图 2.24　一面坡俱乐部复原图

（2）水、电力设施。

俄界内的给水站与配电所位于机车库以北，靠近蚂蜒河，均以围墙围合出较大院落，建筑均在院落的北侧。配电所建筑分为两部分，推测西侧面宽较大的为配电用建筑，东侧较小的为辅助的办公休息用房，两栋建筑之间以后期加建的建筑相连（图 2.25）。在配电所与给水站这组建筑的东部是一栋二层建筑，推测为配套管理用房。这几栋建筑目前均保存较为完好。

图 2.25　一面坡配电所

（3）居住建筑。

住宅是中东铁路附属地城镇建筑的最主要组成部分。伴随着铁路建设与运营发展，满足各类人群需要的居住建筑被迅速地建造起来，有铁路官员的高级住宅、职工家庭合居的联户住宅、集合式的员工公寓以及俄国移民的各式住宅等。一面坡居住建筑可分为三类：独户住宅、联户住宅及集合住宅。

① 独户住宅。

由于一面坡自然环境优越，基础设施相对完善，又有较好的商业氛围，因此在兵营、疗养院等建筑形成的公共设施轴线北侧修建有具有私人别墅性质的独户住宅。这类住宅的布局方式在附属地城镇的规划体系之内，与整体的肌理相一致，但位置相对远离铁路及其附属设施，且靠近水体、公园以及各类公共服务建筑。虽然独户住宅的建筑体量普遍比联户住宅小，但占地面积却与联户式住宅相近，甚至比之更大，因此每户所拥有的院落比较宽敞，沿街的建筑后退距离较大。独户住宅的朝向绝大部分为坐北朝南，靠近水体的建筑则根据景观选取朝向，形成的居住环境较好。

这类建筑表现出的特点是样式众多。虽然建筑的细部装饰做法与其他铁路附属地建筑的做法相同，但并没有形成千篇一律的建筑形象，平面形式与外部造型也各有特点，并不重复，是一种利用成型的特定营造方法对不同元素进行组合，从而形成整体上有一致性但表现出各自不同的面貌的手段。装饰语言中虽然运用相似的符号，但有更为复杂或者更为简洁的组合方式，没有僵化的形式。可见，每栋独户住宅建筑单体都是经过设计的，体现的更多的是特异性与个人趣味，而并不是单纯为了满足居住功能进行的快速建设的成果。虽然建筑的所有者无从考证，但基于上述分析可以推测，应该是铁路官员或俄国富商。这一类住宅占据较好的景观资源，呈现独特的面孔，是一面坡最高级的居住建筑，但与哈尔滨等重要城市中功能复杂与体量大的高级住宅相比，一面坡的独户住宅更加小巧，空间也更简单，没有富丽堂皇的室内装饰，也没有咄咄逼人的贵族气势，更多体现出生活的惬意情趣与贴近自然的静谧优雅。

② 联户住宅。

联户住宅是一面坡俄界内住宅中数量最多的一类，是组成城镇的重要部分（图 2.26）。这些住宅沿铁路展开，形成片区，绝大部分集中于公共建筑形成的东西向轴线与铁道之间。联户住宅的朝向相对自由，根据其户数与平面功能排布的不同而呈南北或者东西向布局：两户的住宅均以南侧为主要朝向；三、四户的住宅无法兼顾每一户的朝向，且由于建筑进深增大，弱化了主立面的意向，多为东西向布局。所有的联户住宅，无论户数多少，基本能保证每户都有独立的院落空间，这与当时俄国人生活方式中院落必不可少的传统有关。西侧的个别住宅在主要居住建筑北侧有与住宅配套的木仓房，但与横道河子与扎兰屯等城镇相比，这类居住建筑的独立辅助用房距离住宅更近，且留存数量也少到微不足道了。

同独户住宅各自独立的布局方式不同，联户住宅多以组团的布局方式出现：形式完全相同的建筑成组布置，以此为单元再进行组合。但是，这种单元内的建筑布局并不紧凑，空间上不能形成很强的组团意向。不过，建筑形象的完全重复能给人组团感，而且不同组团的建筑形态差异比较大，组团之间识别性相对较高，也能强化组团印象。

联户住宅建筑的最大特点是定型化设计程度最高：按照不同户型的需要，根据不同材料的性质，依

图 2.26　带有标准化特征的联户式住宅

照标准化图纸进行重复性建造。但一面坡联户住宅的一个特点是：本身装饰繁复、样式多样，做法也相对复杂，是中东铁路沿线城镇的标准化设计住宅中的上乘作品；另一个一面坡联户住宅独具的特点是，东侧机车库附近的部分木结构住宅与其临近的砖结构住宅有着相近的形式：平面上，都是 4 户合居的格局，入户方式也相同，但建筑朝向不一致，木结构住宅南北朝向，砖结构住宅东西朝向；形态上，体量大小与立面尺度相似，开窗位置与数量、窗的比例，甚至装饰线脚的形状都极为相近，只是在最终形态上各自体现了自己的材料特点。因此，推测在建设过程中，存在以同一套标准图纸来指导建造不同材质的住宅的方式，在建设过程中再根据材料的构造特点结合具体做法进行调整。

由于标准化设计可以大大减少建筑的设计与建造时间，同时一面坡的联户住宅位置距离铁路最近，因此可以推测出这类建筑是在铁路的建设与运营初期为尽快满足铁路职工的居住需要而建设起来的最早的一批住宅。

③ 集合住宅。

一面坡的集合式住宅即为位于俄界东北角的铁路乘务员公寓，当地居民称之为“大白楼”（图 2.27），修建于 1921 年，是一面坡现有体量最大的建筑。建筑有两层，院落式布局，坐北朝南，位于蚂蜒河南畔，紧邻河岸。因为，南向有更好的光照优势，北向有更好的景观条件，南北两面各具优势，建筑本身也作为沿河水体景观的一部分，而南侧临路一侧又是建筑的主入口方向，因此两个立面都有较为精细的处理。可见，虽然仅作为乘务员公寓使用，但其为居住者提供了很好的居住环境，是具有很浓的度假休闲意味的集合住宅。无论从形态上还是平面功能布局上，铁路乘务员公寓基本都没有了标准化建造的痕迹，甚至也很少体现普通铁路附属地城镇建筑的特点，而带有中心城市公共建筑的味道。一面坡站铁路乘务员公寓是中国北方最早出现的一批公寓式的建筑，在当时是一种全新的居住模式的引入，也是东北建筑类

图 2.27　铁路乘务员公寓

型近代化的重要标志。

与上述俄界内的居住建筑相比，华界内的住宅则缺少统一的规划与设计，多是居民自主建造的。华界内大部分住宅较为简陋而缺乏特点，且有大量的损毁与拆除，难以进行深入的描述与讨论。但从现有遗存的建筑以及城镇肌理来看，华人的住宅基本没有传统的合院式，而是以围墙、栅栏围合的院落，北侧布置独栋建筑。这种形式可能是受俄界花园式的住宅的影响，但也可能是脱胎于中国东北乡村农家院的形式。

（4）工商业建筑。

一面坡的工商业建筑大都集中在现大直街及其周边街道上，由于大部分为私人建造，建设质量与建筑形式参差不齐，且很多已经被拆毁、改建，因此无法识别，也很难一一考证。很多的工商业品牌并没有自己独立的建筑，仅利用居民住宅或简单修建的建筑作为加工与经营的场所。例如，“万隆泉”烧锅，即烧制白酒与榨制粮油的私人作坊，最初为经营者在大直街上租的一个院落，以十几间民房作为厂房，在附近空地盖十间草房作为发酵的厂房，临街并没有铺面。与此相对的，在华界内有一些保留下来的建筑又很难考证其原有的建筑功能，这类建筑多沿街布置，较有特点，根据位置与形式推测是商业建筑。又如，现中央大街北侧斜街的沿街建筑，这些建筑是较为低矮的一层建筑，且互相毗连，有拱形的洞口通往内部的住区，在西侧尽头两侧的道路转角处以两栋二层的建筑作为收尾。可以看出，这是一条当时店铺林立的商业街，在中华人民共和国成立初期拍摄的反映伪满洲国时期社会现状的电影《三等国民》中可以看到这条街道的影子。

经过实地调研与考证，仅可大致确定部分商业建筑的原有功能，但建造年代及所有者却无从而知。例如，五金商店，位于斜街（现裤裆街）西侧尽头南端；大兴当楼，位于华界的西北侧，代表着一面坡出现得最早的金融类建筑及位于华界的西北部两条辅街的交叉口的饭店。这几栋建筑均为2层，或沿街而建，或位于道路转角处，占据有利地段，建筑形象非常独特，是比较能体现一面坡文化融合的建筑案例，但破坏较严重（图2.28）。俄界商业建筑并不发达，根据当地居民回忆，在紧靠铁路南侧偏东的位置曾有秋林百货公司分店。带有工业性质的建筑形式与位置比较独特，保留

图 2.28　华界商业建筑

下来的建筑也比较完整，这类建筑体量大、占地广，往往能自成一区。

① 公和利号火磨。

由俄国人创办于 1903 年的公和利号火磨，是一面坡最早的工业建筑。1917 年由中国人杜兰溪收购经营，1929 年扩大生产规模，建造 5 层的生产厂房，同时还有设备房、仓库、事务所及宿舍等配套建筑，形成了颇具规模的工业厂区。1939 年由于伪满洲国的经济限制而关闭。公和利号火磨厂址位于铁路南侧华界内，现仍保留厂房及厂房北侧一栋一层建筑，推测为事务所或账房（图 2.29 c）。厂房在中华人民共和国成立后被改建，增建 2 层，成为 7 层高，现已废弃，成为危楼（图 2.29 a、b）。

公和利号火磨厂房是一面坡最早的多层建筑，5 层的高度在当时来说是前所未有的，是代表着先进的建造技术与生产力的新的建筑形式，而为满足机械化生产而建造的厂房也是一种全新的建筑类型，是一面坡建筑功能类型近代化的重要组成部分。

② 一面坡啤酒厂。

一面坡中东啤酒公司建于 1904 年，由中国人杨连成投资建设与经营，是中国的第五家啤酒厂。1931 年被日本人收购，1945 年停产。厂址位于城镇东郊的东兴村，在铁路与蚂蜒河之间。厂区内的生产厂房、酒窖、办公用房等建筑根据生产管理流程布置。现存办公用房及生产厂房见图 2.30。

a 历史照片

b 现状

c 账房

图 2.29 公和利号火磨

图 2.30 中东啤酒厂办公用房及生产厂房

办公用房为 2 层，已经过修复，根据当地居民回忆，建筑形式已被改造。厂房是四坡屋顶建筑组合成的大跨度空间，立面形成连续的折线形。

③ 货运站场及仓储建筑。

一面坡的货运站场位于铁路北侧，车站的西侧，现保留有两栋建筑，东侧为站场管理办公用房，西侧为工房，两栋建筑进深与面宽均较大。粮食仓库位于铁路南侧的西北部，有较大的院落，由两部分组成，东西向布置，东侧面向街道的为仓库，另有一栋一层建筑置于其后，推测为管理用房。建筑现均已废弃。

2.2.2 丰富的建筑空间处理方式

伴随着中东铁路的建设与运营，附属地城镇迅速发展并繁荣起来，新的文化的涌入、新的行业的产生、新的生活模式的展开需要新的建筑形式来承载。建筑需要对应的空间形式来应对各种不同的功能，这是原有的本土建筑体系无法完成的任务。而由俄国建设者带来的运用于各类住宅与公共建筑上的带有现代化特征的空间组织方法为建筑的空间去适应其功能类型提供了模板与借鉴，是一场东北地区建筑发展的近代革命。一面坡建筑类型丰富，空间组织方式多种多样，本节将从功能空间布局、流线空间组织与空间层次调度三个方面一一进行分析。

（1）功能空间布局。

要想增强建筑单体功能的复合性，就要对各种功能进行适当的安排：将同种性质的功能进行整合；将对空间条件，如动与静、洁与污、公共与私密等有不同要求的功能进行分隔；同时又要使各部分功能成为一个有机联系的整体，以方便使用。

一面坡的住宅建筑内容根据其住户的家庭结构的不同有着对应的功能内容与平面组合，以适应不同人群的不同生活方式。

独户住宅空间相对充足，户内功能齐全，能很好地满足家庭生活需求。以北侧带外廊的独户住宅为例，建筑平面为长宽比约为 2 的矩形，南侧立面偏左布置外廊，主入口位于外廊最东部。虽然建筑经过改建，原有功能不明，但可以根据空间布局进行分析。门厅居中布置，其西侧整体为厨房及其辅助用房，是相对独立的一部分，与卧室、起居室、客厅等功能基本隔绝。同时，由于外廊可以遮挡阳光，因此将生活辅助用房布置于此也较为合理。门厅北侧推测为会客厅或起居室，是较为公共的活动空间，西侧两间为卧室等私密性较强的空间。建筑平面规整、形体简单，功能也并不复杂，但功能的排布简明而有条理（图 2.31）。

相比之下，联户住宅大部分为供铁路职工家庭或个人居住，户内的功能更为精简，但相同或不同户型间的组合方式非常丰富，可以根据各户内居住者家庭结构与生活模式的不同而进行灵活的空间分配。不同的户型单元能够组合成具有不同使用方式与整体简洁的平面形式，其中蕴含着多种可能性，是一种具有启发性的空间处理形式。

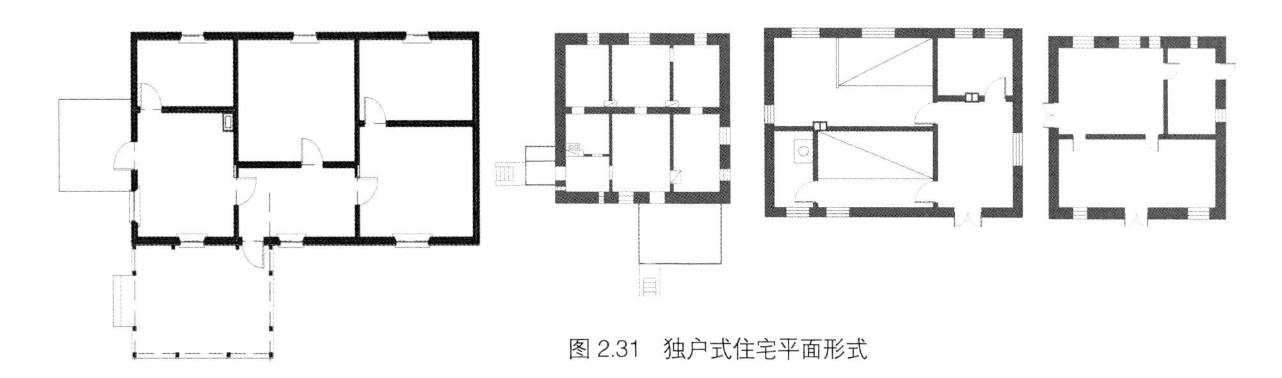

图 2.31　独户式住宅平面形式

一面坡联户住宅按照户型的组合数量可分为 2 户、3 户、4 户等几种形式（表 2.1）；按照户型平面布置的方式不同则可分为两种形式：一种为对称或者并列重复布置一个标准的户型平面的形式，这种住宅标准化建造程度很高，户内可容纳相同结构家庭的生活起居。另一种则是不同户型单元的组合。这种组合又包括面积相同但户内布局迥异的单元组合或者不同面积、不同布局的单元进行搭配的两种组织方式。这类住宅可以为不同结构的家庭——有子女家庭、无子女夫妇及单身职工——提供更多的空间选择与居住的可能性，实际上是不同生活方式的组合。各户均有自己的院落，形成一个小的功能单元，互相之间独立性很强。

表 2.1　联户式住宅平面组合形式

户数	平面形式		
2 户	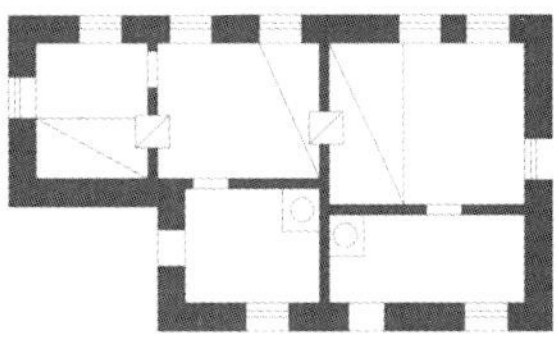	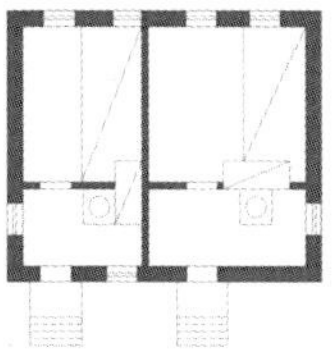	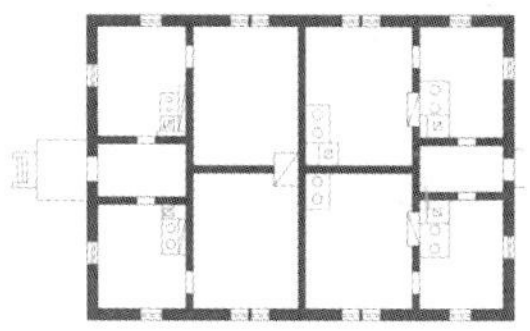
3 户	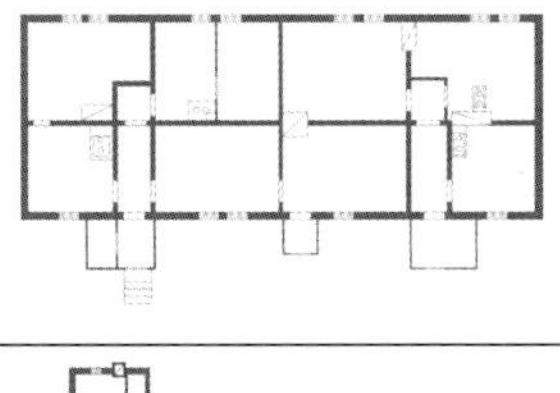	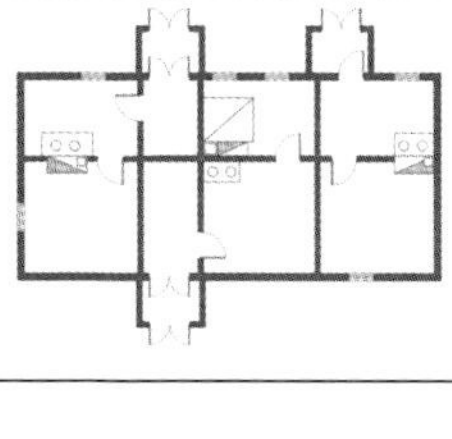	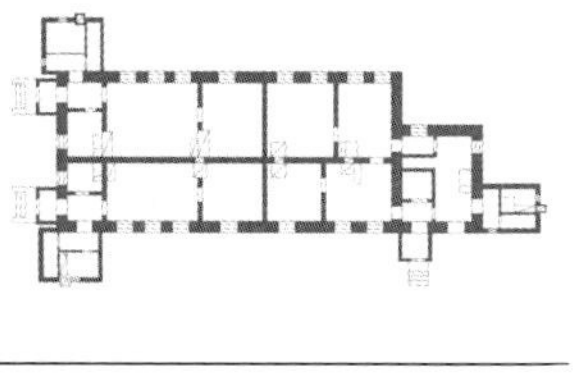
4 户	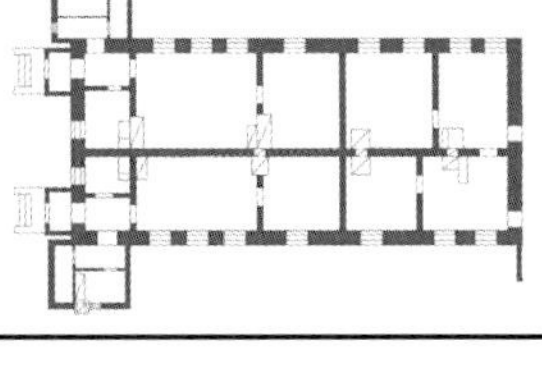	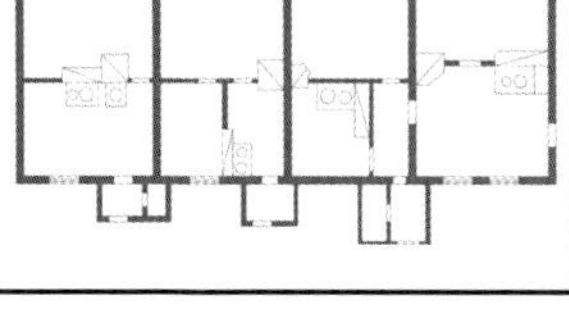	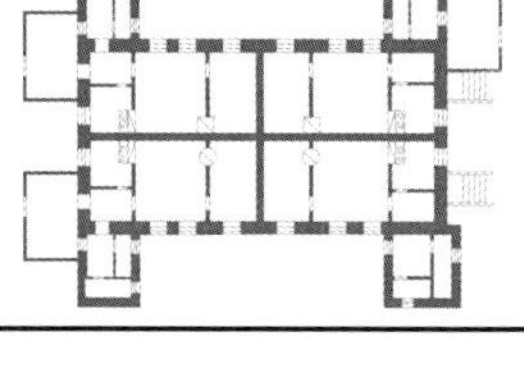

由于一面坡铁路乘务员公寓内的居住者有一定的流动性，因此其主要向居住者提供短期的住宿，而居住者对生活功能的种类需求也很少。由于居住人口多，他们需要大量面积相同的单间或套间作为住宿之用，因此虽然建筑面积很大，但功能其实较为单一。建筑平面呈日字形，公共活动空间与住宿空间的分区主要在垂直方向解决：一层主要布置各类公共空间，二层核心功能为居住。一层南侧临路设主入口，该部分房间面积较小，推测为管理用房。北侧紧邻蚂蜒河景观，中心为大厅，两侧房间面积较大，推测为用餐或活动空间；卫生间、盥洗室呈散点式布局，以方便使用。日字形平面的中间部分由于采光不佳未布置居住单元，因此保留为大空间。公寓结合流线、日照及环境布置功能，明确动静分区，兼顾使用方便、居住舒适及观景效果，为使用者提供了极好的生活场所（图 2.32）。

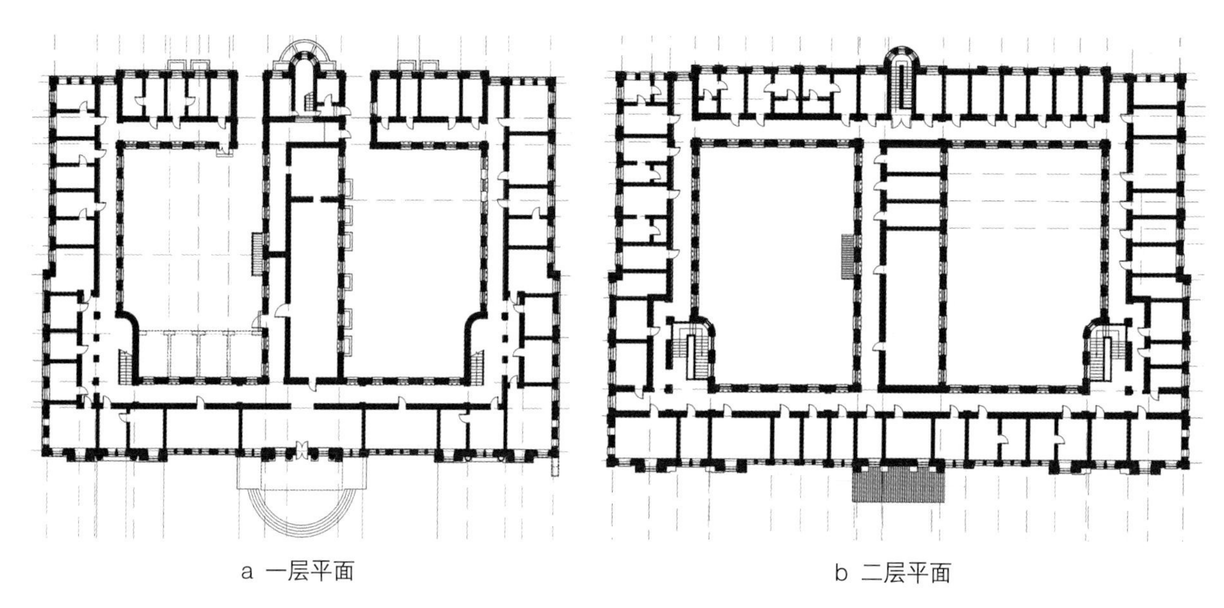

a 一层平面　　b 二层平面

图 2.32　铁路乘务员公寓平面图

兵营是军事类的居住建筑，同公寓类似，也要营造单元式居住空间。护路军兵营主体建筑为带状不规则平面，推测原有平面为完全的中轴线对称式。根据空间布局推断，建筑中部为公共活动及管理办公空间，两翼为居住空间。将不同性质活动分区可方便迅速集中两侧的居住者，满足军事建筑的特殊要求。兵营的居住单元面积比铁路乘务员公寓更大，这一方面是因为军队内集体性更强，另一方面是因为这样的面积可以使建筑的空间容纳效率更高。居住单元布置于采光条件好的南侧，卫生间、盥洗室等辅助功能对称布置于北侧。食堂作为后勤辅助功能从主体建筑分离出来，是一层的小型建筑，位于主建筑背面，通过连廊同主体建筑相连，两者即分隔又联系，较好地解决了功能分区问题（图 2.33）。

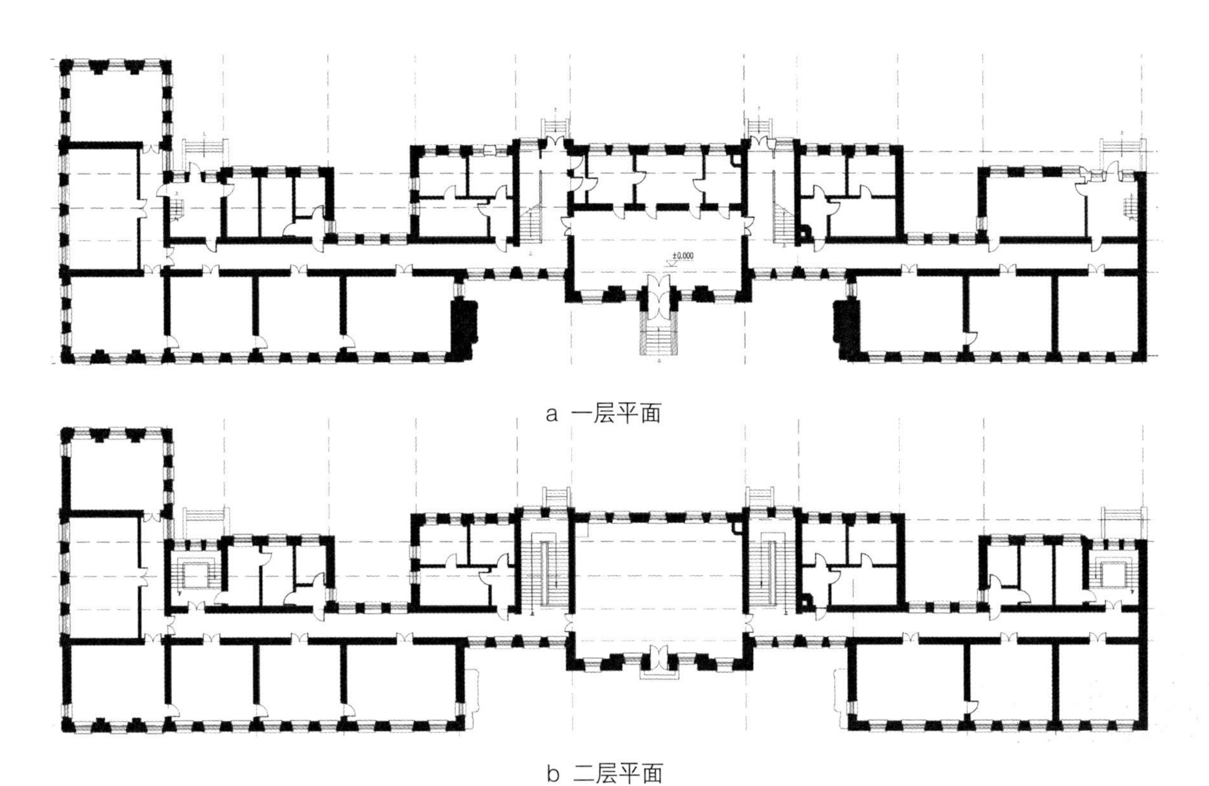

a 一层平面

b 二层平面

图 2.33　一面坡兵营平面图

一面坡火车站是中东铁路沿线二等站的标准化建造，有办公与候车两种功能，东侧为管理办公区，西侧为售票处与候车大厅，平面为矩形，候车部分长宽比约为 4，办公部分约为 2。火车站后勤管理功能与旅客使用的售票候车功能被完全分开，是两个互不干扰的独立部分。

一面坡疗养院的平面呈凹字形，功能安排与兵营的平面布置手法相似。疗养院的平面是完全的中轴线对称式平面，中心位置为面积较大的公共活动空间，两翼空间的排布比较灵活（图 2.34）。

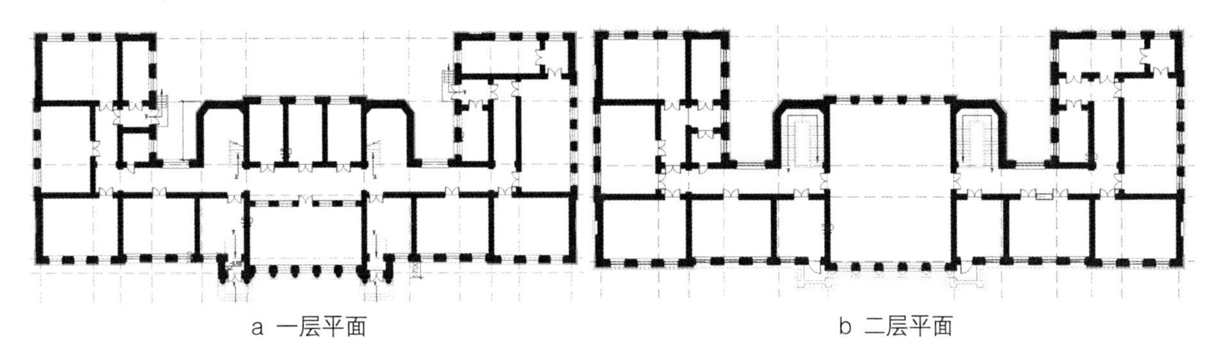

a 一层平面　　b 二层平面

图 2.34　疗养院平面图

两侧平面转折处，由于采光环境不佳，布置为卫生间、储藏室等小尺度的辅助空间。建筑的一、二层空间布局基本上完全一致，大部分房间都很难推测具体功能。

铁路俱乐部在一面坡所有建筑中功能综合性最强，分区最为复杂。建筑平面呈不规则形态，局部两层。以剧场为核心，东侧环绕的小空间为剧场后台的化妆、道具、准备、管理等辅助空间，与剧场紧密相连的同时利用过厅、走廊作为缓冲空间，以减少相互间的干扰。辅助空间被剧场隔绝于东侧尽端，将演职人员以外的观众及参加其他活动的使用者隔绝于外，保证了工作空间所需的独立性与私密性。剧场局部设二层观众席及放映室，其他部分为两层通高的大空间。剧场北侧为舞厅，空间只比剧场稍小，由于在功能上有一定的相似性，舞厅与剧场在东北角的辅助功能空间有部分共用。舞厅北侧为临河的木质外廊，它既是舞厅功能的延伸，又能很好地与外部景观相融合。舞厅西侧，即整栋建筑的西北角的正方形平面内为图书阅览、棋牌游艺等其他休闲功能区，这部分空间自成一体，与舞厅、剧场形成了三大功能区。建筑西南侧是入口大厅、接待及管理办公空间，是服务部分，也是整合其他功能的黏结点。

铁路俱乐部对于近代的中国东北来说是一种全新功能的建筑类型，也带来了一种全新的建筑及空间形式。其功能的复合性及剧场与舞厅对空间的尺度、比例及品等的需求都是前所未有的。一面坡铁路俱乐部的空间契合功能，分区明晰而有层次，同时结合沿河景观系统，为使用者提供了丰富的空间体验，是较为优质的综合性建筑（图 2.35）。

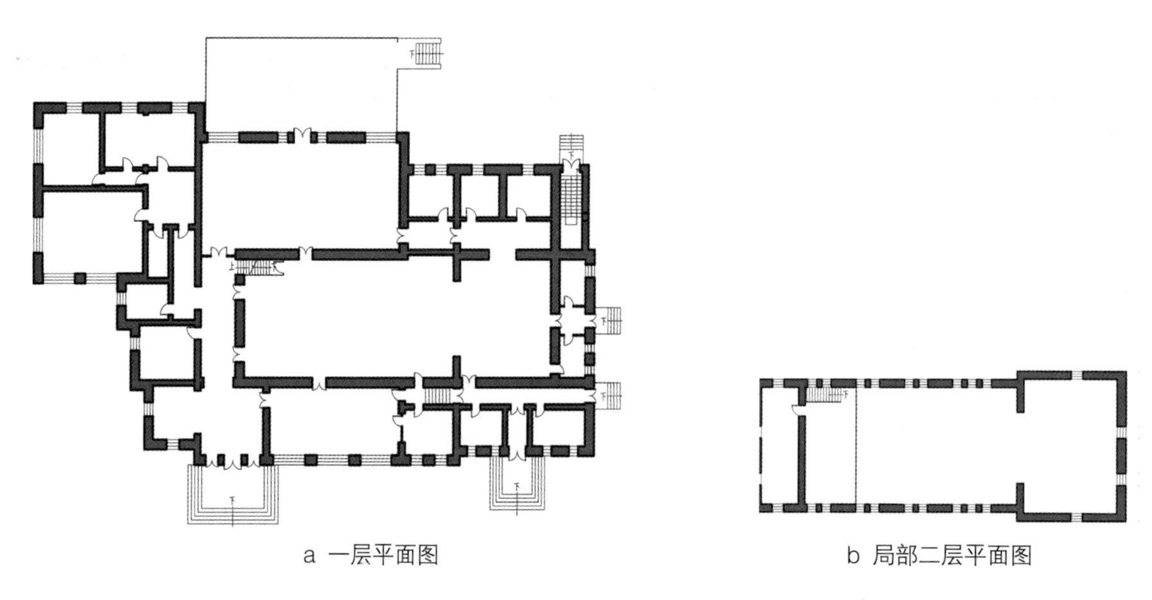

a 一层平面图　　b 局部二层平面图

图 2.35　铁路俱乐部平面图

（2）流线空间组织。

因为建筑功能与体量的不同，所以建筑的交通流线处理方式有着相应的特征，以满足空间效果与使用要求。由于居住建筑的服务对象较为单一，因此建筑功能简单，对于流线的设置要求也不高。在外廊式独户住宅中，进入门厅前的路线设置是线性的：由建筑南侧院落进入，外廊入口在西侧，流线发生第一次转折，至廊东侧尽端的建筑入口时，再一次转折；进入建筑后，流线变为发散式，门厅作为统合其余空间的集散点，连接起其余部分；东西两侧空间的流线都是穿套式的，西侧辅助功能单独设置出入口，形成一条可以避免与主要生活流线交叉的服务流线，这是住宅中流线设置相对丰富的一例。联户住宅各户之间的室外流线要避免交叉，入口之间应注意保持一定距离，或者干脆布置在不同的立面上。在大部分 2 户与 4 户住宅中，入口的位置布置在两侧山墙面上：2 户住宅布置在中心，4 户住宅靠近墙角。部分联户住宅单元数量多，各户的平面面积小，功能比较简单，推测是提供给单身职工居住的宿舍，其对室外流线的独立性要求就不是很高了，多数并列或成组地设置入口，但也有 3 户、4 户的住宅中有 2 户入口并置，其余的设在其他立面上的情况，大部分入口的设置形式非常自由，没有规律可循。共用门厅的联户住宅在一面坡较少出现，只发现一栋单身宿舍式的 4 户的联户住宅，住宅一字形平面，中间 2 户共用一个门厅，两侧 2 户在山墙面开门。一面坡所有的住宅中，无论是独户式还是联户式，户内的空间流线都是穿套式的，空间内流动性强，但不能避免流线的交叉。这种布局最大的好处是节省了交通空间，使布局更为方便。无论是独户式还是联户式，组合成的建筑形体都简洁、完整（图 2.36）。

铁路乘务员公寓由于功能单元多，建筑体量大，流线的设计就复杂多了。以日字形平面所围合成的两个院落组织室外流线，中间部分两侧通向两个院落的拱形洞口是建筑的入口，两个院落成了近似门厅的集散空间，以东侧院落为主，将人流引入建筑。建筑内部以单侧廊连接所有房间。一层走廊在两个洞口处被截断，东侧走廊尽端设出口。西侧则未设任何出入口，这使得一层西侧的流线

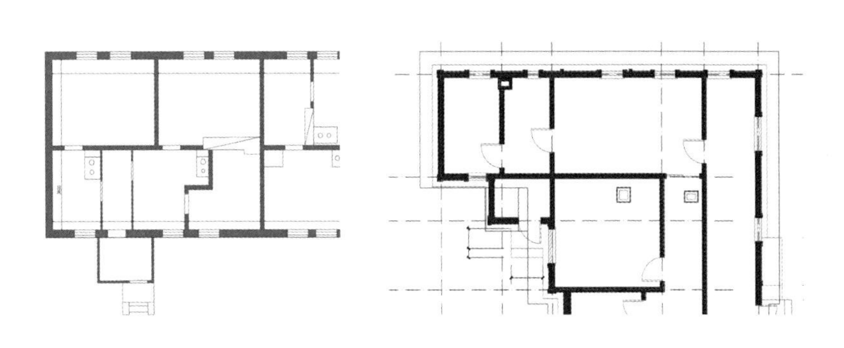

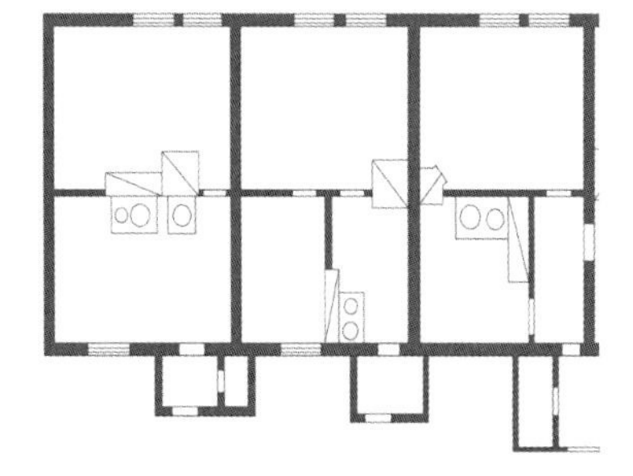

图 2.36　住宅内的穿套式流线设置

过长，存在疏散问题，使用起来也很不方便。院落入口处的门卫、接待性质的服务空间设置独立的出入口，东侧院落的西北角设入口。建筑南侧临路，因此，“外部洞口—院落—建筑入口”这一流线是建筑实际意义上的使用流线。一层北侧的中央大厅作为这部分公共活动功能的集散空间，更多的作用是整合建筑内部与北侧河畔的公共活动，用建筑承接景观系统。因此虽然立面上具有主入口的效果，但表征与观赏意义大于实际将人流引入建筑的入口功能。建筑一层具有公共性，管理办公等服务部分与公共活动的流线性质没有太大区别，未做明显的独立处理。建筑二层是形成封闭环状的连续走廊，以外围不间断的口字形走廊连接所有房间，是为住宿功能服务的交通空间。中间部分南北向的走廊具有一定的公共性，但对外围流线影响不大。可见，建筑的流线性质随同功能以竖向区分，一层偏“动”，二层偏“静”。

由于中国传统建筑具有平面向外延伸的特点，因此大体量建筑的竖向交通是一个全新的问题，楼梯间的出现及其布置方式都是比较有进步意义的建筑革新。铁路乘务员公寓的交通组织，是以院落式的平面组织重复的空间单元的比较典型的形式。由于建筑流线很长，因此设三部楼梯：北侧两个转角处各设一部，南侧中心部位设一部，呈等腰三角形式等距对称布置。这种布局使得二层平面中距楼梯最远端的几个点的疏散距离都相等。三部楼梯尺度相等，不分主次。

一面坡铁路乘务员公寓结合功能要求，用连续的走廊串联空间单元，形成了流畅的线性交通，同时考虑疏散距离与景观环境，较为成功地解决了大规模集合式住宅的流线组织问题（图 2.37）。

与铁路乘务员公寓相对的，疗养院与兵营的交通组织是另一种典型形式。这两栋建筑都是非组合型平面的简单体量，组织室内交通流线的为尽端式的内走廊，形成鱼骨式的空间连接，一层两翼尽端设辅助出入口。具体设计中，结合各自的功能与平面布局，两栋建筑的流线有着不同的细节处理。疗养院居中设置双入口，入口正对楼梯，两入口之间的部分并未作为交通空间使用，走廊平面同建

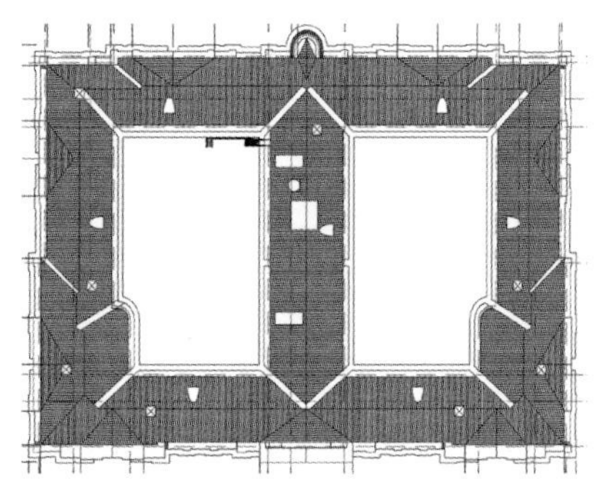
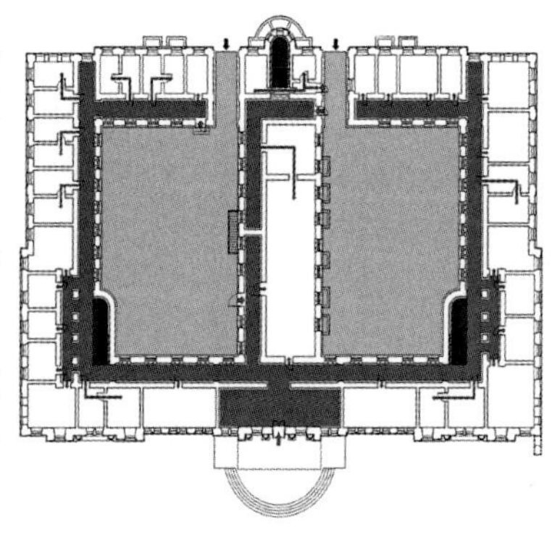
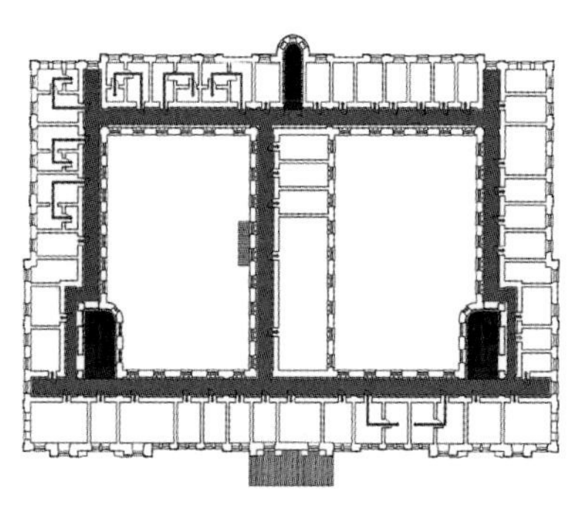

图 2.37　铁路乘务员公寓流线分析

筑平面一致，为凹字形。一层两侧的辅助入口，使得两翼的空间成为一个独立的整体，可以与主要流线分离，避免不同功能间流线的交叉。二层中央部分为大厅，具有连接两侧的功能（图 2.38）。兵营在中轴线上设入口，由此直接进入中央大厅，在大厅两侧布置楼梯。由于平面过长，两侧设置三跑的疏散楼梯。二层的中央部分与疗养院的处理方式相同，是一个完整的大空间（图 2.39）。整体上看，疗养院的流线短，空间紧凑，注重便捷；兵营交通空间简洁明晰，考量集聚与疏散的要求，可见，它们的流线的处理方式符合各自的功能要求与使用特点。

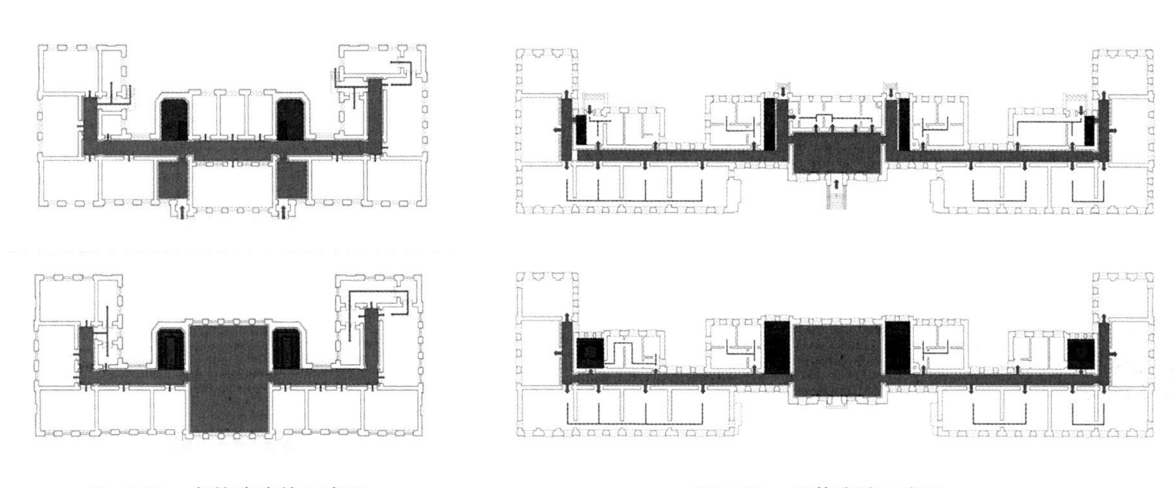

图 2.38　疗养院流线示意图　　　　图 2.39　兵营流线示意图

俱乐部建筑的流线处理方式是穿套式与走廊式的结合。以建筑门厅为起点，散点式连接起休闲活动、舞厅、剧场三个功能分区。休闲活动组团的空间连接方式也是穿套式的，平面呈风车状。剧场后台辅助功能的流线设置是走廊或过厅式的交通空间连接功能单元，设出入口，流线可以完全独立，避免与其他流线交叉。剧场、舞厅及东侧的各类辅助空间互相连通，也具有穿套式的特点。舞厅北侧的外廊与沿河景观休闲流线相结合。俱乐部的流线是以应对复杂功能为出发点，同时结合建筑所处环境，利用景观优势进行的灵活且有条理的组织。

（3）空间层次调度。

空间是建筑的实质，其作用是容纳功能与活动，根据功能的不同，对空间尺度及搭配调度有着不同的要求与方法。一面坡建筑功能较为齐备，空间形式及组合方式多种多样，既有大跨度高举架的具有现代工业化建筑特征的机车库、酒厂厂房、火磨车间；也有根据各种空间形态的特点，运用多样化的组织手法，形成层层推进的空间效果的居住及公共建筑。

总体上来看，一面坡建筑使用空间的形态基本上都是规则矩形平面的箱型空间，平面的长宽比在 1.5~2，这种空间是最便于使用与排布的形式。

机车库是 5 个连续拱顶空间呈弧形平面排列，这也是为了配合机车入库的轨道设置的，且其 5 个空间单元也都是较为规整的平面。酒厂厂房是进深较大的近似方形的平面，进深方向上有 4 个小跨度单元。而粮库作为仓储空间，对容纳能力有较大的要求，平面是极长的一字形，建筑举架很高，提升空间容量的同时配合通风要求。大空间建筑，空间都非常单一，以使用功能为第一位，空间的处理手法可以说是最基础的。

另一个带有大空间的建筑是铁路俱乐部剧场，平面长宽比近似于 3，但高度是二层通高，跨度相对较大，室内无柱，符合观演建筑的使用特点，形成的空间也满足声学要求。这栋建筑虽然功能非常丰富，但实际上从空间与结构看，剧场部分是有一定独立性的。

在空间的尺度安排上，同样作为居住功能使用，住宅、公寓、兵营的空间比例有着较明显的区别。抽取三类建筑居住空间的尺度来看，独户住宅可能的卧室面积为 16~25 m^2，剖面高度约为 3 m；铁路乘务员公寓的居住单元面积约为 15 m^2，但剖面高度在 4 m 左右；兵营的居住单元面积较大，约为 44 m^2，剖面高度在 4.5 m 左右。可见，虽然这些建筑空间的实际功能是一样的，但住宅建筑空间较为亲切；公寓建筑为配合建筑体量、整体的容纳能力以及疏散要求，居住空间较为高狭；兵营居住形式为多人合居式，空间宽阔高敞。针对不同建筑功能的使用要求有着不同的空间层次安排与尺度要求。

建筑入口往往是空间设计手法运用较为丰富之处，一面坡住宅的入口处理方式大致有四种：第一种是直接入户，入口处未做特殊处理，部分设雨篷；第二种是经由外廊入户，廊高度比室内空间高度略低矮，周围设柱，视线通透，形成了连接室内与室外空间的灰空间；第三种是经阳光房入户，阳光房是中东铁路沿线俄式住宅中较常出现的一种空间，以木材为骨架，镶嵌玻璃，三面围合，依附于建筑外墙之上，形成明亮的小型过厅，装饰非常丰富，也是建筑外部形态处理较为集中之处，其内部空间虽然并不宽阔，但由于材料轻盈、视线通畅，既将阳光引入建筑内部，又在遮风挡雨的同时与外部环境有视线上的互动，提供交通空间的同时，也可供居住者停留消遣，形成了非常富有情趣的生活空间；第四种是经门斗入户，木门斗设置在入口处，与阳光房不同，它是纯粹的交通空间，面积小且完全封闭，这种做法一方面是为了增加入口的空间层次，另一方面，同阳光房一样，是对于东北地区寒冷气候的应对，目的是减少入口处的热量流失（表 2.2）。

这四种处理方式，空间的围合度依次递进，形成了“室外—半室外—半室内”的空间效果，虽然都是作为进入室内前的先导空间，但利用方式与给人的感受有着较大的差别，同室内空间有着丰富的组合方式。在一面坡，无论是独户住宅还是联户住宅，室内的门厅空间尺度都较小，空间略显局促，由外部院落到外廊或阳光房营造出的明快的空间氛围至此发生转折，与室内空间产生强烈的对比效果。而门斗空间则是室内空间的过渡及提示，从较为狭窄的空间进入室内可以给人豁然开朗的感受。这些空间的节奏变化丰富了空间的层次，配合外部环境与室内空间渲染出生活的氛围。

表 2.2　住宅入口形式

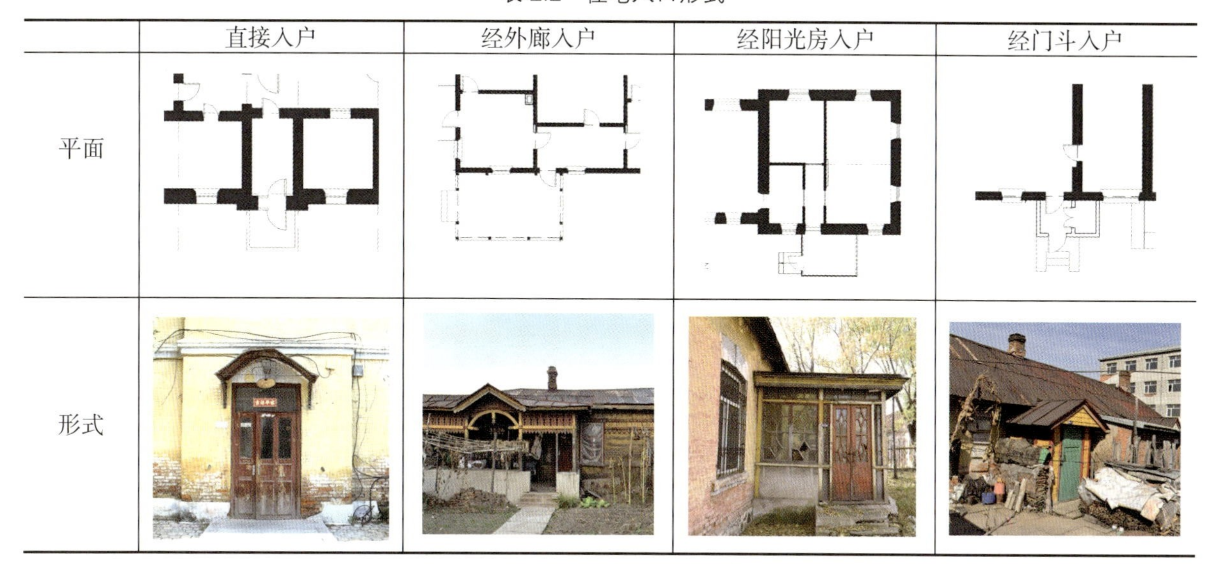

	直接入户	经外廊入户	经阳光房入户	经门斗入户
平面				
形式				

这些住宅入口的设计方法也运用到了其他功能的建筑中。一面坡俄国领事馆的入口空间是结合了阳光房特点的门斗：平面为切掉两角的大半个八角形，面积较小，仅作为交通空间，这是入口门斗的空间特点；而空间不封闭，每个面均开窗，空间明亮，形态轻巧，这又是阳光房的空间处理方式，这种处理强调了该部分空间的公共性。由于进入建筑后并没有大厅式空间，因此外部的这种空间处理可以作为一个小的门厅成为整个建筑的空间起点，无论从空间形态上，还是实际功能上，它都成为建筑的第一个层次，起到了引导流线与连接环境的作用。这部分的空间调度手段非常简单，明晰而易于感知，达到了明显的效果。

疗养院、铁路乘务员公寓、兵营等大体量、空间复杂的建筑的入口部分并没有类似的附加空间（图 2.40），而是在建筑内部进行一系列的空间调整与布局。兵营以面积较大的门厅作为整栋建筑空间体验的开始，统领整个的一层空间。由走廊串联的其他空间单元的尺度及其体现出的独立性与组合感不断强调出大厅空间的开阔、整体与中心性，两侧尽端以尺度更为巨大的大厅式活动空间结束，首尾之间有一定的呼应。二层中央部分面积更大，高度更高，强化了中心与主导性，两侧尽端处以尺度稍小的过厅式的空间收尾。这种入口空间有着很强的容纳能力，也会给人留下深刻的整体印象。与之相对的，疗养院的入口是线性的空间处理，引导性更强，将使用者直接引向二层，而一层中心部分的空间则成为功能性的活动空间，二层中央与兵营相近，是完整的大厅，成为整栋建筑空间节奏上的最高潮部分，其他空间的尺度与地位随着流线逐渐降低。

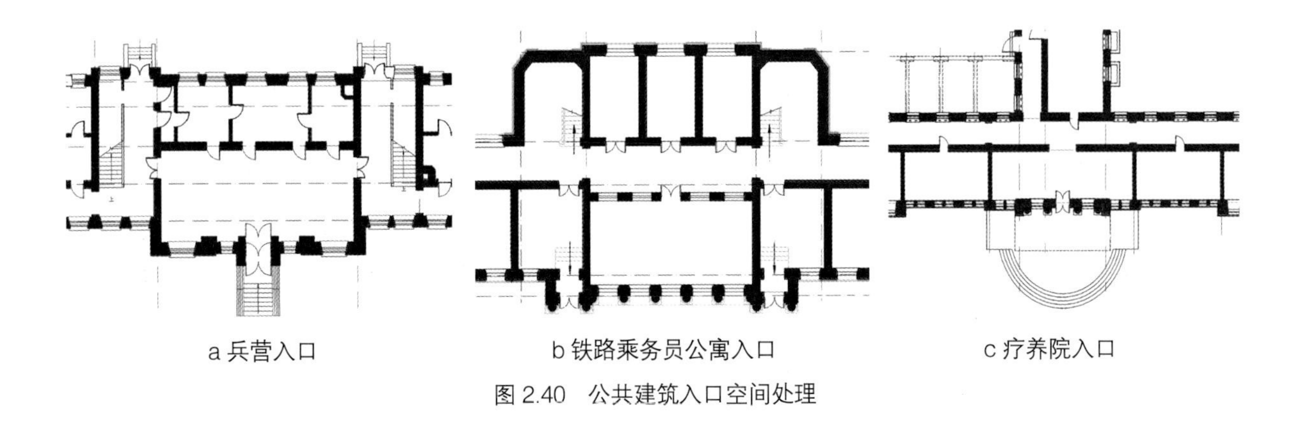

a 兵营入口　　b 铁路乘务员公寓入口　　c 疗养院入口

图 2.40　公共建筑入口空间处理

铁路乘务员公寓是一面坡唯一的院落式布局的建筑，其单个院落面积约为 420 m^2，空间的高宽比约为 0.64，给人较为开阔的感受，形成不带顶的室内空间，给人提供活动场地的同时成为连接建筑室内与外部环境的中间层次。两侧的拱形洞口相对低矮，进入院落后的空间骤然开敞，再由此进入较为封闭的室内空间，一系列的转折、收放与递进形成了丰富的空间体验。

整体上看，一面坡居住建筑的空间处理中较多地运用外廊、院落塑造积极的室外或半室外空间，用阳光房、门斗这类主体建筑的附加空间来延伸室内空间，使得内外空间层次丰富，过渡自然而富有趣味。部分建筑同时将各种元素组合到一起，空间的运用比较自如。公共建筑空间的尺度、比例及组合方式均契合其自身的功能属性及建筑性格。一些典型建筑如公和利号火磨厂房、众多的二层商业建筑及华界住宅等建筑内部空间形式未能探明。

2.2.3　多样的建造技术

中东铁路沿线建筑的材料运用非常灵活，结构类型也较为多样，不同的材料与结构形式支撑相应的空间形式，以满足建筑的功能需求。在大规模建设的背景下，为保证建设速度，建筑空间与结构形式不会过于复杂，但通过不同材料的组合以及材料本身特性与肌理的运用，在沿线建筑中创造了精彩纷呈的空间效果与外部形象。

（1）结构类型。

中东铁路沿线建筑功能丰富，相对应的，要有适当的空间形式去容纳各种功能，因此也就需要多样的结构形式支持空间的塑造。在一面坡，根据建筑功能类型的不同，可以发现有砌体结构、木结构、拱形结构等结构类型。

① 砌体结构。

砌体结构是较为经典的结构形式，在中东铁路建筑中最为常见。沿线绝大部分的砌体结构建筑是由砖或石材以混合砂浆或石灰砂浆黏结砌筑而成的。在这些建筑中，砖砌体、石砌体或砖石混合砌体是建筑物的主要竖向承重构件（承重墙、柱、基础等），钢筋混凝土梁板、木过梁、金属过梁为水平方向的承重构件（楼板、屋面、楼梯、阳台等）。因此，砌块与其他材料形成了一种混合结构。中东铁路的砌体建筑中以砖材为主体的砖混结构最多，其次是砖石混合及石材墙体结构，仅有少量其他砌块砌体结构。

一面坡砌体结构建筑主要为砖混结构，包含各类公共建筑、商业建筑、厂房、住宅等，砖混结构是城镇建筑最主要的结构形式。在公共建筑中，疗养院、铁路乘务员公寓、兵营均是二层建筑，主体承重墙由红砖砌筑，墙体较厚，外墙部分可达 1 m。地面以下用石材砌筑基础，由于带有地下室，因此基础埋深非常大。俱乐部是局部二层，规模不及兵营建筑，但从遗留的基础部分也可以看出，其基础很深、厚度较大。三栋公共建筑的二层楼板都是混凝土浇筑，疗养院及兵营是普通混凝土梁，在走廊等室内跨度较小处梁断面小，排布相对较密集，大厅内的梁则断面很大，以适应大跨度的空间。铁路乘务员公寓楼板下出现了井字形梁，单个梁断面不大，但很密集，形成了方格网式的天花效果，建筑二层顶部做吊顶，吊顶下方有石灰抹灰，并有丰富的石膏线装饰线脚。吊顶上方推测为木梁，承托木屋架，上铺铁皮屋面。

其他砌体结构建筑多为一层，规模相对较小，基本上用不到混凝土材料。大部分住宅都设有地下室，基础部分为石砌，砖墙为建筑主体，俄界内住宅墙体较厚，多在 600~800 mm，华界内的各类建筑墙体相对较薄。这些建筑室内顶棚多不做吊顶，木梁暴露在外，其上垂直密铺板材，上承木屋架，再铺瓦或以铁皮作为屋面。

一面坡规模较大的公共建筑均设计通风系统，墙面可见通风口，一些通风管道直通至屋顶，同时屋面上设换气窗。这类建筑多采用集中式供暖，虽然现在室内原有采暖设施已经不存在，但仍有管道及暖气窝保留，可以推测其采暖形式与现代建筑相似，已经较为先进了。其他普通住宅的采暖方式为：在室内砌筑空心的火墙，与炉灶相连，通过生火取暖，将生活设施与采暖设施结合，其烟道直耸至屋面，屋面上有处理成不同造型的烟囱，它们也是一面坡建筑的重要装饰元素。

一面坡城镇内砌体结构建筑中，仅两座弹药库的两侧半圆形墙体是完全以石块砌成的，中间由混凝土浇筑成半圆柱体形空间。砖石混合砌筑墙体的建筑在一面坡仅有一栋，位于机车库东侧，体量很小，墙面以砖砌筑转角、檐口及门窗洞口部分，以不规则石块砌筑大面积的墙体。

② 木结构。

除砌体结构建筑外，中东铁路沿线另一种主要的结构形式是木结构。在各个城镇中，都有一定比例的木结构建筑存在，也均有在砖石结构建筑上附加木结构空间的做法，且绝大部分建筑的顶部都是木结构屋架。一面坡木结构形式较丰富，既有完全木造井干式木刻楞建筑，也有梁柱结构的阳光房及外廊，绝大多数的建筑，无论体量大小，屋架也均为木构架。

一面坡木结构建筑主要是各种住宅，即木刻楞建筑，建造方式类似于中式井干式建筑，也是俄国的一种传统建筑形式，具有施工快速、取材方便、抗震保暖等特点。建筑的木结构主体立于砖石基础上，做法一般是取直径 20 cm 左右的挺直圆木，晾干后去枝剥皮，上下叠累而成。在细部处理上，一面坡的木结构建筑也有其自身的特点。其中最简单的一种是墙体表面不做特殊处理，圆木垒叠的肌理暴露于外，建筑造型朴实、粗犷，这种木刻楞住宅仅在一面坡疗养院北侧，距离城镇中心较远处有一座。与其他地区的同类住宅相比，该住宅更加朴素，其墙面不刷漆，转角处的燕尾榫不做特殊的装饰或者保护，木材较粗大，直径将近 30 cm，上下原木之间为增强墙体的密闭性垫有毛毡。室内隔墙也为木材垒叠而成，搭接于外墙之中，在外墙上可以看到内墙圆木处理成楔形的端部，内外墙的垒叠相互错开，也能使整体结构更加稳定。上部与入口部分由木板拼接，非常朴素，仅以木材本身纹理及拼接缝隙作为装饰。

另一种较为精细的木结构建筑外墙处理方式为：墙体木材处理成方木，互相垒叠，墙体外侧钉板材，板材之间以企口相接，同时为增强墙体保温能力，方木与板材之间加夹一层毛毡，而建筑转角处则固定垂直方向的木板，以加强对重要构造节点的保护。墙体的室内一侧钉灰条，并在表面抹灰。这类住宅的构造精细，装饰丰富而精美，保温隔热的性能也大大提升，是一面坡最主要的木结构建筑形式（图 2.41）。一面坡还有部分木刻楞建筑是在木材垒叠的墙体内外两侧均钉灰条，再做抹灰层，形成的外墙平整光滑，搭配凸出于墙体的精美木框门窗，较为别致。

图 2.41　精细化木刻楞建筑

除木结构建筑外，在各类砖石建筑上，往往附有木质门斗（图 2.42 a）、阳光房或外廊，这些部分并不独立存在，是建筑重要的空间节点与装饰元素，它们的结构类型均是木框架结构，即木质的梁柱结构体系。由于仅是局部运用，因此跨度较小，与中国传统的木构架体系相比，这种结构非常简单：竖向柱子承托横梁，横梁上为人字形屋架。由于竖向由柱子承重，墙体不承担主要的结构作用，因此可以形成轻盈的造型和通透的空间效果，一面坡住宅阳光房（图 2.42 b）即是如此。另外，带外廊的建筑中，疗养院北侧的木结构住宅前廊（图 2.42 c）面宽 3 开间，进深约为面宽的 1/3，但为取得良好的装饰效果也处理成 3 开间。疗养院景观外廊规模相对较大，正面两根柱子为一组，形成 3 个大开间，同时两柱之间又形成了 4 个小开间，进深方向形成大小不同的 5 开间，中间开间最大，两侧依次减小。由于已经没有实物，梁架的具体形式不详。一面坡伪满宪兵队用房是二层建筑，也建有两层的木结构外廊（图 2.42 d），其一层与二层的柱子不对位，一层柱子较粗，共 5 开间，二层细柱，7 开间，进深 1 开间，屋顶单坡，与建筑屋顶结合成一个整体，一端设一跑的木楼梯。一层柱有石柱础，所有柱子均有类似雀替的辅助构件。该建筑及外廊形式与俄式建筑有较大的不同，推测是伪满时期建造。

a 门斗

b 阳光房

c 单层外廊

d 双层外廊

图 2.42　木结构空间节点

一面坡建筑屋架均为木结构，类似于木屋架中的典型形式“豪式屋架”，是一种简单的桁架结构雏形。但由于各种建筑的屋架做法未成体系，形式并不固定，没有具体的标准，因此在不同规模的建筑中其做法也不尽相同，可根据实际跨度与平面形式的不同采取不同的处理方式。建筑平面不规矩时，转折处屋顶梁架的处理就比较复杂，有时甚至看起来还有些混乱。在转折点，木杆件由一个连接点呈发散式伸出，支撑多个方向。屋架木杆件所用木材均比较粗大，端部以榫卯的形式连接，再用金属构件固定，屋架内最底部厚铺木屑保温（图 2.43）。

图 2.43　木屋架形式

③ 拱形结构。

拱形结构是中东铁路沿线建筑中较为重要的结构形式，由于能够形成比较大的跨度，因此在铁路沿线主要应用于铁路桥梁、涵洞、隧道等构筑物中。在建筑中，以拱形结构为主体结构的实例不多，主要是机车库及教堂等。在一面坡建筑中，拱形结构多应用于建筑的门窗洞口等局部位置，如疗养院与铁路乘务员公寓部分窗洞，兵营食堂屋架通风口等，它们的拱形洞口的矢高大且弧度完整。其他砖石建筑的门窗洞口则多为平拱砖过梁，其拱形是矢高很小的抛物线。这些处理方式都是利用砖拱解决建筑局部（门窗、洞口的过梁）受力问题，同时也柔化了建筑中的线条，是较好的装饰元素。较为完整的拱形结构出现在铁路乘务员公寓的院落入口及华界内一栋沿街商业建筑中，两处均是连接不同空间的交通节点，拱形结构在起到形成跨度作用的同时也提示出其功能性质，增加了空间的变化（图 2.44）。一面坡最完整的拱形结构构筑物位于城镇东侧，是中东铁路与蚂蜒河相交处的铁路大桥。大桥以混凝土砌筑桥墩，承托石砌连续拱（图 2.45）。

在兵营食堂局部天棚、铁路乘务员公寓门洞及南大营地下室顶部，还发现一种波形拱板结构，做法大致为在矩形平面上以钢轨为梁搭接在承重墙上，钢轨之间以砖砌成矢高较小的平拱，各个拱经钢轨传递侧推力，形成连续的波浪式形态。这种形式不多见，是一种实验性质的探索应用。

图 2.44　一面坡建筑中的拱形结构节点

图 2.45　一面坡铁路大桥

（2）材料应用。

① 木材。

木材的易于获取、便于运输与施工、力学性能较好等优点使得其成为应用最为广泛的建筑材料。当断面达到一定的尺寸时，木材有较好的抗拉与抗压的结构性能，可以作为梁柱或屋架等结构构件的材料。一面坡是东部线的木材集散中心，有非常丰富的林木资源，为铁路铺设及建筑建造提供了极为有力的支持，同时木材也成为应用最为广泛的建筑材料，几乎在每一栋建筑中都会或多或少地使用到。

一面坡大量的木刻楞住宅都是纯以木材料建造的，木材既起到结构作用，同时又是维护材料。在主体结构由砖砌的建筑中，大部分建筑室内顶棚以断面尺寸较大的方木为梁，梁上垂直方向密铺板材，梁下不做吊顶，近似中国古建筑室内“彻上露明造”的做法。一面坡几乎所有建筑的屋架都由原木搭建，上铺檩子，檩子上再铺设椽条，其中檩子是断面较小的方木，而椽条是尺寸相对很小的板材。部分住宅入口处设有木质的阳光房或门斗，通过金属构件铆接于主体建筑上，但结构是相对独立的。阳光房以梁柱搭接成框架，大面积的木框玻璃窗为主要的围护墙体，整体上形成纤细轻盈的形象。入口门斗面积小，木柱承重，以较厚的板材封闭。根据历史照片可见，俱乐部的木质外廊以成对出现的木柱为支撑梁架，外廊三面镂空、装饰丰富、形式精美。

相比作为结构材料，木材作为维护材料的用量更大。一般有两种处理手法：一种处理方法是在砖石结构建筑室内表面做抹灰等饰面处理，并在砖墙外固定板材，板材上钉交叉排列呈菱形的窄木条，再在其上刷灰，这种做法较为复杂，在铁路北侧兵营中的部分墙体中有所运用；另一种处理方法是在砖墙外部固定横向的木龙骨，再在木龙骨上钉纵向的护壁，护壁的处理较为精细，组成护壁的木板宽度相同且表面刷漆，边缘有纵向的凹槽互相镶嵌，形成具有韵律感的纹饰，既能起到保护墙壁的维护作用，又是极佳的室内装饰元素，这种做法在车站、疗养院、铁路乘务员公寓等公共建筑中均可见到。同中东铁路沿线其他站点一样，一面坡的住宅室内也普遍使用木地板，这种地板同一般的地板相比单块板材的尺度很大，也很厚，非常的耐久、实用，有很多直到现在仍能正常使用。

木材的另一个大量应用之处是门窗、室内窗台、楼梯扶手、外廊、休闲栈道等木节点，工匠通常对它们进行较为精细的处理，在起到各自功能性作用的同时也作为重要的装饰元素。由于木材的加工相对简单、可塑性强，因此也广泛应用于室内外的装饰中。在各类建筑的檐口、外廊、阳光房及门窗等部分常出现符号化的木制装饰，或镂空，或叠加，创造出非常丰富的效果。

② 砖材。

砖材是建筑中使用的最为传统的材料之一，可以进行大量的烧制，另外，砖块单元较小，又具有模数制，非常适合标准化建造。在建设中，砖具有砌筑工艺简单、施工快速的建造特点，加之强度较大，抗压性能好，防火性能也远优于木材，因此在中东铁路建筑中用量最大，是最为常见的建筑材料。中东铁路的黏土砖种类很多，色彩和规格也不尽相同。根据技术来源划分，包括俄式砖、日式砖和满洲民窑砖等不同种类。从色彩上也分为青砖（灰砖）和红砖、灰白矿渣砖等种类。在一面坡的近代砖石建筑中，绝大部分使用的是俄式红砖。俄式红砖砖块大、质地细腻，一般仅用于俄式建筑中。华界中的建筑大都使用的是满洲民窑烧制的红砖，也有部分用青砖建造的商业和居住建筑。日式红砖建筑较少，且基本没有矿渣砖与沙砾砖的建筑实例。

一面坡建筑中除部分纯木结构的住宅及个别建筑外，其他都是砖混结构，以砖砌筑承重墙与分隔墙体。除了位于城镇北侧的兵营、疗养院以及铁路乘务员公寓等在砖墙外做抹灰处理外，其余的砖混结构建筑外墙表面只刷涂料，保留砖砌肌理。除了砌筑墙体，砖材在一面坡建筑中也较多与石材结合，用于建造建筑基础。

③ 石材。

石材是较为原始的建筑材料，具有强度大、耐久性好、防火抗冻等特性，但采集、运输与加工较为困难。中东铁路沿线山地环绕的城镇中石材资源丰富、应用较多。扎兰屯、博克图、横道河子等地均有大量的建筑墙体全部以石材或砖石混合砌筑。相比之下，在一面坡，石材的用量就相对较少，以砖石混合砌筑墙体的建筑仅发现两例，即在城镇西北侧的现存的两栋日本占领时期的石砌弹药库，两栋建筑表面均较粗糙，选用石块基本上未做处理，形态粗犷。在一面坡，石材基本都用于砌筑建筑基础，在外观上，也能见到砖混结构建筑下部的基座部分是以石材建造的。俱乐部的地上部分已经彻底毁坏，但基础部分仍有保留，从中可以见到较为方整的石块垒砌。此外，在带有地下室的建筑中也可以看到地下部分墙体是以石材为材料砌筑的。

④ 其他材料。

木、砖、石是中东铁路建筑中应用广泛、大量的主要材料，是中东铁路沿线建筑风貌的主要构成要素，给人以最直观的观赏体验。除了这三类材料外，还有其他几种作为辅助或新型实验性应用的材料常见于建筑中。

瓦材是重要的中国传统建筑材料，在中东铁路建筑中也有较多的使用。中东铁路建筑所用的瓦材多采用满洲地区原有的中国瓦材，这种瓦是将黏土和填料混合后烧制而成的，形状为各种弧度的弧形曲面瓦片。虽然在一面坡现存建筑中已经没有原有的瓦材的实物留存，但从历史照片中可以看到，原有的火车站站舍及部分俄界内住宅屋面均铺瓦，华界的建筑中瓦材屋面也居多。陶片色彩丰富，质感细腻，工艺复杂，烧制不易，在中东铁路建筑中用量不多，多用于较为重要的建筑中。一面坡北侧兵营、疗养院、铁路乘务员公寓中铺设陶片地砖，3 栋建筑中的地砖纹饰基本相同，通过不同的色彩拼接组合成丰富的效果，也烘托出了公共建筑的气质（图 2.46）。

金属、玻璃、混凝土及油漆涂料是新型的现代建筑材料。在中东铁路沿线建筑中，金属与玻璃有较多的应用。一面坡的金属多用于各种节点构件，木结构搭接的固定构件、栏杆、门窗把手与合页等，而俄界内的较多建筑都铺铁皮屋面。以金属为起结构作用的梁、柱、屋架的建筑在一面坡并不多见，且大

a 传统瓦

b 陶片地砖（1）

c 陶片地砖（2）

图 2.46　瓦及陶片

部分为局部应用。城镇南侧兵营的地下室顶部、北侧兵营食堂的部分天棚以及铁路乘务员公寓两侧门窗洞口顶部均以钢轨为梁，其间以砖砌成连续波形拱板形式。机车库由于需要大跨度的空间，因此设钢柱以及金属屋架。玻璃是建筑上必需的采光材料，多与木材结合成门窗镶嵌于建筑墙体之上。部分住宅所设的阳光房木框纤细，形成大面积的透明效果，堪称玻璃幕墙的雏形。

混凝土是一种近代出现的新兴建筑材料，在早期中东铁路建筑中用量不多，多应用于大型公共建筑的楼板、楼梯平台等局部，在当时是一种带有实验色彩的应用材料。一面坡兵营楼板由混凝土浇筑而成，推测疗养院与铁路乘务员公寓也是如此。两栋日本占领时期的军火库是以石材与混凝土结合建造的。油漆与涂料在中东铁路沿线建筑中也非常常见，木结构建筑外刷颜色鲜艳的油漆，既具有装饰作用，又可以保护木材不受腐蚀。砖结构建筑外墙多刷涂料，也能在一定程度上减轻砖材的风化。一面坡木结构建筑多刷暗红色与黄色搭配的油漆，砖结构建筑涂料是土黄色与白色结合。另外，砖石建筑中常用的胶结与抹灰材料为石灰砂浆或者混合砂浆，而一面坡砖砌建筑中砌块间的胶结材料多为石灰砂浆，兵营等公共建筑砖墙表面则有非常厚的混合砂浆的抹灰。

（3）材料组合。

一栋建筑往往由多种材料组合而成，利用各种材料的不同特性协调互补，从而形成一个舒适、坚固、美观的整体。结构上，发挥材料各自的力学性能，兼顾保温、隔热的物理属性；外观上，利用各种材料不同的色彩、质感、性格等达到装饰效果。

中东铁路以砖、石、木、玻璃、金属等为主要建筑材料，砖木、砖石、石木、金属与砖石等组合应用于各类建筑之中。在建造过程中，应结合现实要求，遵守量才为用的原则，充分发挥每种材料的性能与质感，为短时间内建造大批既能满足结构与使用要求，又有千姿百态的外部形象的各类建筑提供基础材料。

一面坡建筑中最常见的材料组合是，以石材为基础，以砖砌筑墙体，以木材为梁架，以铁皮或瓦材覆顶，金属构件制作把手、合页等细部构件。从外部形态上看，石材加工较为粗糙，砌块大，位于建筑底部成为基础层；其上以砖材砌筑墙体，墙体外不做灰层处理，由于俄式红砖质地细腻、砌块大小一致、灰缝均匀，因此表面以砖块本身的内外错动形成了装饰线脚；砖墙顶部是挑出的椽头及用木板材制作的屋檐，山墙两侧屋面出挑，部分住宅木梁挑出墙体外部，形成参差错落的装饰效果，且由于木材易于精细化加工，因此椽头或封檐板边缘等处均做曲线形处理，使得建筑形象得到柔化，外观更轻盈；最顶层的铁皮屋面极薄，而以瓦为顶的建筑则稍感沉闷。由此可见，在这一类建筑的建造中，根据材料各自特点，不仅利用其物理性能，而且也利用材料本身的质感进行搭配，自下而上，由粗糙至精细、由沉重至轻盈，是较为经典的建筑外部形象处理方式。绝大部分的住宅都设有木质的入口门斗，门斗檐部是重要的装饰节点，多做雕刻与镂空的处理，纹样是重复的几何形符号，但不同的建筑有着不同的符号组合，另外，也有曲线形的花形镂空形式，整体依附砖墙而建，突出墙体，而清水砖墙则成为其背景，形成材质的肌理对比，效果较好。同时，砖石材料偏冷，木材则给人温和的感觉，搭配使用使得建筑表情柔和，更加符合居住建筑的性格。

一面坡住宅建筑，也较多地运用材料塑造了丰富的空间体验。带有阳光房的住宅中，阳光房建造在入口处，实际上也起到了门厅的作用。阳光房利用木材自重小且抗压能力强的特点，以梁柱为骨架，细木框镶嵌玻璃，在三个方向形成大面积的通透墙体，围合成明亮通透的室内空间。在冬季，阳光房能起到避风御寒，减少入口处的热量损失，同时将阳光引入建筑，蓄积热量的作用；在夏季，则可以作为休憩赏景的娱乐性厅室。外观上，阳光房轻薄透明、装饰丰富，同砖石砌筑的主体建筑形成强烈的反差，使得建筑表情一下子生动起来。使用者由外至内的体验过程为：先接触木门上的金属把手（金属材质生硬、冰冷），进入阳光房内（木材温软、玻璃清凉），给人温暖明亮的感受，再进入室内，空间相对封闭，厚厚的砖墙给人稳定安全的心理暗示，同时由于建筑开窗相对较小，光线节制，因此也给人带来昏暗压抑的感觉。此外，一系列的材质变化也形成了截然不同的空间感受，为使用者带来了丰富的体验（图 2.47）。

在其他地区，如扎兰屯、横道河子、博克图等地，多有以砖石混合砌筑主要墙体的做法，且多以石

图 2.47　阳光房材料运用

材为主，但转角、窗口等处多用砖材砌成，砖石之间互相咬合，拼砌成富有趣味且极有特点的建筑立面表情，两种材质的质感对比也非常生动，也有将两种材质主从对调的做法。从总体上看，一面坡建筑基础之上的墙体的砌筑材料均使用单一材料木材、砖材或石材，而石材砌筑的墙体极少，推测其没出现其他地区的砖石混合墙体的原因是在一面坡砖材与木材比石材更易获得，为节省时间与资源，便就地取材，虽然减弱了建筑表情的丰富性，但建筑面貌统一，城镇建筑景观整体性更强。

2.3 一面坡建筑艺术与文化表征

中东铁路建造于工业革命成果显著、现代主义方兴未艾的19世纪末期，在这个新旧交替的时代节点上，百花齐放的艺术形式、百家争鸣的理论思想在新的技术体系支撑之下强有力地冲击着原有的建筑世界，呈现出五彩斑斓的新景象。

当时的中国，还处于传统的农耕文化中，勉力维持着相对蒙昧落后的封建社会状态，是西方工业文明成果输出的对象。作为文化边缘区，东北地区同中原等核心区相比生产力及技术水平更加原始而落后。在文化上，东北地区既受到中原核心文化的影响，也有具有自身特点的原生文化。中东铁路的修建，带来了新的技术、新的思想、新的生活模式、新的社会形态等，在这片土地上引起了天翻地覆的变革。俄国及日本工程师、建筑师将新技术方法与设计思想的探索与实践带到铁路的建设中。与此同时，东方与西方、农业与工业、本土与外来、传统与潮流等多种不同的文化形式在此不断地碰撞、互动、交流、融合，形成了多姿多彩的建筑图景。

可见，中东铁路是一条“文化线路”，线路本身及其附属地建筑是在特定时期、特定地点、特定历史背景下、特定社会环境中，艺术观念的外在表征以及文化信息的物质载体。由于在丰富多样的建筑形态的形成过程中，文化是内在的动力，技术方法是操作手段，因此对一面坡历史建筑的分析，要从建筑形态入手，找到其背后的构思理念与设计手法，理解其文化的发展特征。

2.3.1 建筑形态构成

在一定历史时期内，建筑形象受技术、文化、社会、经济等多种因素的综合影响与制约，呈现出不同的风格特征，使用不同的装饰语言，能够体现出当时社会的审美趣味。同中东铁路沿线其他城镇相比，一面坡建筑风格更为多样化，且装饰语言更加丰富，建筑形象更具多样性。

（1）风格特征。

中东铁路沿线建筑风格非常丰富，有对西方古典建筑风格的沿袭，也有俄罗斯民族传统建筑形式的再现，同时，作为一种新的创作理念，新艺术运动风格也有所体现。伪满洲国时期，日本人还进行了许多现代主义建筑实践。但一面坡伪满洲国时期的建设活动不多，并没有现代主义特点的建筑实例，但古典主义风格、新艺术运动风格、俄罗斯传统建筑风格以及铁路建筑特有的风格的建筑均有体现。

① 具有古典主义风格特征的建筑形式。

在俄国，18 世纪后半叶，古典主义成为主流建筑风格，以形式的严格和简洁，平面的合理安排，古代经典的组合方式为原则，创造了大批简洁壮丽，颇富力量感的建筑。19 世纪初，古典主义在俄国达到了其发展的最高潮。19 世纪末，古典主义伴随着俄罗斯民族风格的探索而走向衰落，建筑创作转向对古俄罗斯建筑形式的模仿与抄袭，拒绝一切“非俄罗斯的东西”，对古典主义持否定的态度。这种短暂的倒退到 20 世纪初就已经减弱，古典主义得到复兴，新古典主义盛行起来。俄国古典主义、复古风格及新古典主义建筑主要流行于莫斯科及圣彼得堡等中心城市，是主流文化的集中体现。由于中东铁路修建时期正值俄国本国的古典主义复兴时期，因此在附属地的建设中，尤其是较为重要的城市中均建有大量的带有古典主义风格特点的建筑。干线上以哈尔滨为典型代表，绥芬河、满洲里仅部分公共建筑是此种风格。

一面坡具有俄罗斯古典主义风格特征的建筑是护路军兵营、疗养院及铁路乘务员公寓。建筑的平面与立面均是严谨的中轴对称形式，立面尺度得当、比例和谐端庄，均运用了“横三纵五”的经典立面构图形式，以中心部分统筹全局，主次分明，逻辑清晰。立面上大量应用柱式、山花、拱心石、托檐石、墙身线脚等古典建筑元素（图 2.48、图 2.49、图 2.50）。

这 3 栋建筑都建造于 20 世纪初，不是纯粹的古典主义建筑，各种元素的运用并不僵化，甚至发生变形，是带有古典主义特点的混合风格建筑。3 栋建筑根据各自的功能性质，有着不同的形象处理，体现的是俄国城市中心区的建筑特征。

② 带有新艺术运动风格特点的建筑形式。

20 世纪初，新艺术运动在俄罗斯也较为繁荣，是对抗新古典主义出现的现代主义的早期探索，也是当时艺术与建筑领域非常前卫的风格流派。这种风格的特征为图案性、装饰性，追求错落变化。为了装饰建筑立面，利用了植物母题、蓬乱头发的女人头、阳台上的胡思乱想的拧成螺旋形的栏杆、房檐和窗格的稀奇古怪的弯弯扭扭的曲线等。这种艺术形式伴随着中东铁路的建设传播至中国东北地区，成为当地最具特色与标识性的建筑风格之一。

一面坡最明显的新艺术运动元素见于兵营西北部的一栋小住宅，该住宅平面规整、近似正方形，墙面抹灰的做法是一面坡小型砖砌住宅中的唯一的实例。建筑 4 个转角处做突起的线脚，形成方柱的视觉效果，在方柱上半部分有新艺术运动的典型符号及短直线线脚装饰。建筑墙面素平，除门窗洞口处外基本不做装饰，形象极简洁。其他带有新艺术运动特征的装饰元素出现于：兵营，其南立面部分窗口上有人头装饰；变电站，门窗线脚花饰形式较为独特，推测也是受到这种新风格的启发；华界中个别建筑也受到了影响；大量的木质装饰构件上也有能够体现新艺术运动风格特点的母题与元素。

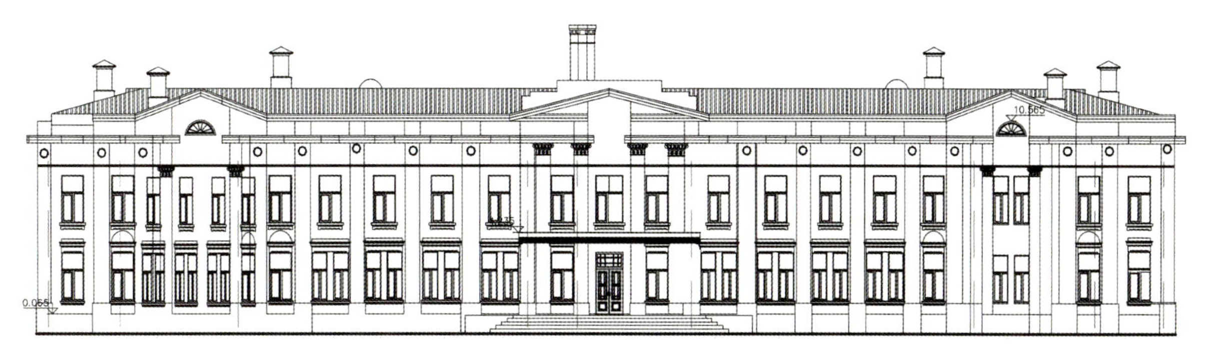

图 2.48　铁路乘务员公寓立面

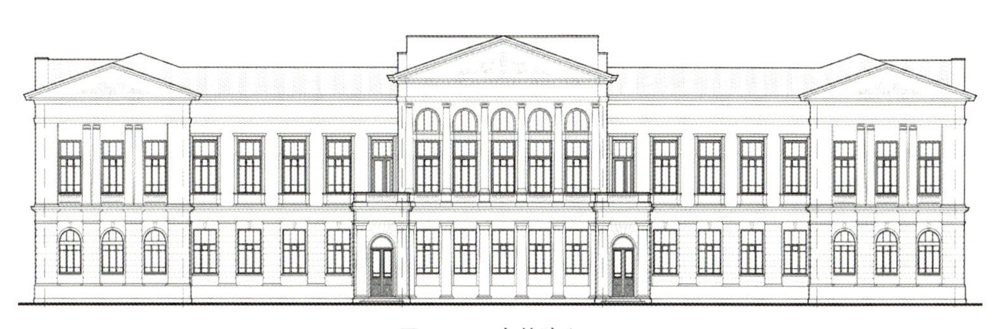

图 2.49　疗养院立面

图 2.50　一面坡建筑中的古典元素

③ 俄罗斯传统建筑形式。

俄罗斯木材资源丰富，早期居民伐木取材，以原木或经过加工的方木垒叠而成的木刻楞建筑是其民族传统文化中最为悠久的建筑形式。砖石建筑进入俄国前，木结构的住宅与教堂建筑已经有比较成熟稳定的做法与形式语言。由于木材本身的材料特点可以使建筑的形象质朴、醇和，因此能使其很好地融入到自然环境中，就像和北方森林中数世纪之久的粗壮的树木一起生长出来的一样。至 20 世纪初，在俄国，木结构建筑多存在于乡村地区，并不在主流建筑群体中。但在中东铁路附属地中，木结构住宅被大量建造，是中东铁路沿线建筑的重要组成部分。

一面坡木结构建筑主要是住宅与教堂。木结构住宅的形式分成三种：第一种是数量最多的标准化铁路员工住宅，这类住宅多为合居式，墙面装饰集中于入口及窗口，并不烦琐，整体上来看，亲切、朴实，有浓郁的生活氛围；第二种是独户的外廊式住宅，该类住宅外廊雕饰精美、形象独特，带有怡然轻松的田园别墅风味；第三种是最为原始的木刻楞建筑，装饰极少，采用暴露结构节点做法，形象粗犷，体现的是俄国乡村建筑的形象特征。同形体参差错落的住宅相比，教堂的形体组合更为复杂，装饰也最为考究，最能代表俄罗斯木结构建筑的艺术成就。这些民族特色浓郁的木结构建筑体现出的是俄国乡村的景观特点（图 2.51）。

图 2.51　一面坡俄式传统木结构建筑形式

④ 铁路建筑形式。

中东铁路沿线最多的砖石建筑并不属于俄国流行的某种风格流派，这些站舍、住宅、工房、水塔、机车库等建筑的形体完整、立面简洁，表面靠砖石砌块本身的排列、错动与拼贴取得装饰效果，似繁实简、大巧若拙。砖石主体同各种木构节点搭配，形成整体上统一、个体上丰富的艺术效果。这种建筑可以说是一种因铁路建设与运营衍生出的特定风格，设计方法与建造流程中有少许工业化的气息。

这类建筑也是一面坡历史建筑的主要组成元素，包括各类住宅、办公用房、仓库、机车库、俱乐部、南大营、沙俄领事馆等（图 2.52）。同其他城镇相比，一面坡的这类建筑类型更为齐全，装饰样式更为丰富，

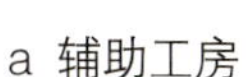
a 辅助工房　　b 管理用房　　c 住宅

图 2.52　一面坡铁路建筑形式

虽然标准化特征明显，但是也有许多个性化的表现。

⑤ 华界中西融合样式。

中东铁路沿线城镇中，除哈尔滨道外区以外，仅一面坡铁路西南侧的华界内就形成了具有一定规模的中西交融风格的建筑群，这些形象处理较为用心的建筑多为工商业建筑。同哈尔滨道外区建筑略有不同，一面坡华界内建筑并未形成院落式布局，建筑受中国传统文化的影响不强，仅体现在墙面的装饰纹样上。最大的特征是对外来建筑各种装饰符号，如女儿墙、山花、门窗贴脸、转角隅石等的借用。在对这些元素的吸收过程中，本土工匠增加了自己的理解与创作，各种装饰语言信手拈来，不拘泥于原有的规矩，甚至只将其当成一种形式参考，形成的建筑形象反而比俄式建筑更为活跃自如（图 2.53）。

一面坡各类建筑有着不同的立面形态，不同风格的建筑在比例尺度、色彩质感、光影效果、虚实对比、节奏韵律等形式特征上各有特点。带有古典主义风格的建筑立面形象推敲得精细严谨，大气优雅；各类住宅及管理用房则运用材料本身的肌理质感创造出质朴的外部形态。

疗养院建筑气质华丽、轻松，主入口处有 6 组壁柱，分为两层，下层为多立克柱式，柱子比例粗壮；

图 2.53　一面坡华界中西结合建筑形式

上层为爱奥尼柱式，柱子变细、变高，辅以窗下或阳台上宝瓶式栏杆，将中心入口处烘托得气氛热烈而亲切优雅。端部一层不设柱式，二层有两组爱奥尼双柱，但该处的壁柱仅作为平面图案式的墙面装饰，柱身扁平，不是圆柱体，作用类似于浮雕。墙身在檐口下及两层之间处有连续的横向线脚，强调水平分层，一层墙面有装饰性的凹槽线脚，中间及两端的顶部均有三角形山花，山花内有浮雕装饰。护路军兵营建筑气质肃穆、凝重，由于尺度较大，立面装饰密度相对较低，墙面较为素净，整体上可以算作是“横三纵五”的构图形式，但比例与形式并不标准。中央入口处是装饰中心，入口处一层无柱式，二层设有阳台，栏杆为宝瓶式，壁柱为爱奥尼式，两侧是半个柱式同墙体转角结合，同中间两个完整的柱式将此处分成 3 个开间，山花形式已经变异。两翼部分不设山花，且所占比例很大。墙面有浮雕作为装饰，但尺度小且雕饰不突出。同疗养院两端起装饰性作用的爱奥尼柱式相似，兵营两翼墙面也有通高的类似柱式的贴饰，但突出墙面更少，柱头部分也与墙面线脚混为一体，仅形成一种柱式的暗示，墙面的横向线脚不连续。铁路乘务员公寓建筑气质端庄优雅，基座部分比例较大，分段明显。北立面中央部分为 4 个多立克巨柱式壁柱，柱头有莲花瓣及浮雕装饰，两端是同中央部分相同的 2 个壁柱。三部分均是巨柱式与断山花相结合，选取的是古罗马的建筑符号。三角形山花内以半圆形窗及俄文字母浮雕为装饰。除带有柱式的三部分外，其他部分墙面也有模仿其巨柱式壁柱的墙面贴饰，墙面素平、无凹槽线脚，使得中心与两侧部分更为突出，主次分层清晰。南立面不是古典主义的构图形式，中心部分为突出主体的圆柱形楼梯间，两侧墙体带有山花，但没有柱式，尽端部分墙面做假窗，整体上比北立面朴素。

由于这 3 栋建筑立面较长、尺度较大，因此要分段处理，它们结合山花、女儿墙，形成了转折变化的天际线效果，避免了僵直的建筑轮廓线。墙体表面光洁，疗养院黄色墙面为底，白色的柱式及各部分线脚为图，色彩的搭配非常活泼、跳脱，且不失雅致。兵营与铁路乘务员公寓以白色为主，分色较少，画面稍显单调，墙面装饰元素也不如疗养院般突出，但各建筑立面的层次非常丰富，墙体的前后错动、形体的转折及凸出墙面的柱式、线脚、花式形成了极为有趣的阴影效果，尤其是铁路乘务员公寓的巨柱式，在光线之下显得雕塑感十足。墙面上的开窗及装饰均连续重复出现，柱式成组、成对地运用，塑造出和谐的韵律。同时利用变异，如在以矩形窗为主的墙面上插入拱形窗、变形的柱式等来打破画面，控制节奏。

一面坡其他近代俄式砖石建筑，除带有新艺术运动装饰的小住宅外，表面均是不做抹灰处理的清水砖墙。墙面保持砖材本身的质感及其砌筑肌理，表面刷涂料：墙体刷黄色，线脚、贴脸及转角隅石刷白色。入口门斗、阳光房以及门窗的木框部分以暗红色为主，搭配黄色。结合砖墙面看，黄色形成面，而暗红色强调线。屋顶根据现有的情况推测其原也为暗红色。整体上看，偏暖的色调富有浓浓的生活气息。颜色的搭配简洁、淡雅，绿意掩映之间黄白相间的墙体，白雪茫茫中的红瓦明窗，无不烘托出了山水小镇的田园情调。此类建筑绝大部分均为一层，尺度亲人，立面由屋顶、墙面及基础三部分组成，其中基础存在两种形式，一种为石材砌筑并保留石材的肌理，另一种是抹灰贴饰面，主要起到装饰与防止腐蚀的作用。由于本身所占比例较小，且年代久远，建筑发生沉降，因此很多建筑的基础部分很难体现在立面上了。屋顶约占整个建筑立面的1/3，对塑造形体有较为重要的意义。一面坡屋顶形式较多，普通两坡顶、由于复合型体而形成的多面的屋顶及四坡屋顶的变形等，同风火山墙、女儿墙等结合，塑造了极为丰富的建筑轮廓形态，也创造了纷繁的建筑侧立面形象（图2.54）。

图 2.54　多样的屋顶形式

墙面是整个立面的观赏中心，是建筑形象的直接体现。由于大部分建筑的形体为单纯的矩形，立面上鲜有转折，因此墙面的造型要素集中于入口、门窗、檐口及转角。门窗的倒U形贴脸、转角隅石及山墙落影都是依靠单块砖出挑形成的，仅突出墙面几厘米，是最重要的、最有识别性的墙面装饰元素。带有阳光房的住宅中，纤细通透的阳光房与大面积的实墙面形成了强烈的虚实对比。在阳光的照耀下，微微凸起的砖饰、出挑的檐口与梁头以及凸出于墙体的门斗与阳光房形成了不同层次的阴影关系，使得建筑的立面生动活泼。

一面坡木结构住宅体量与砖石住宅基本相同，屋顶、墙身与基座的组合方式也一致，但色彩上，墙面刷暗红色油漆，而线状的装饰与维护元素均刷成黄色，同砖石建筑的颜色搭配发生了反转，以便使不同材质的建筑得以区分。墙面的肌理由木板嵌接时形成的横向、纵向及斜向的接缝构成，层层叠叠的木板在立面上形成不同的层次，产生轻微的阴影。部分木结构住宅的形体变化丰富，多个入口处均设门斗，形成大面积的阴影，体量感较强。

华界建筑，由于平面自由，因此立面的处理也较为轻松随意。建筑造型的设计整体性不强，往往只有沿街立面有较精心的处理。一层的建筑高度普遍较矮，沿街面长，多栋建筑相接，连接处以风火山墙相分隔，形成了整体上连续、个体细节有差异的街道景观效果。两层的建筑女儿墙顶部砌筑有传统意味的装饰形体，上面饰有镂空的花纹与凸起的线脚，轮廓线形态趣味性十足。大部分的一、二层建筑均有隅石、门窗贴脸及横向线脚，但檐部大多为以砖砌出挑的线脚，屋顶出檐很小。建筑表面肌理以清水砖墙为主，色彩上多保持红砖或青砖的原色。在位于街道转角的一栋原为饭店的建筑中，立面运用了砖与混凝土饰面相结合的处理方式，是当时一面坡的一种新的也是唯一的尝试，入口处也以变形的柱式为装饰，建筑极富个性。华界建筑中，风火山墙及女儿墙以及原色砖墙是主要的立面构成元素。

（2）装饰语言。

在立面装饰上，中东铁路沿线建筑根据材料的分类，在砖、石、木等材料上有着不同的表现方法。根据位置的不同，在檐口、门窗、屋顶、烟囱等部分的形式上也有比较成熟的处理方式。在结合材料特性，满足功能要求的前提下，建筑装饰语言有着符号化与多样化的特征。整体上看，各类装饰符号的形状轮廓、组合方式及制作方法都具有一致性，形成了一套完整的语言体系。通过使用统一的语言词汇，干线上的建筑景观凝聚成一个具有自身的独特属性的整体。而在不同的城镇中，装饰图样的尺度、比例、构图及具体的形式，又有各自本土化的表现，形成了各自地区的建筑“方言”。

一面坡历史建筑的装饰在大的语言环境中，符合沿线建筑的一切特点，如装饰符号在同类建筑中的重复使用，以砖的尺寸为模数的砖饰图样等。但同其他城镇相比，一面坡历史建筑的装饰语言个性更为鲜明，具有多样化、个性化、精细化的特点。

首先，一面坡不仅有一般的砖、木建筑装饰，还有带有古典主义及新艺术运动风格特征的装饰符号，以及经过本土工匠的理解与创造，同本土文化结合的独特装饰“方言”。其次，除去部分标准化建造的住宅具有完全相同的形象外，大部分的住宅与公共建筑的装饰图案形象各异、较有个性。最后，无论在哪种建筑上，各部分的装饰层次多而细腻，即使是普通住宅的砖砌线脚也经过了精心的设计。

虽然一面坡疗养院、兵营及铁路乘务员公寓的建筑等级较高，但在立面上也出现了装饰元素符号化的倾向。许多装饰元素作为一种通用的符号出现在建筑中，如在檐下与窗口上部的托檐石、窗口下部的宝瓶装饰、窗口顶部模仿山花形式的贴饰以及环状或飘带状的稻穗浮雕等，几乎是完全拷贝，反复使用。

在其他砖石建筑的墙面处理上，俄式建筑均在转角处设有隅石，这也是沿线建筑的一个重要相同点，但在部分一面坡住宅中，隅石这一元素从转角移到了墙面，成为纵向均匀排列的矩形装饰符号，或单独运用，或同檐下的倒V形落影花饰组合使用，增添了墙面装饰的丰富性。在一些建筑中，为标示主入口或强调立面中心，屋顶做成横纵交接的组合形式，于是在立面上会形成折线形的屋檐轮廓，同山墙面檐下的墙面一样，均以倒V形的落影花饰作为统一的装饰语言，但具体的形式及细部的处理上却各有特点、较少重复。这些花饰的比例推敲得当、形式把握精准，形成的图案往往轻盈纤细，减弱了砖材料的厚重感。

砖墙面上另一种重要的装饰元素是门窗的贴脸。在一面坡的建筑中有全包围与半包围两种围合形式，也有门窗不做凸出墙体的贴脸，仅用平拱砖过梁本身的立砖肌理作为装饰。全包围的贴脸形式不多，但其形式设计较为考究，突出墙面的高度分成了三个层次，窗口形成的弧度也比其他建筑大。一面坡建筑存在最多的是半包围式的贴脸形式，在带有这种贴脸的建筑中，几乎每栋建筑的贴脸形式都不重复，样式极多。三种门窗的装饰中都分有拱心石与无拱心石两种样式，拱心石的剖面也有矩形与锐角三角形两种。同贴脸一样，窗台下的线脚利用砖块本身的出挑，形成各种图样，同上部的贴脸进行有机组合，形成千差万别的装饰效果。上述提到的墙面装饰基本都以加法的方式表现在墙面上，这也是中东铁路沿线此类建筑的普遍做法，但一面坡还有个别建筑在墙面上运用了减法的装饰手段，装饰的符号凹入墙面，同加法装饰相结合，形成了丰富的阴影关系（表 2.3）。

表 2.3　多种多样的砖墙面装饰语言

华界内的建筑墙面装饰也借用俄式建筑的装饰语言：转角及墙面上的隅石、门窗的贴脸等，但在应用中发生了变形，增强了趣味性。由于华界的建筑屋檐出挑较小，因此在檐口处的砖墙上砌筑成托檐的线脚，也是运用砖块的错动、转折、垒叠、出挑形成丰富多样、韵律感十足的装饰元素，成为该处建筑的一个典型特征。二层或多层建筑的分层处也以相同的方式砌筑横向贯穿整个立面的线脚（表 2.4）。

华界建筑中最具个性化的装饰元素是女儿墙与风火山墙。风火山墙的形式较为固定，倒 V 形的轮廓上装饰以高高突起的烟囱状柱体，顶端有层叠的线脚，形成了参差错落的视觉效果。女儿墙则没有固定的处理形式，是表现建筑个性的重要装饰节点，带有中国传统意味装饰元素。

一面坡建筑立面上的木材料装饰语言根据其所起作用不同可以分成三类：第一类是各种木构件，如檐口、梁头、檩头、封檐板等；第二类是木结构的空间节点，如阳光房、门斗及外廊，是各种装饰语言的集中之处；第三类是木结构建筑的墙体本身。

表 2.4　华界的建筑装饰语言

各类俄式建筑的檐口处都会做适当的装饰（图 2.55）。砖石建筑的装饰相对简洁，靠处理成曲线的出挑檩头进行重复排列，形成具有韵律及纵深感的装饰效果。木结构建筑的檐口则处理得相当精细，封檐板边缘通常是以半圆形或三角形为基本符号单位的波浪形或锯齿形，辅以圆形或各种图

图 2.55　檐口装饰图案

案的镂空雕饰，装饰效果极好。这种方式同样也用于木结构墙体的装饰。一些砖石结构的建筑山墙部分有原木梁头挑出作为装饰，虽然梁头本身并不做雕饰处理，但增加了墙面的构成元素，丰富了光影效果。

阳光房、门斗及外廊往往是一栋建筑中最华丽的部分（图 2.56）。阳光房多用细木条组合成几何图案，与其本身轻盈通透的性格相搭配，其部分装饰图形有中国传统特点。门斗多为两坡顶，结合屋顶轮廓，将其顶部处理成类似古典建筑山花的三角形装饰，该部分出挑，垂下 3 根短木柱（类似垂花门中的垂莲柱），雕刻出丰富的线脚与装饰纹样。虽然无论砖结构还是木结构建筑上，门斗的形式基本都是相同的，但三角形部分的装饰却有不同的处理方式：有以镂空部分为装饰图案的；也有将图底关系反转，将木板雕刻成装饰图案的；有以细木条拼接成几何图形作为装饰的；还有素平不做雕刻，或以板材相接形成的斜线为装饰的。另外，较为华丽的木外廊的三面的中心部位都设计成拱形，是对拱券结构的模仿，其各部分上的镂空雕饰图案相比其他建筑的更为复杂。而门斗上的装饰短柱及其他标准化装饰符号在一些建筑中也有所体现。

木结构建筑的墙体上，木板的横纵垒叠本身就形成了丰富的层次，即纵、横、倾斜的多种纹理。窗口上也做贴脸装饰，木窗的贴脸有类似檐口的做法，也有模仿砖构建筑门窗贴脸的形式。以上各部分的

a 门斗（1）

b 门斗（2）

c 阳光房

d 外廊

图 2.56　门斗、阳光房及外廊

木柱、木条的转折处都做相同的抹斜装饰处理，使得建筑的细部十分精美。

在一定的观赏距离下，屋顶及其上部的烟囱、气窗也是重要的装饰语言。一面坡俄式建筑的屋顶在各个立面均有出挑，且形态多种多样，并不千篇一律。烟囱则有着较为成型的做法，多为细长矩形，线脚层次丰富，顶部立砖搭接形成折线形轮廓，既形成了优美的形式，又可以防止雨雪落入。气窗多为木制，平面正方形，攒尖顶，有百叶式的表现肌理，较为挺拔秀美，多用于较大型的建筑上。

另外，金属材质的门把手也有处理得较为精致的，成为立面上增加近距离观赏效果的细部装饰元素。华界中的二层建筑设有的金属落水管有非常繁复的雕饰，也为建筑的形象增添了色彩。

2.3.2 建筑手法及理念

中东铁路及其沿线的建筑建设对于近代东北地区来说是全新的建筑体系、技术思想、设计理念及建造逻辑引入的。虽然当时的许多建造活动还处于探索阶段，人们对于新方法与思想的理解和运用并不成熟，但它们在东北地区历史建筑发展中革命性的进步意义是毋庸置疑的。一面坡历史建筑设计中体现出的环境观念、风貌塑造手法及设计理念，即使在今天的建设中也是较为先进且具有借鉴意义的。

（1）成熟和谐的环境观念。

无论从整体还是局部上，一面坡的建筑都与自然环境有着积极的互动并与之和谐共存。在城镇选址及初步建设中，设计者充分考虑了对地形地貌条件的利用，因地制宜地选择适合建设的地段，减轻建设中的施工与技术压力的同时，充分利用自然景观。在操作上，让设计顺依地势展开，让建筑从环境中生长出来，调动建筑的群体空间布局以取得与地貌的对话，形成依山、傍水、丛林掩映的优美的聚落景观。在规划阶段，将建筑密度控制在一个较低的水平，为自然元素的介入留有空间，弱化建筑的存在感，这是保证城镇环境质量的前提条件之一。与此形成鲜明对比的是华界的建设，由于没有先期规划，且人口稠密，因此建筑密度较大，居民的生活环境质量远远不如俄界。

在建设中，具体利用自然环境的做法有：依山而建寺庙道观、沿河铺展游览步道、结合原有绿化设计休闲公园、利用蚂蜒河作为天然浴场、沿河修建重要建筑以吸纳滨水景观等，这些处理同其他中东铁路沿线城镇相比更加精细、丰富，主要是一面坡作为疗养休闲的城镇功能的推动。

形象同自然环境充分地呼应与协调是一面坡历史建筑的一大特征。在控制建筑的体量上，总体上看，一面坡历史建筑的体量普遍较小，在环境中表达出谦逊的姿态。几栋大体量的公共建筑布置在城镇中心部位，形成城镇的建筑布局结构，强调了城镇中的人工意向，但也通过转折与错落的形体、精细多样的立面装饰及以大量的高大树木为绿化景观来消解巨大、压抑的建筑体量。其他建筑基本上均为一层的坡屋顶式建筑，很容易便消隐于环境之中。

由于天然的环境优势，因此一面坡绿化极为丰富，这不仅体现在城镇外围森林或近郊风景中，也体现在城镇内部及建筑四周。住宅建筑周围往往拥有不同层次的绿化作为装饰：高的乔木、中间的灌木及低处的花草，建筑同植物之间互为图底。在一面坡取景的电影《三等国民》，反映的是伪满洲国时期此地的社会与人文环境。从其中的一些描写时人生活状态的镜头中可以发现，居住建筑周围的绿化非常丰富：或在院落中点缀精心培育的植栽，或以灌木为树墙围合院落（图 2.57）。

在建筑色彩上，建筑与环境的互动主要是将环境色作为底，砖结构建筑的黄色与木结构建筑的暗红色作为图，随着季节的变换，或对比，或调和，产生不同的效果。春、夏季，绿色的树木衬托着建筑，对比分明，色彩艳丽；冬季以白雪为天然画布，建筑成为画布中最主要的城镇景观，黄色、红色醒目，白色的线脚同白雪相呼应；秋季草木枯黄，环境同建筑之间的色彩关系变为以调和为主，对比度降低，灰度增加，画面和谐。

一面坡建筑体现出一种亲切质朴、和谐圆融的自然气质，这种气质的形成很大程度上依赖材料的合理运用。由于工期紧张，为节省时间，因此就地取材是建设中的一项重要原则，这恰好使得建筑的建造充分地使用砖、瓦等本土材料以及石材、木材等自然材料，形成的建筑形象具有同自然环境充分地呼应与融合的特征。材料与环境的高度融合也使得建筑仿佛具有从所在地的环境中生长出来的本土气质。

在设计理念与建造手段上，一面坡历史建筑运用设计手段达到与自然环境的适应，追求在建筑生命周期内最少的人为干预，以达到建筑同自然的长久共存。在布局上，住宅建筑坐北朝南的朝向选择既满足了采光要求，又可在冬季吸收阳光和热量，减少人工采暖成本。在单体建筑的设计上，建筑的平面往往是简单完整的矩形，外墙面积应减至最小，窗墙比例也应降低以减少节点交接处的热量损失。这些手段大大减少了冬季建筑墙面的热量流失，增强了墙体的保温效果。此外，用木制门斗遮挡风雪、减弱入口处的冷风侵袭，适当加厚墙体也可以使建筑达到冬暖夏凉的效果。

图 2.57　建筑与环境融合

在防潮通风的处理上，一方面各类建筑均在屋顶厚铺锯末，既隔潮又保温，另一方面大体量建筑在墙体中设砖砌通风管道。这些理念与方法，很多都在现代地域主义建筑观念中有所体现。

可见，一面坡的历史建筑，从技术到建造过程，由使用方式至建筑形象，都体现出了成熟和谐的环境观念。

（2）灵活统一的风貌塑造手法。

一面坡的历史建筑群落体现出一种具有高度统一性的城镇风貌，这种风格上的整体性形成得益于中东铁路高效快速的建设要求下标准化、集约化的设计与施工特点。虽然最终的效果并不是有意为之的，但仍能从中总结出一些在塑造整体风貌上行之有效的设计手段。

在一面坡的俄式建筑中，无论是住宅还是公共建筑，除个别单体外，均以黄色与暗红色为主要颜色，砖石建筑还点缀以白色。这种色彩的整体控制操作最为简单，效果也最直接，容易将建筑的形象统一起来。同色彩处理相呼应的是建筑的材料的统一性，一面坡的建筑主体用材主要有两种，即木材与砖材。木结构建筑保留木材原有纹理及拼接缝隙，立面质感相同。以砖为主体的建筑，除个别几栋建筑外，均为清水砖墙面，立面肌理一致。建筑的体量十分相近，形态上重复应用相同的构图手法、相似的形体组合关系及构图元素。例如，主体建筑同阳光房、门斗的组合，比例关系及轮廓搭配都非常相似，但在方向及具体的形式上的处理则比较灵活，避免了千篇一律。最后，部分以标准化手段设计与建造的住宅具有完全相同的建筑形象，强化了建筑的统一性。

在立面装饰的设计上，各类建筑均运用一致的语言与重复的符号，如疗养院、兵营及铁路乘务员公寓建筑外部形态上的通用古典元素，相近的立面划分原则及重复使用的浮雕样式，内部空间中楼梯扶手、木质墙体护壁、走廊地砖等均采用几乎完全相同的材料与形式以及与其他砖砌建筑墙面上形式类似的各种花饰与线脚等。建筑山墙面的落影装饰的轮廓与形式基本相同，但细节上的处理各有特点，衍生出了阶梯式、垂带式、花样式等极多的样式，在赋予建筑一致性的形象的同时，也满足了个性化的表达。

不同材料的建筑之间也有形式上的呼应。在一面坡，砖与木材料表现了两大主要形式类型，虽然在色彩和肌理上有较大的分歧，但通过组合与形式语言的共用，较好地综合了这种差异。例如，在城镇东北侧的一组住宅中，几栋4户合居的砖结构住宅同其附近的木结构住宅在平面形式、体量组合、屋顶式样、立面比例、开窗数量、窗口形式，甚至贴脸样式等细部处理上都有着通用的形式，看上去更像是同一建筑方案用不同材料的表达（图 2.58）。

砖结构建筑多设有木制门斗与阳光房，而砖结构建筑同木结构建筑的入口门斗形式基本相同，仅在细节上略有差异。同时，材料之间在细节处理上也互相模仿，如在木结构住宅柱身与门斗装饰短柱端部出现的流苏式的雕刻装饰，也出现在砖墙的装饰线脚中。各类小体量的砖、木结构建筑，同几栋公共建筑间也有类似的装饰。例如，木质门斗顶部的三角形构图，也是模仿疗养院与铁路乘务员公寓的古典式山花，甚至在木板材上雕刻的花饰也同山花上的浮雕所起的作用如出一辙。这些做法都模糊了砖、木两种结构及不同功能建筑之间的形象界限，增强了建筑的整体性（图 2.59）。

a 砖材的表达

b 木材的表达

图 2.58　相同形式用不同材料表达

a 砖住宅与公共建筑

b 砖住宅与木住宅

c 不同公共建筑

图 2.59　不同建筑间形式相近的装饰元素

这些处理方式都使得建筑在宏观上有着相似的气质，形成的城镇建筑风貌既完整又丰富。另外，从单体建筑本身来看，也有统一的装饰做法，如俱乐部、兵营立面上的浮雕与柱式同时也作为室内的装饰元素；外部的装饰符号也用于室内木门之上等，将建筑整体性思维贯彻得非常彻底。

（3）理性与感性结合的设计理念。

中东铁路及其沿线建筑的建造，以保证铁路按时运行为首要目的，在较短的时间内，先解决了有无的问题，再考虑美观与否。因此，无论是在城镇规划、建筑设计上，还是在建造手段上，都以最直接、简洁的方式结合实际环境进行操作。这就使得沿线的建筑，尤其是早期的站舍与职工住宅及规模较小站点的各类建筑，都体现出很强的实用理念，这得益于建筑师及工程师的理性控制。

然而，即便是在早期的工程建设中，由于各地自然条件的差异以及设计与建设者的个人趣味的不同，因此建筑的形象创造上有着一定的感性理念，使得各个站点的建筑体现出不同的面貌。在完成基础的建设，满足基本的使用要求后，建筑上感性、浪漫的个性化的表达就更丰富了。

一面坡既是中东铁路线路上担负着客货运职能的重要站点，同时也是兼具疗养休闲功能的区域商业中心，因此，城镇建筑上体现出了明显的理性与感性的结合、现实同浪漫的交织的特点。在整体布局上，道路结构、景观系统及建筑布置并未做复杂的规划设计，且建筑的外部空间组合极其简单，是在控制密度的前提下均匀整齐地排列而成的，而以公共设施为中心的布置则体现着功能上的合理性。而结合各类自然景观所做的空间及建筑本体上的处理，又带有一定的浪漫色彩，如建筑周围高密度的绿化，俱乐部沿河立面上的大尺度外廊，公园内的一系列自由随意的景观处理，等等。

在材料的选择与使用上，采取就地取材的原则，因材致用的理念，根据材料的特性合理地进行运用，如砖石建筑入口处的门斗，并不需要很强的保暖与结构性能，只要具有防风、遮雨、挡雪功能即可，是一个室内外之间的过渡空间，因此在材料选择上使用木材，在施工中仅以单层的板材围合即可，并不需要做过多的密封处理。这种做法不仅可以节约建筑成本，更重要的是还能加快施工速度，减少耗时，缩短工期。同理，在外廊与阳光房方面，选用木材也是为了配合纤细轻盈的建筑形象，在最短时间内得到最大的功能与景观效果。就地取材在很大程度上也是为了减少材料运输所耗费的时间，是节约人力物力的合理选择。

在建筑的空间处理上，疗养院、兵营及铁路乘务员公寓在平面及立面形式上，严守中轴对称、比例均衡等理性严谨的古典风格设计原则，其他建筑则普遍空间排布较为简单，以满足使用功能为首要任务，这多少带有一些现代主义风格特点，如俱乐部，在平面上没有任何的对称关系，完全从建筑的功能出发，围绕各部分功能的管理与使用特点进行空间的组合与分配，基本上是按照功能主义原则进行设计的，而其外部形象效果也是内部空间的忠实体现，剧场部分出于观演功能的需求，被处理成二层通高空间，其周围的各类辅助功能是一系列组合小空间，它们不需要二层部分了。于是，在建筑的立面上，剧场部分在立面上突出出来，而其他部分则以一层的高度环绕在周围，立面上也没有硬性的对称标准，与其他普通砖建筑类似。各类住宅建筑的平面欠缺推敲，功能安排甚至不能算作非常合理，仅是简单的分隔，这也受到其简单完整的形体的限制，目的也是减轻施工的压力。

在建筑的色彩上，一面坡的建筑基本上是按照材料的表现形式进行颜色选择的，整体上是清水砖墙，以黄色为主体，木结构墙面则是暗红色，即使在以砖为主体结构的建筑上，外门、窗框、门斗、阳光房的木结构部分也不是木材原色。这种做法形成了一种理性的装饰色彩逻辑，使得建筑的色彩起到了一种材料的标示作用：红色暗示木材，黄色表现砖材。然而在建筑立面上，黄色墙面的线脚为白色，木结构建筑上的线性维护元素刷黄色油漆，这些也是穿插于色彩处理之间的感性表达，从而形成既丰富又统一的建筑风貌。

同中东铁路沿线其他建设一样，一面坡建设初期首先解决的也是建筑的功能问题。因此，车站及铁路附近的住宅建筑，都体现出标准化建造的特点：一面坡火车站站舍是标准的三等站站舍的平、立面形式，铁路南侧公共建筑轴线以北的砖、木住宅很大一部分都是同一建筑平面及立面的完全重复建造，甚至在砖、木结构之中也有通用平、立面方案，只是根据材料的不同特性分别处理。

这种标准化的做法也延伸到细部装饰上，如砖墙面上的隅石、贴脸、山墙落影等元素，以砖的尺寸为模数，遵循程式化的固定做法，形成套路化的图像模式。而木质节点上的镂空雕花图案或边缘处理方式，也有固定的符号与形式，它们成为可以大规模生产的模件，在施工中能够脱离建筑的主体结构建设进行单独生产，省时省力。这种流水线式的操作方式，已经有现代化生产的分工理念萌芽，是为得到最大效益、合理配置资源的理性选择。但在实际中，在固定规则的控制之下，砖饰细节的推敲与各类元素的组合也有一定的创作空间，在很多建筑上都有独具匠心的个性化处理。由于一面坡的职能特征，铁路附近建筑需满足功能上的要求，在公共建筑轴线以北的住宅以疗养休闲为主，是建筑个性化的集中体现，如形式非常独特的木外廊及装饰图案，带有新艺术运动特点的小住宅等，都具有样式独特、建造精心的浪漫特点。一面坡的各类建筑，有为达到实际目的而进行的理性控制，也有各具特点、奔放浪漫的感性创造，是一种有定法无定式的创作形式（图 2.60）。

图 2.60　有定法无定式：标准化原则下的多样创作

2.3.3　建筑文化表征

中东铁路的修建，推动了东北地区的近代化进程，开启了其现代文明的探索旅程。铁路、建筑、设施、景观等元素是其背后文化信息的物质载体，而文化是形成其最终内外部形态的深层支撑。因此，沿线各类建筑不仅体现了这一时期新的建造技术与建筑思想的引入与实践，更重要的是承载了不同文化间碰撞、对话与交融的过程与结果。伴随着铁路的建设与运营，一面坡形成了具有一定规模的区域中心型城镇，随着经济的迅速发展，各类产业的经营者及大量的中、外移民纷纷涌入，中、俄、日等国家的各种文化在这里汇聚，形成了独特的文化特征，这种文化对一面坡城镇建筑和景观的塑造影响深远，甚至遗留至今。

（1）多元并置。

多元化是一面坡城镇建筑反映出的最直观的文化特征。自古以来，东北地区一直是处于主流文化圈之外的边远之地，虽然在历史上也有政权的建立，但并没有形成系统、连续的发展演进，也没能形成稳定持久的文化传统。在早期很长的时间内，这里仅有以渔牧产业为主的游牧文化，与中原地区的农耕文化尚有距离。在中东铁路修建前，沿线的大部分地区是杳无人烟的荒芜之地，部分地区散布着小规模的自然村落。虽然也有少数具有一定规模的集镇，但同幅员辽阔、绵延千年的中原地区相比，其所蕴含的文化内涵就显得微不足道了。

东北地区的早期文化只能属于中原内核文化的边缘文化，担当不了与即将到来的中东铁路建筑文化相抗衡的文化源的角色。也正是本土文化的空白与虚弱，使得铁路沿线的广大地区的文化接受能力都很强，为外来文化的扎根、传播与发展提供了宽容的社会环境及广阔的实验土壤。这也是形成一面坡城镇文化多样性的重要先决条件。

从总体上看，一面坡呈现出多种文化并置的面貌。在整体空间分布上，人为的边界划分使得城镇建筑形态因不同的地理分区而截然不同。在铁路北侧及东南侧近3/4的面积上，站舍、住宅及各类公共建筑体现的是以俄国为代表的西方建筑文化及近代文明的形式；铁路西南侧则以本土匠人为创作主体，他们学习新的技术与方法，模仿西方建筑形式，建造带有中国传统元素的混合风格建筑群，体现的是因铁路附属地建设的刺激而衍生出的一种原生文化形态。虽然伪满时期的建设较少，未成规模，但也有少量的建筑散布于城镇各处，也在一定程度上体现了日式建筑的形式及文化特点。可见，传统文化、移民文化等多种文化形态都能在此得到一定的表现，而由于中原传统文化的影响在这里并不深刻，因此传统文化并未能占据主流地位。而在伪满时期，城镇的建设已经基本完成，移民文化在建筑上的影响也比较微弱，因此以俄国移民为主体的移民文化成为最显著、最重要的文化形态（图2.61）。

一面坡的移民文化包括两个大类：第一类是本国移民，在铁路建设初期，大量的山东、河北等地的华工被分配至此，这些人日后成为一面坡的主要本国居民，是华界内各类建设活动的主体。这些国内移民不仅带来了充足的劳动力，也带来了中原的主流传统文化。可见，从严格意义上讲，一面坡的所谓“本土文化”，并非“传统文化”，在一面坡建筑上体现出的各种传统元素也是移民文化的一种表现；第二类移民文化就是一面坡的主体文化，即伴随铁路修建与经营形成的俄国移民文化。早期的建设中，一面坡的俄国居民主要是各个方面的技术与管理人员，他们是初期的奠基人。在铁路通车后，经济的繁荣及其自然环境的优势吸引了许多俄国人来此聚居，成就了城镇文化的繁荣期。除铁路建设中引入的技术革新外，俄国移民带来的首先是一种全新的居住理念与生活方式。占领式的建筑布局形式、田园化的建筑

图2.61　俄、中、日三种文化主导下的建筑形式

风格，各种居住空间背后体现的是完全不同的家庭伦理关系、生活习惯、审美喜好，甚至是饮食结构，同中国传统的院落空间布局形式形成了鲜明的对比。一面坡的华界住宅受其影响很大，绝大部分建筑的布局形式是单体式的排列，不形成院落组合。俄式住宅中，木结构建筑体现的是俄国的乡村文化，但这种建筑形式虽然是俄国建筑的发端，但在当时已经不是主流了。砖石住宅、站舍及各类工房等建筑代表的则是铁路修建过程中形成的一种衍生文化，简单而程式化，并没有专门的风格。兵营、铁路乘务员公寓这种集中的居住方式是具有现代化特征的集合式住宅理念的体现，建筑的空间布局也是中国传统建筑中所没有的。俱乐部、疗养院、公园则带来了全新的城镇娱乐形式。兵营、铁路乘务员公寓及疗养院建筑带有古典主义特征，体现的是俄国中心城镇的建筑面貌，蕴含着底蕴极深的社会主流文化（图 2.62）。俄国的古典美学也并不是本土创造的，是受意大利、法国等欧洲文化中心的影响，同时结合本国传统的再创造。因此，这些建筑也在一定程度上代表了西方古典文化的入侵。与这种在当时西方已经饱受质疑的古典文化相对的，是其他各类建筑代表的从实用性出发的具有现代主义特征的设计思想、具有现代主义探索意味的新艺术运动实践，如机车库、厂房等建筑中体现出的现代工业文明。

图 2.62　中东铁路建设中传入的多种建筑风格

由于交通及景观上的优势，一面坡吸引了大批的中外投资及经营者开办各种产业。作坊、茶楼、饭馆、当铺、妓院等传统的商业模式之外，又有工厂、商场、银行等全新的工、商、金融业出现，改变了城镇原有的渔牧、农耕产业结构，地区内的文化内涵及表现形式虽然生于本土，却与本土文化的关联不大了。

从现有经验来看，居民的生活方式与城镇的产业结构很容易因外界条件的刺激而发生激烈的变化，并迅速地表现到建筑与景观之中，但宗教的稳定性却更强，即使发生革命性的技术与制度的革新，宗教建筑也能维持连续、稳定的发展。谢尔盖教堂建于1901年，同铁路的建设几乎同时开始。同站舍等建筑，甚至木结构住宅相比，其俄国本民族的风格特征最为纯粹，也是俄国本土建筑最典型的代表。木刻楞堆叠的肌理表现、钟塔、各种烦琐的细部装饰都很好地保持了俄国木结构教堂的原味。而对中国居民来说，最重要的宗教建筑则是普照寺。同天主教堂相对应的，在一面坡，普照寺连同几座道教寺观及其他小规模的寺庙，是对于本民族传统文化的最完整、最集中，也是相对最纯粹的表达：根据风水堪舆理论的选址、传统佛寺的院落式布局、传统的木构架建筑结构及形式、各类传统纹样与符号的运用等等。由于建设初衷即是同外来的文化侵略相对抗，因此在建筑过程中有意避讳，也基本摆脱了铁路及其附属建筑建设的技术与形式上的影响。遗憾的是，普照寺经过了大规模的整修改建已经不复原貌，其他的寺观庙宇也早已损毁（图2.63）。

a 谢尔盖教堂

b 普照寺

图2.63 中俄两种宗教建筑

（2）交流融合。

伴随着生活、经济上交流的深入，一面坡的各种文化互相之间进行对话并发生融合。在生活方式上，外来移民带来的全新文化以先进文明的姿态对本土文化造成了强有力的冲击，体现在生活的方方面面，甚至改变了原有的民俗与趣味，如在民国时期，本地居民已经接受西式婚礼，从衣着上看，婚纱上尚有少许中国元素残留，西装则已经非常正宗了（图2.64）。

图 2.64　生活方式上的融合

俄界内的建设进行得最早，有着统一的规划与建筑设计方案，虽然这些建筑都按照图纸进行施工，但在具体操作过程中却是以中国工匠为主体的，因而建筑中也体现中国传统的构造方法与民族元素。在现存的建筑中，这种影响保存的较少，但在站舍的历史照片中可以发现，其屋顶形式融合了非常多的中国传统建筑语言。它的屋檐出挑，同外廊相结合，形成了深远的灰空间，同中国传统建筑中的空间形式非常相似，外檐部分的屋顶微微向上翘起，模仿传统建筑中屋顶反宇的做法；屋脊上有大量的中国传统元素，正脊有鸱尾，垂脊等处则有类似吻兽、走兽的装饰。在中国传统建筑组群布置中，根据建筑重要程度，搭配不同等级的装饰符号，而在俄式建筑中，则将这种原则用在同一栋建筑上，在权衡建筑功能和形象上的重要程度的基础上，应用不同等级的装饰元素，如在站舍和行包房的屋脊处理上，一层部分是简单的悬山式屋顶，正脊形式非常简单，类似晚清时期硬山建筑的做法，二层是组合式屋顶，有类似十字脊的形式，在最高的正脊上可以看见有二龙戏珠式的等级较高的鸱尾做法，可以说是对中国传统文化有一定理解以后的灵活运用。该建筑的最终形式体现了俄式砖石建筑的墙身同中国传统建筑形象上比较具有代表意义的屋顶形式相结合的混合面貌，是中俄两种建筑文化融合的很典型的代表（图 2.65、图 2.66）。

一面坡本身的居民的民族构成也比较丰富，包括满族、汉族、回族、朝鲜族等，虽然各个民族的习惯、信仰不同，但互相也有一定的影响。例如，一面坡的回族人口数量不多，因此信仰伊斯兰教的人数较少，早期出于宗教仪式的需要，信徒舍宅为寺，因此在当时清真寺没有特定形式，后于民国时期进行了扩建。新清真寺占地面积很大，以围墙围合成院落，但限于经济及建设能力，建筑并不复杂，没有明显的伊斯兰建筑特征，反而参照了俄式建筑的形式，且运用了少许中国传统建筑的做法。建筑平面为规整的矩形，立面开拱形窗，贴脸细部借鉴了俄式建筑贴脸的线脚形式，檐口部分的线脚及两侧风火山墙的处理同华界的建筑相似，建筑中心部分突起一座六角攒尖顶的玻璃亭，屋顶做法是中国传统式的大屋顶，但更加高耸，形态上同铁路北侧的东正教堂的钟楼有相似之处。可见，一面坡清真寺建筑是结合中俄文化进行的带有一定宗教特征的全新建筑创作尝试，形成了独特的建筑形象（图 2.67）。

一面坡日本占领时期的建筑，除较特殊的弹药库外，自身并没有十分明显的独立风格。部分俄式住宅的转角处加建比较低矮的单坡顶浴室，烟囱高耸于墙外，是为满足生活需求进行的简单建设，说明日

图 2.65　一面坡车站站舍

图 2.66　行包房

本居民利用原有俄式住宅，仅通过部分空间的改造来满足自身生活习惯，但对俄式居住建筑的空间布局与尺度，更多的是适应，这本身就是一种居住文化融合的过程。

一面坡完整的新建日式建筑，更多的是对俄式建筑的模仿，如在铁路西北部的一栋二层砖砌建筑，从肌理色彩到细部装饰都同俄式建筑相类似。建筑层高较高，推测原为厂房式仓库一类建筑，形体简洁，东端为单坡的一层体量，从连续的砌筑肌理可以看出，这部分是整体设计的一部分，并非后期加建。立面的装饰手段同俄式建筑相同，门窗贴脸形式基本上是完全照搬原有建筑。同俄式建筑均匀排列的开窗规律不同，该建筑立面上开窗位置不规则，转角楼梯处的窗开在两层中间，且不同立面窗尺寸不一，比较随意。两侧

图 2.67　一面坡清真寺历史照片及现状

山墙面墙体凸出于屋面，类似华界建筑普遍存在的风火山墙的形式，但凸出的高度很小，也没有凸起的望柱式的装饰。檐口部分同俄式建筑不同，是砖砌线脚，没有挑檐。这栋建筑基本上没有日本民族的建筑文化特点，但却是存在于一面坡的各种建筑风格的混合，是多种文化融合的体现（图 2.68）。另有一组砖结构建筑位于铁路乘务员公寓西侧，共 3 栋。从形式上看，建筑带有俄式砖石建筑的装饰做法，部分装饰元素模仿了疗养院等，带有古典主义特征，其整体组合则比较随意，与俄式建筑有一定的差别，且墙体砌筑砖块比俄式建筑要小，洞口为平拱过梁，这是日式建筑的典型特点（图 2.69）。

一面坡华界内的建筑是文化融合较为集中的体现。华界的建设是华人自发开展的，形成的是在中东铁路及其附带的资源及经济效应的刺激下，从居民自身的居住与商业需求出发，受东北本土、中国传统及俄国移民等多种文化影响的一种自生文化。在建设过程中，本国工匠对俄式建筑采取技术上吸收、形式上模仿的态度，结合自身的施工与审美经验，对各种元素加以自由的选取及灵活的组合，建造出自成一脉的建筑形态。

图 2.68　伪满洲国时期建筑

图 2.69　带有俄、日建筑特点的一栋建筑与测绘图

从现存的建筑来看，华界建筑接受了俄国的建筑体系，以砖石砌筑墙体及基础，以木桁架承托屋顶。外立面均为清水砖，墙面上有重复出现且均匀排列的拱形或微带弧形的窗户，立面装饰依靠砖块的错置与悬挑形成图案，如门窗平拱砖过梁立砖形成的纹理，门窗上楣的贴脸，转角与墙面上的隅石、分层的墙面线脚等，这都是俄式建筑普遍运用的立面做法。

同大部分俄式建筑不同的是，华界的建筑屋檐一般不出挑，檐口处以层层叠叠的砖砌线脚结束，部分建筑设女儿墙。女儿墙是能体现华界建筑的个性之处，多由望柱、矮墙、山头组合而成，形式不拘一格，有的只用矮墙，有的是矮墙同多个望柱搭配，也有的是山头与望柱结合，其中，山头是装饰的重点所在，多位于立面的构图中心，形状多用曲线，里面雕刻有传统的吉祥纹样；矮墙连续较长时多分段处理，墙面的装饰并不复杂，也有砌成镂空的花砖纹样。这些不同的元素，结合不同的手法，潇洒灵活地搭配形成了非常丰富的装饰样式（图 2.70）。没有女儿墙的建筑，有的用传统的瓦屋顶形式，有砌筑的正脊，有屋檐处的滴水，它们同檐口的砖线脚相结合，比较有特点。

另外，建筑墙面的各种线脚虽然做法源自俄式建筑，但形式多样、姿态千万，有一种天马行空的自由之感，有些墙面还有圆形的砖雕。华界的带有木结构外廊的二层建筑，应该是受到了俄式木结构建筑的影响。

以最具特色的原为饭店的商业建筑为例，建筑位于街道转角，平面不规则，立面是清水砖墙同抹灰饰面的结合，装饰上抽取了柱式、托檐石等古典元素，门窗贴脸的做法来自铁路职工住宅的标准做法，浮雕的纹样既有中国传统的植物花纹，也有变异了的新艺术运动符号，是融合了一面坡的各种文化的典型建筑（图 2.71）。可见，华界工匠对各种文化元素进行截取与组合运用已经是驾轻就熟了 。

图 2.70　女儿墙上的传统元素

图 2.71　具有明显文化融合特征的商业建筑

（3）传承流变。

由于在中东铁路修建前，地处边缘地区的一面坡仍停留在较为落后的渔牧农耕社会中，并没有形成稳定成熟的文化体系，因此伴随着铁路建设涌入城镇的近代俄国文化，在先进的技术的支撑下，带着压倒性的优势，成为当地的主流文化，得到了本土居民的认可，并在一定程度上被传承下来。社会生产力、文明发展程度处于弱势的一方对强势文化的模仿与传承有一定的自觉性，从民国后期、伪满洲国时期、中华人民共和国成立初期直至今天，一面坡每个时期的城镇建设都对近代建设初期的文化有不同程度、不同角度的模仿，使得这种文化的生命力较为顽强，并使传承连续而持久。

在华界建设初期，虽然工匠都来自中原地区，有较强的传统文化底蕴，但他们还是放弃了原有的中国传统建筑形式，转而学习新的技术与形式。日本占领时期，虽然当时日本的现代建筑探索已经开始，但在此地并未进行实践，也没有移植来其本国的传统建筑形式，而是仍然参考本地原有的建筑技术与形式进行建设。这两个阶段对俄式建筑各种元素的借用前文已经提到过。

在中华人民共和国成立初期，虽然俄国、日本的工作人员、居民、军队等已退出东北地区，但一面坡的建筑仍然受到俄式建筑文化的影响。新建建筑多为公共建筑，如供销社、邮局等，建筑的形象有着鲜明的时代特色。外立面不再是清水砖，均做了抹灰处理，沿街建筑转角处有隅石装饰，门窗也有贴脸，这都是俄式建筑特征的遗留。华界建筑元素在此也有体现，主要集中在檐部及女儿墙的处理上。檐下的砖石墙面线脚层次被简化，搭配光洁的饰面肌理，避免了原有华界建筑线脚繁缛的效果，可以说是一种建造形式上的进步。女儿墙上，矮墙同望柱一再出现，且在一些建筑立面的中心部分，矮墙同山头的形式被结合到一起，矮墙上书写标语或者建筑功能，表现出非常强烈的时代特色。现代的建设中，早期的文化遗存多集中在本地居民的住宅建筑中，如雨篷、檐部的铁皮花饰，民居入口大门的形式，建筑墙面的线脚形式及其砌筑方法，山墙及女儿墙的形式，等等。虽然工艺有些粗糙，各种元素的应用不受约束，比例、尺度等规则也并不标准，但却能感受到近代时期文化被自觉模仿，虽然并不是模仿全部，但部分的文化信息仍有传承，并流传下去。

但由于毕竟是外来文化，其在传承过程中也发生了流变与衍生。除去俄国人修建的建筑外，一面坡本土居民或日本人在建筑中对俄式建筑的各种元素的应用，都是一种片段式的截取，装饰符号的比例与尺度都有所改变，细节上并不严格遵守俄式建筑的做法，尤其是近代的本土匠人同现代的当地居民，他们在各自的建设中，对这些外来文化的理解有着个体上的差异，因此，即便是相同的元素，在当时也有非常多样化的表达方式。甚至在这个变异与传承的过程中，俄式的建筑文化还发生了转译，衍生出别具一格的新的形式，如华界民国时期建筑的窗口上楣两角多处理成圆弧形，这在俄界的建筑中从未出现过，而建筑墙面上檐口及分层处的线脚层次更多，砌筑方式更为丰富，部分甚至结合砖雕，形成几何式的连续图案，趋向烦琐与累赘等现象可以说是受到启发后本土工匠的再创造（图 2.72）。在窗的处理上，上楣装饰根据墙面做法分为有贴脸、无贴脸、有拱心石、无拱心石等几种交叉组合形式，同样大部分都是简单的模仿，比例与细部上有少许差别。但也有别具匠心的创造性设计，如在伪满洲国时期的五金商店及大兴当楼中，一层的贴脸有分层及分色的设计，与立砖砌筑的拱形肌理同其外围的砖悬挑贴饰区分开来。五金商店的处理方式是中心立砖，拱形部分凹陷，拱心石及边缘装饰凸起，大兴当楼则是中心立砖，拱形部分同整体墙面一样是灰砖，但外围装饰及拱心石用红砖砌筑，形成丰富色彩与体积的对比，也将起结构作用的部分同装饰区分开来，既有创意又很符合逻辑（图 2.73）。此外，也有建筑的山墙模仿俄式建筑的情况，但比例变化明显。

前面提到的饭店建筑整体上看体现了多种文化融合特点，是具有浪漫性创造的典型实例，如立面清水砖墙同抹灰饰面相结合的手法，结合了俄界疗养院等公共建筑及普通砖石住宅两种建筑的特点，并运用于同一建筑，是大胆的尝试。入口处运用柱式、檐口运用托檐石则是借鉴古典建筑的处理手法，窗贴脸的图案模仿砖建筑，但却不是靠砖砌筑过程中砌块本身的错置而形成，仅是面层装饰的粘贴，部分窗及主入口的贴脸拱心石位置被处理成托檐石的形象，这都是原有文化既被传承又发生流变的体现（图 2.71）。

中华人民共和国成立后的建筑，各种元素的应用就更不受约束了，是非常自由的状态。例如，

图 2.72　原有装饰的形式变异

图 2.73　原五金商店及大兴当楼的贴脸处理

贴脸、隅石、墙面线脚等装饰虽然仍体现在建筑上，但形式上只保留了俄式建筑的基本特征，不仅是比例尺度上的变化，形式创新非常多且变化较大。20 世纪 70 年代建造的电影院，体量较大，有着古典的对称、分段构图形式，窗贴脸等各种装饰符号都被简化，墙面以水刷石饰面，划成分块的肌理，入口柱式变形较大，柱础结合了中国传统建筑的特点，同时又有女儿墙，形式截取自华界建筑。这栋建筑综合了各时期文化的同时，结合现代的技术与审美观念，很具有代表性。

2.4　结　论

中东铁路是在近代由俄国主导，设计修建于中国东北的一条铁路线，这一规模宏大的工程对东北地区近代城镇、建筑及文化的发展产生了巨大的影响。在中东铁路沿线附属地内，根据站点的区位特点及资源优势确定其职能，并划分为不同等级，进行不同规模的建设。在铁路建设与运营的过程中，围绕各个站点形成了规模不等、各具特色的城镇。一面坡是中东铁路附属地内的三等站，其近代的建设过程与发展脉络既有着附属地城镇的一般特征，又结合其自身的环境形成了独具特色的城镇面貌与文化传统。本章从城镇规划、建筑类型及建造技术、建筑艺术及文化表征三个方面对一面坡近代城镇建筑形成与发展的特征进行了解析。

在城镇规划上，先根据历史资料回溯其近代建设历史沿革及社会背景。相比其他中东铁路沿线城镇，一面坡的历史更为悠久，在铁路建设前已有居民定居，其作为铁路站点建设的同时，清政府也在此进行设治管理，这对城镇最终形态的形成有着很大的影响，是中俄两种文化平行展开并发生融合的一项基础条件。在以俄国为主导的一面坡城镇建设伊始，地理位置优势使其成为具有一定军事战略地位的列车运行补给点；自然资源的优势使其成为东线上的一个物资集散中心及经济贸易节点；卓越的景观环境使其成为度假休闲的疗养小镇。在进一步的发展中，结合各项优势，一面坡逐渐成了中东铁路沿线附属地内的一个区域中心型城镇。与此同时，城镇的建设也有条不紊地进行着。在以俄国居民为主体的俄界部分，规划的功能分区、空间结构、道路系统等在中东铁路标准化模式的控制下有序形成，城镇基础设施逐步完善，并结合本地的山水景观条件架构层层递进，最终形成紧致有序的城镇景观系统。与此相对的，在居住需求及经济发展的带动下，以本国居民为主导的华界建设也自发展开。这一部分的城镇建设并没有前期的规划方案与明确的建设目的，不是自上而下的集约化建设，而是自下而上的自然生成式建设，形成的聚落形态在空间结构、功能分布、道路系统上缺少秩序，区域中建筑密度大、景观贫乏，但也是一面坡最具特色之处。

在建筑上，一面坡的功能类型齐全，建筑形式多样。为便于总结与分析，笔者将建筑根据功能类型分为三大类，即公共建筑、居住建筑及工商业建筑。铁路及军事设施同各类科教文卫等基础设施均归为公共建筑中，这类建筑普遍规模较大、功能相对复杂、空间组织有序灵活。居住类建筑主要有独户、联户两种形式。虽然户型内空间排布较简单，但不同户型的组合方式非常多样、形成了形式多样、能够满足不同家庭需求的住宅群。而铁路乘务员公寓作为集合住宅是一种全新居住理念的引入，丰富了一面坡的住宅形式，也对近代中国北方建筑类型的现代化有着一定的促进意义。工商业建筑中，工业建筑特征更为明显，公和利号火磨、啤酒厂厂房等建筑为配合生产需求空间尺度较大，推动了一面坡建筑空间形式的演进及建筑技术的发展。整体上看，一面坡的历史建筑平面形式与功能统一，流线设置简洁流畅，空间调度层次分明。在建造技术上，建筑结构形式丰富，以砖石结构及大量的木结构为主要形式，局部应用拱形结构及悬挑结构。同时还有实验性应用的混凝土结构、波形拱板结构，它们是对新结构形式的探索。在材料选择及应用上，以砖、石、木为基本材料，辅以金属、陶片、玻璃等新型材料，最大限度地就地取材，合理利用材料本身性能及肌理进行搭配组合，形成了功能上坚固耐用，形象上自然质朴的历史建筑群。

在艺术与文化上，一面坡建筑体现出很多独有的特点。首先，一面坡建筑风格多样，除了大量的因铁路修建而衍生出的砖石结构建筑外，疗养院、护路军兵营及铁路乘务员公寓则带有强烈古典主义特征，而细部精美木构住宅及形体丰富的东正教堂则代表了俄国传统的民族样式，同时还有部分建筑带有代表现代建筑早期探索的新艺术运动的元素。在中国居民聚居的华界中，在新形式、新技术、新思想启发下，本土工匠结合传统文化建造了一批具有中西融合面貌的极具特点的历史建筑。其次，在建筑理念及手法上，一面坡建筑体现出了设计者成熟和谐的环境观，灵活统一的塑造手法及有定法无定式，理性感性相结合的设计理念。最后，一面坡的历史建筑是其近代文化的载体，不同国家、不同民族在生活习惯、宗教信仰、价值观念等方方面面的碰撞、交流、渗透、融合、流变直至传承都写入了其建筑文化之中。

可见，一面坡虽然仅是中东铁路附属地内的一个三等站点，但对铁路的建设与运营却是不可或缺的，具有重要意义。本章的分析立足于对一面坡现存城镇肌理及历史建筑的调查，以相关史料及研究成果为支撑，以其他沿线城镇为参照，分析其在近代中东铁路附属地城镇中的独特价值，以期为进一步的保护实践与理论研究提供帮助。

横道河子近代城镇规划与建筑形态

Modern Urban Planning and Architecture in Hengdaohezi

3.1 横道河子近代城镇规划特色

1897 年开始建设的横道河子是中东铁路工程建设的产物，与中东铁路沿线其他城镇一样，其建设方式及城镇规划形态具有相似的特点，但自身特殊的自然地理环境使其形成独具特色的城镇规划布局和景观系统。

3.1.1 横道河子城镇选址及功能定位

与中东铁路沿线其他站点相似，横道河子具有独特的地理环境和区位优势。这些自然因素正是作用于城镇的最基本要素，它们与历史因素和社会因素等共同作用，形成了集多种功能于一身并且具有重要战略作用的城镇。

（1）城镇地理环境及选址因素。

横道河子镇位于黑龙江省海林县（现为海林市）的西部，距牡丹江 45 km，距哈尔滨 253 km，东与海林镇、柴河镇为邻，西与尚志市接壤，南与山市镇连接，北靠二道河子镇，面积 794 km^2，除了镇区外其管辖区还有 17 个村，七里地村是当时中东铁路修建时期重要的木材供应地之一。城区距离海林市 38 km，地理坐标北纬 44°48′，东经 129°04′，面积 3 km^2。城镇地处张广才岭山脊之东，地势高峻、山峦起伏、林木葱郁，平均海拔 900 m，属于冷凉湿润的山地气候。其平面呈带状分布，镇内有一条自西北向东南贯穿镇区的横道河，整体地貌特征为“九山半水半分田”的山地型城镇地貌。

“横道”是满语“横甸”的音转，横甸、红甸、甸子，是山间平地之意。三百多年前以渔猎为生的满族先祖称这里为“横甸窝集”“玛展窝集”。玛展，为满语“长披箭”，窝集，即森林。玛展，又为“蚂延”的音转，因为当时横道是蚂延河的源头，故称“玛展窝集”。据旧《宁安县志》记载：“玛展窝集，宁古塔西北一百二十里，密占河发源于此。密占、玛展声转字通，非两地也。”又载：“海兰榆树也。窝集，宁古塔西北二百里，西接毕尔罕窝集，与玛展窝集相连亘数百里。”尽管当时的人们对于里数的计算存有误差，但旧城海浪窝集与横道河子一带相连是毫无疑问的。

横道河子镇虽然是伴随着中东铁路的修建而形成的，但它的历史却可以追溯到商周时期，当时横道河子隶属肃慎，至秦汉时期归挹娄，该时期的横道河子处于中原版图之内。自唐代开始，横道河子镇隶属于渤海国京城畿辅地区，到了宋元时则是金国的管辖地，明朝时属努尔干都司，但也只是有治无人。直到明末清初，才有满族先祖和赫哲人、达斡尔人等先祖的马蹄到达过这里，而后清王朝向海浪河流域遣放犯人，这里才逐步有了供打猎和采山人使用的窝棚之类的临时性居住点，但由于人口不多，并未形成规模。自此直到1897年中东铁路开始建设，工程要大量的人力，横道河子的人口才逐渐增多，最终形成了具有一定规模的小城镇。

横道河子站点的选定具有一定的历史必然性，既有国内外大的历史背景因素，又有自身的因素。19世纪末的中国正处于各国列强争相瓜分领地的悲惨时期，对于俄国的示好，清政府视其为救命稻草一般，想要依靠一纸密约摆脱厄运。当时借着中日“甲午战争”的契机，俄国通过一笔钱款得到了清政府的信任，以“秘密防御同盟”为由，借机提出借地修路的要求。最终在1896年两国秘密签订了《中俄密约》，密约的核心主题就是俄国帮助中国抗击日本的侵略，为了战时接济军火、粮食在中国借地修路。就这样在内部充满各种矛盾的国内政府的默许下，1897年8月中东铁路全线开工了。

作为横贯欧亚大陆的西伯利亚大铁路的一部分，中东铁路的修建是经过俄国人精心策划的一个带有侵略性的阴谋。按照线路设定，中东铁路的修建需经过张广才岭，横道河子作为张广才岭的腹地，成为中东铁路线上的一个咽喉要塞是无可非议的事。此外，横道河子自身的自然地理环境优越，当地木材和花岗石资源十分丰富，无论是修筑铁路、为机车提供燃料还是修建房屋，都是很好的原材料。于是横道河子成为当时13个工区之一，并定位为二等站。

在最初规划实施的13个工区中，从绥芬河至横道河子共有3个工区。当时中东铁路公司从山东、河北招募了约40 000名华工，加上因铁路修建而被迫放弃土地的农民，共计45 000余人，他们被分配在这3个工区，其中绥芬河工区20 000人、海林工区10 000人，张广才岭路段15 000人。向张广才岭内打隧道是铁路施工中的一个难点，大批的俄国专家和技术人员也汇集此处，随之而来的是他们的家眷以及想来此获利的商人。各色人等的聚集令原本沉寂的山沟热闹起来。他们在建设铁路的同时也给小镇的发展带来了很大影响。

（2）城镇功能定位。

作为西伯利亚大铁路的一部分，中东铁路本身带有侵略性，侵略伴随着战争。横道河子作为主线上仅次于一等站（哈尔滨）的6个二等站之一，是重要的军事战略地。军事职能的重要与否不是取决于城镇的等级高低，而是取决于它的地理环境因素。古人讲“山川都会”，一般情况下，那些既有山地可以凭恃，又有河水可以流通的地方容易形成战略要地。横道河子作为张广才岭的腹地，是大东北西部平原向东部山区转进的门户，镇区内横道河流过，是一处绝好的军事防御地。在当时，只要占据了横道河子，就能够控制住中东铁路西出平原和东进山区枢纽关口，同时也能守住进入东北腹地和长白山的战略运输通道。列车从一面坡向东至横道河子站开始进入山区，再向东行进直到海林才有相对平坦的地势，横道河子作为列车向东进入山区的关口，加之其具有“两山夹一沟”的特殊地形条件，自然而然成为一处至关重要的军事战略地。这种战略地位决定了横道河子不只是铁路线上的指挥调度中心，更是一座军事重镇。几乎是从铁路施工开始，这里就驻扎了相当规模的护路军。据《中东铁路护路队参加一九〇〇年满洲事件纪略》中记载，至 1900 年 6 月 1 日，横道河子的驻军为一个骑兵连，到了 12 月驻军就达到了一个旅的数量，其中包括两个骑兵团，两个步兵团。当时沙俄在整条铁路线上的驻军数是 4 个整编旅，横道河子一地驻军就占其 1/4。这些护路军一方面镇压外地劳工和当地农民的反抗，另一方面绞杀扰乱铁路建设的当地土匪。到了 1900 年，由山东等地爆发的义和团影响到了东北，鉴于横道河子的重要军事地位，驻军的数量急剧增加。当时，类似这样的外国兵团在东北驻扎，历史上还未有过先例，这不符合两国签订的相关条款，是清王朝外交上的软弱所致。

日俄战争后沙俄缩减中东铁路沿线的驻军数量，却一直没有减少横道河子的武装驻军。俄国十月革命之后，这里才改由东北督军驻守，横道河子站铁路治安所就是当时的驻军司令部。九一八事变后，横道河子由日本关东军铁路护卫队接手。1945 年，苏联红军第二十六军军长斯克沃佐夫中将在包围了驻扎在牡丹江的日军的同时，派遣一支精锐部队率先占领了横道河子，穿着马靴的将军站在小镇街头仰望着四面群山感叹说："要是日本关东军派重兵驻在这一带而不是牡丹江，我们至少还得延误一些时间。"斯克沃佐夫将作战指挥部设置在横道河子，并在这里接受了牡丹江地区日本军队的投降。可见小镇险要的地理位置，为兵家必争之地。

除横道河子得天独厚的地理环境外，沙俄还十分看中这里丰富的自然资源。当地的原始森林能够为铁路施工提供大量的木材，同时也为铺设铁路和修建房屋提供上好的石材。尽管在中俄签订的条约中均没有任何条款允许他们在此开采资源，但俄方却以"修建铁路用料极多"为掩护肆意掠夺。他们在老爷岭和张广才岭铁路沿线大兴斧锯，昼夜不停地伐木。砍伐的上等原木一部分用于加工道轨枕木，一部分被运回俄国，运不回去的资源就勾结奸商原地交易，大发不义之财。除了木材外，俄国人还在横道河子肆意开采矿石，其中一部分石材用于敷设铁路的基石，另一部分用于在当地修建俄国民居。剩余石材经统一营销送往各地，当时哈尔滨许多俄式建筑中的石材也都来自横道河子。木材、采石和酿酒成为支撑全镇经济的三类主导产业，其中以木材尤为突出。

尽管横道河子的城镇规模并不大，但却是当时一个重要的商贸中心（图 3.1），消费和娱乐场所有很多，工商业和饮食服务业也都很繁荣。饮食业除了当地著名的中餐馆天福楼、福兴馆等之外，还有两家西餐厅：露西亚俱乐部和安古今诺夫西餐店。此外，这里还有大量的杂货店、药房、理发店、妓院等。在横道河子众多商业类别中，酒厂是颇具代表性的农副产业，由于横道河子是海林地区无霜期最短的地区（一般在 100 d 左右）气候宜人、水量充沛，因此这里盛产山葡萄、草莓、黑加仑和猕猴桃等水果。俄国人本身十分喜爱饮酒，酿酒更是他们的专长，所以他们在横道河子兴办酒厂，酿造白酒和果酒来供应小镇的外国人。横道河子最早的酒厂是 1901 年一个叫马列克的捷克人创建的，生产啤酒，而且经营了数十年，直到九一八事变之后。在马列克之后还有一个俄国人克利莫夫与一名波兰人格林道先后开过

图 3.1　中东铁路时期横道河子商业集市

两家白酒厂，生产“俄得克”白酒。当时的横道河子啤酒与哈尔滨啤酒、一面坡三星啤酒、绥芬河熊牌啤酒同样驰名，因为横道河的水清澈甘甜，受到广大消费者的欢迎。

从中东铁路东部线路上来看，横道河子恰好位于滨绥线的中部，高岭子前一站，受地势影响，火车驶出横道河子就要穿越高岭子、虎峰岭等险要路段。因火车爬坡时需要加挂车头，如果是运煤或者木材的载重车甚至要加挂四个蒸汽车头，这里便成为列车爬山时加煤、加水、检修和加挂车头的中转站，那时的横道河子车站每天都要准备十几辆机车用以助推火车穿越高岭子。为方便检修机车和存放工具，横道河子车站附近建造了一座拥有 15 个库眼的扇形机车库，规模如此之大的机车库在全线范围内都是罕见的。此外作为中东铁路东线最重要的二等车站之一，与铁路运输相关的部门极为齐全，包括机务段、车务段、列车段、工务段、检车段、房产段、电务段、生活段、发电所、给水所等。除了满足铁路建设运营需要的相关建筑外，横道河子镇内还有警察署等重要军政机关、医院、教堂、办公楼等多种建筑，可谓是一座功能齐全的核心型车站。

不仅如此，当时的横道河子还是一处远近闻名的旅游避暑胜地，曾经吸引了大量的外国人来此游玩。横道河子地势高峻，山峦重叠，林木葱郁，自然条件优越。城镇内部平坦，四季分明，气候宜人，水系发达，地势北高南低，东西两侧是山峰，呈现出“两山夹一沟”的特殊地形。两侧山上林木茂盛，种类繁多，除了松树、杨树、银白的白桦等高大乔木外，还有暴马丁香、李子树、杏树、梨树等色彩缤纷的灌木，点缀上色彩艳丽的花朵，构成一幅沁人心脾的山水画作。春季梨花白似雪，夏季树木葱葱，秋季满山红叶，冬季还有冰凌花，纯天然的山野菜、獐狍野鹿、河里游的哲罗、细鳞，吸引着大量的游人。横道河子平均海拔为 900 m，地势较高，属于冷凉湿润的高山气候，通常情况下气温较低，所以有很多人会选择在盛夏时节来到这里避暑。1903 年横道河子建成通车后，小镇内人口剧增，一片繁荣，尤其是从一面坡至磨刀石一带的俄国人，将横道河子看成是度假旅游的最佳场所。蜿蜒的横道河流从青山之间穿越而来，拥有清澈可见、甜润爽口的水质，流经城镇中心，形成一大片开阔的浅水湾，宛若山中之湖。河水中硕石跌宕，河两岸一排排参天大树，滨河风光美不胜收。

在中东铁路修建和运营过程中，横道河子是一座具有重要军事战略防御地位的铁路修建原材料供应地、商贾贸易中心、物资集散中心、拥有多种职能的旅游度假小镇。

3.1.2　横道河子近代城镇结构布局

中东铁路是在短时间内迅速完成的大型工程项目，确保这一计划能够按时完成的一个必要条件是沿线各个站点的设计都是由统一标准进行指导的。虽然铁路沿线上各站点的自然地理条件各有差异，但总的来说都具有一定的相似性。中东铁路建设以前，东北大部分市镇规模较小，没有经过系统的规划，沿线站点的规划设计都是由俄国人完成的。

在规划过程中火车站和铁路线往往是区域核心，起统帅全局的作用，开放空间结合网格路网形成城镇的基本样貌（图 3.2）。横道河子虽然在大体上也遵循了这种基本规划模式，但由于其属于中东铁路

a 城镇东部全景

b 城镇西部全景

图 3.2　横道河子城镇全景图

主线少有的山地型城镇，因此在城镇规划建设中具有很多与其他平原型城镇所不同的特征。尽管横道河子的面积并不大，但城镇多重的功能定位决定了其规划方案的复杂性。

（1）城镇功能区划。

横道河子城镇并非整齐划一。在规划过程中，设计者不仅要满足标准二等站的基本使用功能，还要考虑城镇功能定位以及地形等主客观因素。规划设计者结合当地的自然地理条件，采用巴洛克的布局手法布置放射形道路来连接城镇的主要节点，强化局部形式构图，划分功能区域。局部采用依山就势、错落有致的俄罗斯乡间别墅式布局的方式，统一形成了以铁路站区为核心的带型山地城镇结构。城镇功能与城镇结构相对应，城镇规划出较为合理的区域，各分区具有不同的功能性质。

①浑然自成的规划结构。

城镇结构是基本骨架，反映城镇总体功能布局。近代东北地区城市结构布局形态主要表现为两种形式：巴洛克轴线结合方格网道路结构和中国传统式的中轴对称结合方格网道路结构。与中东铁路沿线地形规整、地势平坦的城镇相比，横道河子规划面临较多限制因素，影响横道河子结构的主客观因素决定了城镇结构表现为第一种形式。

首先，从横道河子地理条件来看，横道河位于镇区中部偏南侧，将镇区平原分割成了南北面积相差较大的两个区块。“两山夹一沟”的复杂地形条件决定了镇区平坦地区的面积较小且建筑分布零散，因此城镇内一部分建筑建在了山坡上。综合以上因素来看，在横道河子整个城镇形成规整的、中轴对称的规划布局形式是不可能的。

其次，城镇规划重点集中在铁路两侧，铁路的走向基本决定了城镇主要道路的走向，而城镇道路决定了地块分区，所以主要功能区域靠近铁路，包括车站、机车库、铁路职工宿舍、铁路治安所等。除了铁路外，横道河的走向对城镇的布局也起到重要作用，作为一个影响城镇自然分区的客观条件，一方面它的存在方便人们获取生活、生产用水，为铁路的修建提供一定的材料运输途径；另一方面作为天然景观，它又是一处供人们休闲游憩之所。中东铁路沿线与横道河子相似的城市也有很多，如哈尔滨、沈阳、长春、吉林等，它们最初也是沿江（河）展开的。不同之处在于这几座城市在中东铁路修建之前本身有一定规模，而横道河子是从无到有，这个特点令其在初期规划统筹上具有更大的优势。

河流与铁路的存在给城镇发展带来便利的同时，或多或少也会限制城镇的发展，最主要的影响就是导致空间发展具有偏向性。在中东铁路早期，铁路以北呈现欣欣向荣的景象，铁路与横道河之间只分布少量的建筑，而横道河的南侧基本上是无人区。

②与中东铁路沿线其他站点的比较。

横道河子与铁路沿线其他二等站的规划模式相似，车站站区也包括铁路线、站舍、广场、月台、机车库与维修区等，其排列顺序从站外向站内依次是站前广场绿地，站舍、月台、铁路线，机车库和维修区位于铁路线北侧、站舍的东侧或西侧。城镇的其他功能区域以车站为中心向外辐射。横道河子站与标准二等站的区别主要体现在铁路线的设置以及部分功能区域的位置上。如标准二等站的站区铁路线基本上为直线型，而横道河子的站前铁路线呈弯弓型，且在数量上也有差异；标准二等站的辅助功能区位于机车库东侧，而横道河子的一个发电厂区却分布在站舍和机车库之间。引起这些差异的主要原因有两点：首先，标准二等站的模式一般适用于地势较为平坦的大区域，如昂昂溪就属于比较标准的二等站模式，横道河子位于两山之间，山的走向制约了城镇布局，因此就形成了一些弯曲的铁路线布局形式。而发电厂区的位置同样受到地形的制约，机车库的西侧是一片陡峭的山脉，为了发挥发电厂的使用功能，它就只能布置在机车库的东侧区域。其次，横道河子是重要的铁路原材料供应地、物资集散中心以及核心型补给站点，其站区功能尤其重要。并且作为西部平原向东部山区过渡的唯一"通道"，所有驶过这片区域的列车都必须经过此处，这些重要的功能决定了横道河子的铁路线数量要比标准二等站多。

与一面坡相比，尽管在地理条件上两者都受到铁路和河流的影响，平面规划上有相似之处，但在建筑空间规划上横道河子更加丰富。两个城镇南北两侧都有山，但一面坡城镇中心建设用地较为平坦，流经城镇的蚂蚁河与铁路距离较远，铁路与河流之间可以规划大片功能用地。横道河子的城镇中心平坦且地势狭长，铁路线与河流距离近，除去重要的铁路站区用地，其他功能用地基本只能布置在坡地上。无论是在建筑种类、布局，还是在城镇景观上都具有较多的结构层次（图 3.3）。

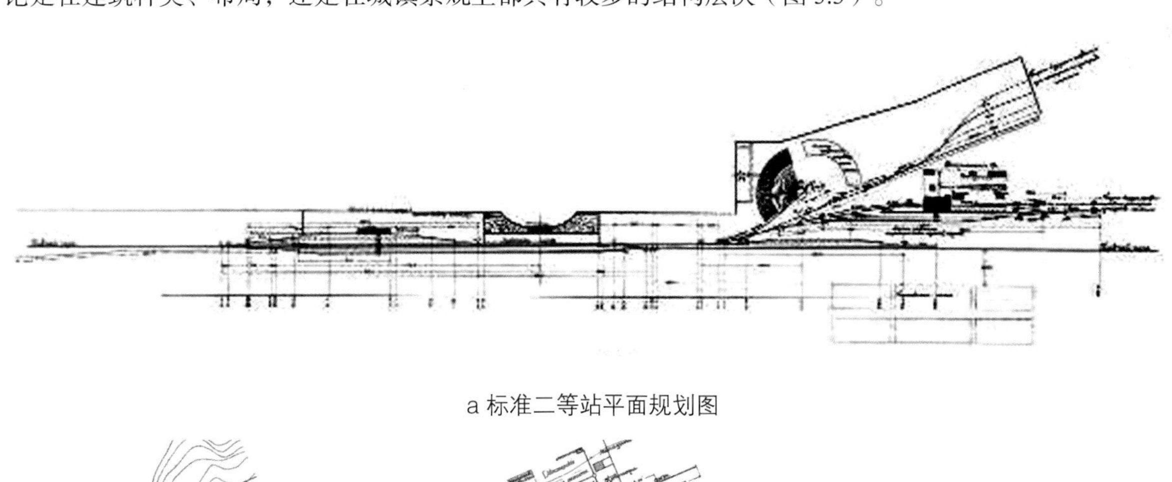

a 标准二等站平面规划图

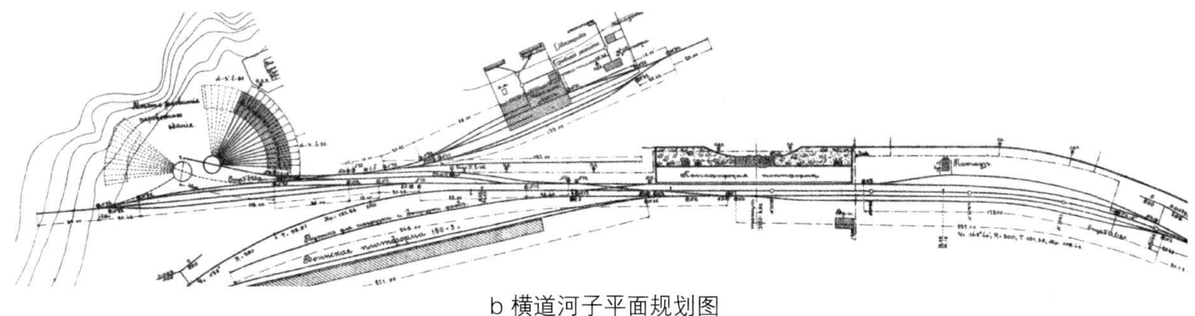

b 横道河子平面规划图

图 3.3　横道河子与标准二等站平面图的比较

③主次分明的功能分区。

城镇分区的目的一方面是保证各功能区运行顺畅，另一方面是为了服务于俄国人并满足其需求。横道河子是沿着铁路和河流形成的狭长的带状城镇，地块形状不规整，没有自然的中心点，城镇最为突出的中心节点就是车站区。从横道河子城镇早期规划图可以看到城镇最初的两大功能分区——位于镇区中心的铁路站区、生活及公共服务区。其中，生活区和公共服务区包括职工住宅和公共服务设施，如军事、医疗、宗教、园林绿化等，区域发展集中在北侧。铁路南侧除了规划一块公园绿地和一个普通居住区外基本没有其他安排。之后，俄国人在城镇北部的医疗区东侧，距离教堂不远处规划了一大片的墓地。

俄国人占领了城镇最好的地区，中国人只能被迫生活在条件较差的南部区域。这一现象产生的原因主要是沙俄不满足与清政府签订的《吉林省展地合同》中所规定的：修铁路占地范围和管理范围，在铁路两侧 12 500 m 内东清公司有管理权。他们不仅扩大占地面积还派遣军队驻守。俄国的护路队可以在铁路用地内自由通行，他们掌握了横道河子的管理权，他们对横道河子的管理是非正式的但却是强有力的。与中国劳工相比，俄方自己派遣的施工及技术人员享有特别待遇，形成了一种的“阶级”模式，他们普遍具有较好的居住条件。而中国劳工却只能居住在马架子、草窝棚等简陋的临时住所，铁路通车后大部分铁路职工也只能在铁路的南部荒地建房居住。

1903 年横道河子建成通车以后，横道河子城镇规模基本定型，各功能分区运行趋于完善。铁路职工除少量特殊人群居住在铁路北侧，其余大部分人分布在铁路与横道河之间、城镇的西北和东南地区。伪满时期，横道河子的城镇发展速度逐渐减慢，随着铁路东部战略重心向牡丹江转移，横道河子的发展最终停滞下来。

通过分析铁路北侧城镇的功能分区就能了解城镇布局特色。铁路北侧的主要功能区域包括铁路站区，货运区、医疗文化区、军事区、职工住宅区、普通住宅区等，是整个城镇的核心部分。从早期的规划图中能够看到，铁路站区基本位于城镇的中心位置，站区平面横向展开很长，分别布置各部分功能。车站位于站区的中点处，车站南侧为月台，北侧为一梯形广场，东西两侧分别规划了一块绿地。车站西侧约 450 m 处设有一个大型的机车库。站前广场向北约 80 m 处有一个五边形的小广场，小广场向五个方向辐射道路，其中北三路和北六街分别向西北和东北侧延伸，在距离约 60 m 处各形成一个小广场并向辐射道路。这两个小广场辐射出的北六路和北七路向北约 30 m 各自又形成一个更小规模的广场，这样由道路交叉形成的五个小广场在平面上组成了一个不规则的五边形。北三路向北延伸至当时最大的一处居住区。北五路向北延伸至山脚下，它旁边的区域是城镇的军事中心区，包括铁路治安所、监狱和兵营。北五路的东侧有两个中型居住区，旁边是全镇唯一的教堂。教堂的东侧分布两个小型住宅区，再向东是城镇医疗区，医疗区内的几栋医疗建筑相互围合，周边还规划了大量绿地。医疗区的东南侧是一处兵营，是城镇东部的军事中心。兵营以南是两处单体建筑，这两处建筑也是整个城镇唯一拥有独立院落景观规划的住宅。城镇南侧的另一边零散的布置着几处单体住宅。道路向南有三座桥梁连接横道河南北两侧的用地，俄国人在此规划了一处园林绿地，城镇南侧建筑物分布少，观赏视线开阔。

（2）城镇道路系统。

规划初期横道河子采用方格网式，这种道路规划更偏向于功能主义，也是西方近代规划的常见形式。方格网结构表现为个体单元的不断复制，形象鲜明，内部形态清晰，这种路网形式更加灵活，便于扩张，利于开发。局部路网也采用了放射状，地势比较复杂的地区采用自由式路网，这些道路形式相互结合，共同组成横道河子的道路系统。

规划初期的横道河子以山水作为边界，铁路规划顺应山水，城镇的道路分别与它们相联系，形成一个统一的整体。横道河子道路网系统中的道路共有三个等级，即主要道路、次要道路和城镇支路。

虽然城镇地形复杂，但横道河子主要道路规划尽可能地顺应地势走向。城镇的主干路有两条：镇北路与镇南路，它们分别位于铁路的两侧，宽度约为 10 m，是整个城镇道路的“脊骨”，负责承载城镇的主要交通量。镇北路几乎将整个城镇的主要功能区都串联起来，包括铁路站区、办公区、居住区、教堂、医疗区以及军事区等。镇北路向东延伸至山上，一开始道路末端没有什么建筑物，但是在后期的发展过程中，山上逐渐有人建设住宅，可以推测当时这条路的规划是在为后续城镇的发展扩张埋下伏笔。

城镇中另一条主要道路位于铁路线与横道河之间，由于规划初期城镇南侧罕有人烟，所以几乎没有什么建筑物，但在这里同样能够看到规划设计者对城镇后期发展的控制和把握，镇南路向东侧延伸与镇北路相交在一块较大的空地上，向西延伸在城镇西侧转弯的铁路线处连接建筑群，向南还能够通过 3 座桥梁连接横道河南侧的空地和一片园林绿地。两条主要道路相对整齐，在规划上满足城镇使用功能的同时还兼顾了城镇未来的发展趋势，体现出当时城镇规划设计者的深谋远虑。

城镇次要道路大多分布在北侧，宽度不一，基本在 4~6 m 之间。在城镇地形的限制条件下，除了车站正北侧的几条次要道路呈放射状，其余都属于平直的方格网式，这样的地块形状便于规划行列式的建筑布局。从功能上看，这些直行街道以直线连接两点，不仅便于相互之间的交通联系，还能保护隐私，有利于俄国人更有效地控制城镇；从形式上看，直行街道和街道两侧的建筑相互配合形成规整统一的界面。

横道河子城镇规模并不大，支路数量也不多，宽度在 2~3 m 间，比宅间路稍宽，主要功能是联系主要道路和次要道路，方向与形式比较灵活，但容易出现异形道路，如断头路、丁字路等。值得一提的是，各类道路交汇处容易形成人流和车流的聚集，城镇规划者还在道路转角处设计了抹角，便于交通视线的通透，提高安全性，这体现了设计者在细节处的用心。

横道河子各等级道路相对平整，城镇肌理与中国传统城市的特征不同。中国传统肌理是粗放型街廓与内部自发生长的小巷相叠加而形成，而横道河子与西方古代城市的肌理相似，它的街廓划分较小且具有明显的几何特征，路网细致，体现出近代西方城市规划中的民主、平等意识。街廓进深 40~70 m，这种尺度对土地的商业开发是非常有利的，如哈尔滨中央大街附近的街廓尺度即为 40~80 m。

横道河子街廓内部的地块划分除方格网外，还有由放射形道路与方格网道路相交形成的不规则的地块形式。这些不规则地块往往位于放射形道路交接处的端部或两侧，它们的作用是保证沿街面两侧的整齐划一。从当时的规划图来看，横道河子的建筑肌理主要有以下两个特点：首先，街廓内的建筑一般分为双排布置，该布局的地块界限是一一对应的，偶尔错开，错开布置的方式多是因为街廓每排建筑的数量不一致造成的；其次，地块采取周边式布局，建筑紧贴外侧边线布置，这种布局的好处是令住宅获得较大的内院，公共空间向心性较强、利于邻里交往，但地块划分和建筑布局会显得呆板。

3.2 横道河子近代城镇景观特色

一般情况下，城镇景观是城镇自然景观与人文景观的统称。从景观构成的角度来看，对历史城镇景观的研究不仅应注重生态、审美等实体空间方面，还应注重社会、经济等人文景观方面。

横道河子镇区夹在两山之间，是典型的东北山地型城镇。在这种地形条件下，城镇的景观层次得到了极大的丰富。横道河子的城镇景观由自然景观和人文景观两大块组成。其中，人文景观又由人工设计的景观和作为景观的社会文化现象（以人为事件和人为因素为主的景观）组成。横道河子的城镇布局受自身地形的影响较大，它的城镇选址、建筑布局等规划与自然风光结合在一起，形成了独特的建筑景观和城镇风貌（图 3.4）。

3.2.1 城镇自然景观特色

孕育于自然环境中的历史城镇，经过长期的人为因素与自然因素的相互作用、相互融合逐渐形成自身独特的景观特点。自然景观是历史城镇所固有的自然形态，是城镇在山水、气候、地形地貌等条件的影响之下的外在表征，是城镇其他景观风貌的依托，同时也是城镇布局和发展的基础。

横道河子的自然景观要素主要包括山体、水体、植被等（图 3.5），它们在城镇景观规划中也起到了十分重要的作用。

（1）山体景观与城镇建筑的呼应。

连绵起伏的山脉具有动态的景观效果，因而建于山区的历史城镇往往具有生动的景观环境。山体的存在丰富了城镇的地形地貌，使城镇的轮廓丰富而连续。横道河子地处张广才岭腹地，周边群山环绕，所以在横道河子的自然景观构成要素中，山体是一种较为常见的要素。除了连绵不绝的山脉，城镇周边不乏形状突出的山石景观，比较出名的山有佛手山、怪石林、美女峰等，很多山石还有美丽的传说故事，并流传至今（图 3.6）。

横道河子镇区周边的山体按照空间距离的远近可分为远山和周山两种。远山是指与镇区距离较远，在人们日常生活的视线范围内只能看见其轮廓线的山体；周山则与之相反，为与人们行为活动联系

图 3.4　横道河子秀丽景观

图 3.5　横道河子城镇景观

较为紧密的山体。横道河子镇区的部分建筑顺应地势地建在了周山的山腰或山脚处，这些建筑具有很好的景观视线，同时自身也能成为城镇的一种景观。虽然群山围绕下形成的城镇特色鲜明，且与其他中东铁路沿线城镇的环境要素也有区别，但这种地形对城镇的远期发展却有一定的制约性，对城镇规模的影响较大。

横道河子城镇的规划建设体现了一种借山势、融山势的生态设计手法，即在景观空间形态上建立建筑与自然山体高度、形态的呼应关系。这种设计手法的优势在于：一方面，从景观立面构成的角度来看，山脊线背景与建筑轮廓线形成高低起伏的呼应关系，以此为原则确定的建筑高度和建筑群序列与景观制

a 远山

b 周山

图 3.6 城镇周边的山

高点有所呼应，即城镇内最高的建筑与最高的山峰相对应（图 3.7）；另一方面，从景观断面构成的角度来看，整个城镇从北向南，以镇区中心车站为对称点，形成了山势与建筑的呼应关系。

（2）水体景观在城镇规划中的生长。

水作为最活跃的自然景观元素，是城镇的标志性景观符号。水体通过营造或清新悦耳，或激昂澎湃的氛围，赋予城镇以灵魂。河流作为城镇中水体的主要表现形式，具有多重功能，它既能形成绮丽的景色，又能满足人们日常生活的需要，还能兼具运输、防洪等功能。横道河子镇中的横道河是佛手山下穿镇而过的泉眼河，四季不涸。河水从群山中款款而来，水面宽窄不一，流动起来具有一种动态的美（图 3.8）。

水体往往会给人以生命力的感觉，这也是水体的生态特质，以水体的发展和延伸来表示水的生长状态是营造水体景观的重要方法。城镇最初的设计者利用城镇的地形优势，汇聚河水，生成天然的湖面，同时开放水系使其不断向外延伸并与外接水系相通，最终构成一条具有生命力的景观带。城镇内水聚成湖，加之岸边的树影和俄式民居，就如同欧陆小镇一般，极具异域风情。1896 年建镇之初，大批俄国人倾倒于这里的迷人风光，纷纷把家安在这里。

（3）绿植景观对城镇景观的衬托。

横道河子的植被几乎都生长在镇区两侧的山上。由于水系发达，植被生长得极好，镇区的森林覆盖率达到 95%。森林中有松、椴、柞、桦、水曲柳等林木，有山参、北芪、五味子等野生中药材，有薇菜、蕨菜、松子等山珍野果，大部分植被都具有很高的经济价值和观赏价值。

植物种类的丰富特别体现在季节的变换上，这也使城镇的四季都有不同的色调：春天满山的

图 3.7　最高点建筑与山峰呼应

a 历史照片　　　　b 现状

图 3.8　横道河

嫩绿、夏季群山的墨绿、秋季满山的嫣红以及冬季群山的雪白，构成四幅美丽的画作，引人入胜（图 3.9）。

利用良好的森林生态环境构成的这一地区的绿色基底会辐射到人工建设的区域，使整个城镇具有良好的生态景观环境。不仅如此，森林系统还具有生态效应，大量的绿色植被不仅能够净化空气、调节气候，还能保持水土等。此外，森林的绿色与城镇建筑的黑色屋顶、黄色墙身形成颜色上的对比，丰富了城镇整体景观的色彩。通过这些衬托，自然绿色空间与城镇空间互相渗透、融合，实现了绿色资源在城镇景观空间上的和谐。

图 3.9　横道河子城镇四季景色

3.2.2　城镇人工景观特色

除了优美的自然景观，横道河子镇区的景观结构也是其形成独特城镇形态的一个重要原因。城镇景观结构除了包含普通的道路绿化、庭院绿化及公园绿地之外，还包括利用地势高低形成的建筑对景、开放空间格局以及城镇天际线景观，它们共同展现了横道河子独具特色的城镇景观风貌。

（1）城镇绿地系统景观特色。

横道河子的绿地系统主要包括三大块，即道路绿化、庭院绿化和公园绿化。根据其绿地系统的形式特点可以推断，它们是由俄日侵占者规划设计的。推断原因有三：首先，尽管俄国和日本的设计者设计道路绿化的手法有所不同，但是他们却都偏爱设置林荫大道，因为他们认为这些主要道路或者林荫大道是地区形象的代表，是景观绿化的重点；其次，俄国和日本的设计者也都十分重视公园与水景的结合；第三，城镇规划初期俄国设计者规划的几处大的庭院绿化可以看成是一种实验性质的大胆尝试，虽然数量不多却是城镇整体规划的重要点缀。此外，由于城镇大部分居住区内的住宅都采用周边式布局的形式，所以住宅的内院都比较大，人们会自发地在各自的木围栏内配植多种植物，形成小的庭院绿化。在俄国设计者之后，日本设计者同样重视庭院景观的设计。所以尽管两者对城镇的控制期一前一后，但是后期日本的规划设计在很大程度上是俄国设计的延续。

道路绿化或是建筑物与城镇道路之间种植的行道树，或是林荫大道两侧的行道树，或是道路两旁的草坪，是一种较为常见的绿化形式。横道河子镇的主要道路比较宽，道路两侧建筑的后退距离较大，所以二者间有足够的空间用来种植行道树和草坪，但主要以行道树为主。同时，这些绿地也可以作为两侧住户的住宅的前院或者山墙的偏院使用。在功能上，这种道路绿化既与住宅的内部秩序有关，又与街道的整体形象相关，是十分独特的空间绿化要素。在俄国人之后，日本设计者也继承和沿用了这一规划手法。

从横道河子早期规划图中可以看到，在城镇的南侧设计者规划了一个面积约为 12 000 m^2 的公园绿地，其基本形式明显受到了西欧风景园林设计风格的影响，整个园林地势平坦，南北长约 180 m，东西长约 320 m，几何形式、对称布局，中心处有一个中西结合式的凉亭。当时的设计者虽然没有引水入园，但由于公园与横道河的距离较近，因此具有一定的亲水性。由于占地面积较大，且周边没有构筑物的遮挡，因此该公园成为整个城镇最主要的景观之一（图 3.10）。

此外，在早期规划图中还可以看到设计师规划的几处庭院绿化，其中既有公共庭院也有私人庭院。公共庭院有三处：一是教堂周边的两块绿地，一块三角形的绿地位于教堂南侧正门前，另一块梯形绿地在教堂的北侧；二是医疗区绿地，位于教堂的东侧，庭院整体呈 L 形，内部规划有曲折的小路，线条优美；三是位于城镇西侧的住宅区绿地，设计者沿着镇南路规整地布置了一片绿地，内部同样规划了小广场和园路，属于这片地

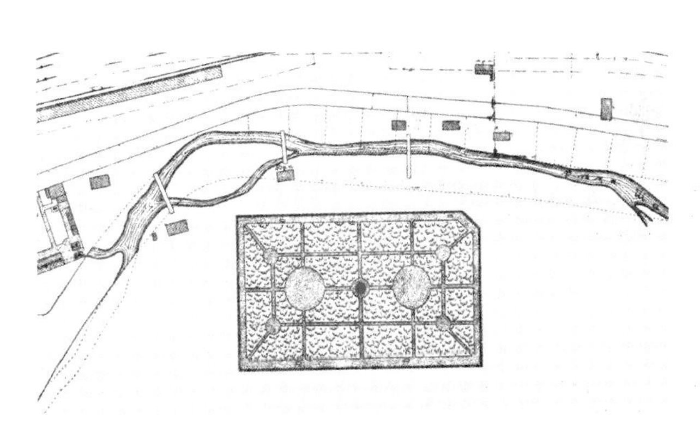

a 城镇公园规划平面图

b 公园中心的亭子

图 3.10　横道河子公园景观规划

块共有的绿地。相较于公共庭院，私人庭院在城镇整体规划中所占的比例较少，仅有两处，它们位于城镇的最东侧，形势较为简单。

（2）城镇空间的特色景观。

城镇的空间景观特色是横道河子景观独特性的另一个十分重要的体现，横道河子镇的空间景观主要包括城镇开放空间和城镇天际线两部分。

①城镇开放空间。

城镇开放空间景观主要包括制高点建筑、街道空间、广场和人工置景等，它们之间相互融合、相互制约，共同构成城镇空间的主体特色景观。

由城镇各级道路围合而成的街道空间是串联各个景点的基础。横道河子镇的街巷尺度宜人，除主要道路（10 m）外，其他道路的宽度（D）通常为 2~5 m，而道路两旁建筑檐口高度（H）通常为 3~4 m，二者的比值，即城镇街道空间道路宽度与建筑高度的比值，D/H 会作用于人的视觉，进而影响人的心理。当 $D/H < 1$ 时，街道空间细窄，人的视觉受限，在心理上也会有压抑感，如城镇支路、宅间路和两旁建筑物的关系就属于这种情况；当 $D/H=1$ 时，人的视觉受限的感觉减弱，同时空间的内聚性也适宜，人在这种空间内的舒适度较高，如城镇数量最多的城镇次要道路中的部分道路与两旁建筑物的关系就属于这种情况；当 $1 < D/H \leqslant 2$ 时，人的视觉受限继续减弱，街道空间紧凑感减弱但仍有较强的内聚性，人在这种空间内的舒适度尚佳，如城镇数量最多的城镇次要道路中的另外一部分道路与两旁建筑物的关系就属于这种情况；当 $2 < D/H \leqslant 3$ 时，人的视觉受限继续减弱，但空间感较差，有空间离散的感觉，人的视线不容易形成焦点，如城镇中的两条主要道路与两旁建筑物的关系就属于这种情况。由此可见，占城镇道路数量较大比重的次要道路与建筑物形成的街道空间的舒适性是城镇空间的主要组成部分，是较适宜人生活的。

街道交汇之处往往会形成广场，这样做既可以缓冲交通，又可以美化环境。横道河子共有大小广场 6 个，其中，站前广场为梯形广场，位于站舍北侧，横向布置，由两大块绿地和石头铺地组成，是一种支配型的广场，具有烘托站舍建筑和疏散人群的作用；另外 5 个广场为 3 个五边形广场和 2 个三角形广场，它们的内部设置了绿化，但规模较小，主要起到缓冲交通的作用。这些广场之间的距离基本在 40~60 m 之间，且互为对景，是城镇景观的重要组成部分。此外，城镇内还有人工瀑布、街道两侧住宅门前的明渠等人工景观（图 3.11）。

作为景观制高点的建筑往往需要具备两个基本条件：首先，建筑自身造型优美，独具特色；其次，建筑或处于有利的地势环境之中，或自身体量较大。横道河子镇中符合这个条件的建筑共有两个：一是位于城镇中心的约克金教堂。该建筑依山而建，通体绿色，是一座木质的俄式东正教堂，具有优美的洋葱头穹顶和繁复的细部装饰。建筑建于半山开凿出的平台之上，能够控制住整个低矮舒缓的城镇，成为小镇居民的精神空间制高点。二是城镇内体量最大的一栋二层建筑——中东铁路专家

a 人工瀑布

b 沟渠

c 街景

图 3.11　人工景观

公寓（俗称“铁路大白楼”）。对于城镇中大多数连续平缓的单层建筑来说，二层高的建筑由于占据了缓坡地貌的高点而成为一栋鹤立鸡群的“高层建筑”。

横道河子的城镇建设比较注重设置对景，有两种情况：一是以自然景观为对景；二是以建筑物、广场、公园绿地、瀑布等人工景观为对景。这些对景以城镇开放空间景观为基本要素，利用地势高低和距离远近来联系彼此，形成空间上的景观视线网。

②城镇天际线。

“天际线”一词原本和“地平线”含义相同，指的是“天地交汇处的线”。到了19世纪末，“天际线”开始与建筑物发生关系，“城市的天际线”开始被用来指城市的轮廓和剪影。在城市里，天际线是城市如何运行的物质证明，反映统治力量和居民的价值评判。在城市天际线中凸显出来的建筑可以作为城市地标性建筑物，而主导城市天际线的建筑往往反映并表达了城市主流的社会及政治秩序。

对于天际线的塑造，大部分地区都采用占据高处有利地形和突出重要建（构）筑物相结合的方法来实现。近代东北城市中，城市天际线反映的内容大致有以下两类。

一类是宗教的力量，如哈尔滨的尼古拉教堂就位于南岗区的最高点处，高耸的十字架是整座城市的视线焦点。通常情况下，教堂周围的建筑高度会控制在一定的范围内，通过不突破教堂的高度来体现教堂精神主宰的功能。在这一点上，横道河子的约克金教堂就和哈尔滨的尼古拉教堂的作用相似。同样的，约克金教堂占据了横道河子镇区的最高点，是城镇的视线焦点，其周边的建筑物也都低于它的高度。教堂的这些特点也反映了东正教作为俄国的“国教”的重要地位。

另一类反映的则是世俗力量，体现在侵占者严格控制民用建筑的高度，而提高统治机构的建筑高度方面，如建筑物上高耸的尖顶等，这种情况在中东铁路沿线各级站点都有明确的体现。横道河子镇有两处建筑属于这种地标建筑：中东铁路专家公寓和铁路治安所。这两栋建筑都是城镇中为数不多、体量较大的二层建筑，都建在各自区域的高地上，一个是城镇的指挥调度中心，一个是城镇的军事中心，它们代表的权利的目的是一致的。

3.2.3 城镇文化景观特色

从人类文化学的眼光来看，文明作为人类活动的重要成果，在很大程度上倚仗集体劳动的力量，而其产生的影响则在时空中派生出人类文化的历史脉络和分布。横道河子是中东铁路工业文明中俄式建筑特点最为鲜明、数量较为巨大且位置集中的一个站点，作为一座因为铁路的修建而兴起、因异族文化的输入而形成的特殊城镇，其具有自身独特的文化景观。

（1）异国文化景观。

横道河子是中东铁路工程建设的产物。俄国专家在此选址主要考虑两方面原因：一是城镇的军事作用，二是城镇丰富的木材资源。横道河子镇建在两山之间的平缓地带，镇内有横道河，这些自然条件使它迅速成为中东铁路北满线的重要军事防御地和往来列车中转及调配的枢纽。城镇丰富的木材资源方便铁路修建过程中采伐、加工和集散枕木，这也使横道河子成了名副其实的铁路工业城镇。由于建设工期较短，因此城镇在短时间内就聚集了大量的俄国技术人员和家属，随之而来的就是城镇中出现了数量众多、形制各异的俄罗斯风格的工业和民用建筑，这些建筑使城镇弥漫着浓郁的俄罗斯风情。

横道河子镇历史建筑功能类型很多，有火车站站舍、办公建筑、机车库、教堂、公寓、独立住宅、联排住宅、警察署、兵营、医院和桥涵设施等，可谓一应俱全。尽管城镇建筑类型丰富多样，但它们都围绕着铁路工业这一中心内容，组合成以工业建筑为中心的一系列配套建筑群。城镇建设初期，大量俄国人的到来使整个城镇几乎所有的建筑景观要素都属于俄罗斯风格。这主要体现在以下两个方面：一方面，作为城镇对外沟通的门户，火车站站舍上的两个巨大的红色铁质尖顶会首先映入来到横道河子的人们的眼帘，锥形穹顶耸立在细部构造丰富的俄罗斯砖石建筑的墙身之上，俄罗斯韵味十足；另一方面，由于最初来到横道河子的俄国人主要都是俄罗斯籍的中东铁路职工，因此，俄罗斯风格的中东铁路职工住宅就成了城镇建筑风貌的主体构成要素，以至于当时的城镇街景几乎都是俄罗斯风格的单层砖石住宅或木屋，此外还有巨大的坡屋顶、栉比鳞次的电线杆、石块铺就的街道和低矮的木质栅栏等，这些符号化的街道语言勾勒出城镇恬静浪漫的异族风景（图 3.12）。

图 3.12　城镇异域文化风情

（2）铁路工业文明。

除了表面上体现出的移民城镇特征外，铁路工业文明同样是横道河子特有的气质和精神个性。从城镇的整体布局来看，以铁路线和火车站站舍为中心，城镇主要道路与二者平行，道路两旁的建筑群向南北延伸，使铁路站区成为城镇空间的绝对中心。人们在城镇的街道、广场等开放空间行走时，可以有机会从全然不同的多个视角看到由铁路线及其两侧的标语和广告画、火车站站舍、横道河子站机车库等元素共同构成的城镇内的铁路系列景观。

城镇中区别于铁路系列景观的另一种工业景观类型是活动景观要素。活动景观要素最具代表性的就是穿行在铁路线上的列车。列车穿梭在城镇中，不停地带来各地的人们的同时也成了一道亮丽的风景线。此外，城镇内部的人群同样是一种活动景观。铁路建成通车后，在以铁路运输为城镇核心产业的横道河子镇，一部分俄国人和没有离开的中国人开始在铁路部门工作。在铁路运营的鼎盛时期，城镇常住人口的 90% 都是铁路职工，这一巨大的团体所特有的关系派生出特有的、相似的作息模式主要体现在上下班时人群的移动方向上，能够呈现出类似于一座大型工厂发展出的小工业城市的典型生活模式下常有的景观样式。

3.3　横道河子历史建筑的功能类型

作为中东铁路沿线至今仍保存完好的、为数不多的几个城镇之一，横道河子无论是在城镇规划格局上还是在建筑风貌上都表现出强大的生命力。横道河子镇的多重功能定位决定了城镇内建筑类型的多样性。镇内现存较为完整的历史建筑 129 栋，这些建筑的功能类型主要包括工业、居住和公共服务 3 种，每种类型中又包含多种功能形式的建筑。城镇建筑受俄罗斯文化的影响较大，基本上是“文化移植”的产物。同沿线其他城镇相似，城镇规划的完整性及其主要官方建筑式样的统一是它们的主要特征。尽管如此，横道河子的大部分建筑都具有自身独特的一面，或是表现在装饰细节上，或是表现在材料的组合运用上，或是表现在结合当地特殊的地形条件上，形成极富空间感的城镇建筑形态。

3.3.1 公共服务建筑

横道河子的公共服务建筑类型丰富、风格多样，能够很好地满足城镇多重功能和定位需要。城镇公共服务建筑的平面样式比较丰富，有一字形、L 形、山字形和拉丁十字形等。虽然目前城镇中的大部分公共建筑都已荒废，但是却能够较完整地反映沙俄和日本占领时期的城镇历史风貌、异国风情和地方特色，对它们进行必要的研究有助于人们了解当时横道河子镇的公共服务建筑的建造水平和技术。

（1）行政办公建筑。

①车务段。

车务段是铁路各项行车组织的指挥部门。中东铁路时期，铁路管理局内设车务处，下辖满洲里、哈尔滨、大连 3 个车务总段和 12 个车务段，专门负责管理和组织铁路运输工作。横道河子站车务段最初的管辖范围为一面坡站至牡丹江站，后来被相继改为满铁列车检查所、牡丹江铁路车辆段横道河子轴温检查站及横道河子列检所。

该建筑建于 1903 年，为俄国建筑师设计的砖木结构单层建筑，风格独特。建筑平面为一字形，局部非对称式布局。建筑长约 25 m，宽约 12 m，面积约为 300 m^2。西侧为检验区，东侧为办公区，分区明确，互不干扰。

建筑面向站台的主立面采用非对称式构图，入口和东侧的立面有一大一小两个墙身的凸出，这样处理的建筑立面既富于变化又协调统一，节奏感十分强。这两处凸出的墙面的装饰较为复杂，是整个建筑外立面的亮点。挺拔有力的短壁柱托起山花压顶并与拱形窗口、拱额和墙身横线脚相连，构成一体，同时突出的墙角部位还砌筑了隅石，增强了建筑物的力度感。檐口下的砖砌筑得凸凹有序，建筑主立面与山墙窗洞主次分明，显示出设计的细致周到。黄色的墙面饰以洁白的线脚装饰，冠以蓝色的屋顶，别具一格（图 3.13）。

②铁路机务段办公室。

铁路机务段办公室位于城镇西北角，机车库附近，主要功能是管理机车库各项工作和存放检修工具。建筑平面呈 L 形，长约 16 m，宽约 8.7 m，门斗处突出墙面约 1.5 m，建筑面积约为 139 m^2，内部共有 3 个房间。

建筑外立面采用非对称式构图，入口处门斗凸出、踏实厚重，檐口上有女儿墙，门上有弧形雨棚，与门两侧的窗口上的弧形装饰相呼应，室外台阶两侧的翼墙由木板拼贴而成、造型新颖。东侧墙面用挺拔有力的短壁柱托起山花压顶并与拱形窗口、拱额及横线脚相连，构成一体。立面色彩构成上，线脚为白色，其余墙面为黄色，屋面颜色区别于黑色屋面的普通住宅，为红色，给人耳目一新的感觉（图 3.14）。

（2）军事建筑

从铁路开始修建起，横道河子就一直有俄国护路队驻扎，鼎盛时期这里驻有中东铁路护路队 1/3 的兵力。而自 1903 年中东铁路开始运营起，横道河子也一直是沙俄军政机关的所在地。从城镇遗留下来的军事建筑来看，当年这里的军事系统功能全面、规模较大。横道河子现存的军事建筑主要有横道河子站铁路治安所、水牢、兵营和马厩四种类型。

a 现状

b 测绘图

图 3.13　车务段

①铁路治安所。

横道河子站铁路治安所（又称“伪满横道河子警备队”）是城镇最高级别的军事建筑。该建筑属于典型的俄罗斯建筑风格，系中东铁路全线通车后，俄国人为加强对铁路沿线和本地治安管理建造的。1904 年，该建筑在城镇东部海拔高达 500 m 的台地上建成。由于建筑处于城镇中较高的位置，视线极佳，是一处绝好的观察点，可用于控制和观察全镇百姓的日常情况。

建筑的使用功能随横道河子的控制权的更迭而数次变更。中东铁路时期，该建筑为俄国人驻横道河子铁路警备队使用；日本占领时期，将其改为横道河子警备队，还在建筑周围增设了狼圈、水牢和马棚等辅助建筑；1921 年，俄国人在阿城至绥芬河沿线设立东省特别区第三区，横道河子的警察署负责分管

图 3.14　铁路机务段办公室

铁路沿线的治安事务，且隶属东省特别警察管理处；民国时期，这里仍为警察署；1931 年日本人派警备队驻扎在此，并设立狼圈和冰牢等；1945 年 8 月，横道河子的治理权回到了中国人手中，建筑改为铁路职工住宅；此后又被用作铁路子弟学校和木器厂等（图 3.15）。

建筑平面呈 L 形，层数为二层，面积约为 640 m²。建筑的西侧采用一字通廊式布局，走廊两侧的房间比较大，是建筑的主要办公部分；建筑的东侧共有 3 个房间，面积较小，推测为值班室等辅助功能用房。建筑的东西两侧有各自独立的入口和楼梯，且它们在一层是互不相通的，因此可以推测建筑东西两侧一层的平面功能是有明确分区的。根据一层东西两侧建筑面积的大小及房间的分布可以推测，东部入口为建筑的主要入口，南部入口为次要入口。在二层平面中，东西两部分通过楼梯处的门相互连通，不再彼此分隔，全部房间均为正常尺寸。建筑外立面简洁庄重，出檐较宽，石砌抱角，木质雨棚十分精致（图 3.16）

②水牢。

作为伪满横道河子警备队的关联建筑，水牢是日本人占领横道河子后增建的一栋具有监狱性质的建筑物。该建筑后期还曾被改为浴室，现在处于未使用状态，建筑保护情况较差。

建筑平面为侧放的上字形，层数为一层，局部半地下室。建筑长约 30 m，宽约 10 m，入口在建筑的北侧，以入口为界，建筑内部有两个分区，西部布置正常尺度的房间，推测功能为办公等；东侧为监禁囚犯或关押暴乱者的区域，有几间十分狭小且无窗的房间，推测功能为审讯室或单个犯人关押室，其余两间较大的房间推测功能为关押大量犯人使用的关押室。整栋建筑全部用砖石砌筑，墙体厚实而坚固。外立面中，西部窗台的高度为 1 m，安装较为高大的窗；东部窗台的高度为 2 m，窗子高度为 1.2 m，宽度为 0.6 m，有方形窗和半圆形窗，透光面积很小，符合监狱类建筑的立面开窗特点。整栋建筑除了门窗部位有简单的装饰外，其他部位几乎无装饰，凸显出一种紧张的氛围（图 3.17）。

图 3.15　铁路治安所

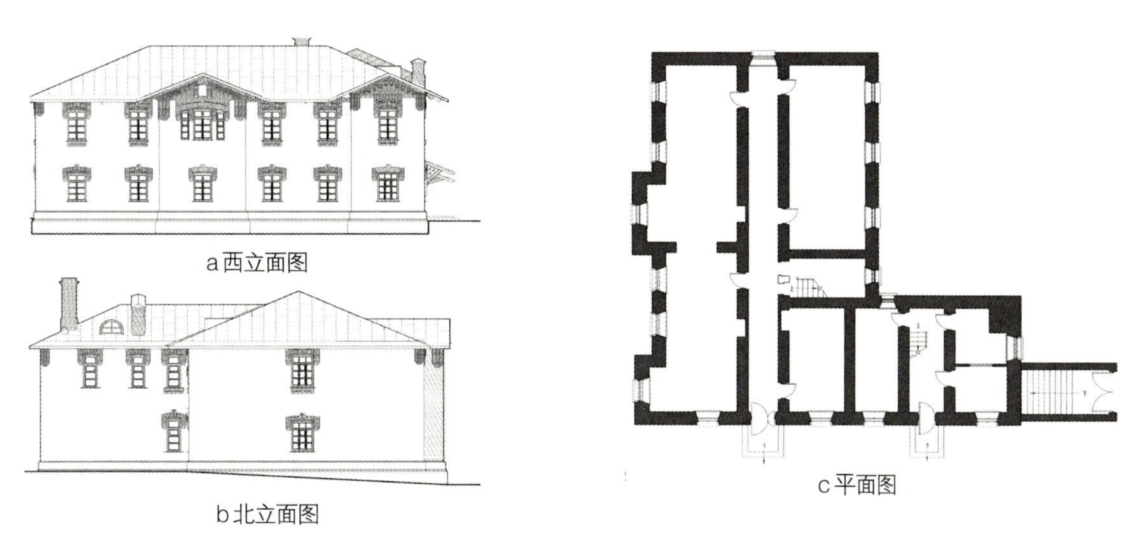

图 3.16　横道河子站铁路治安所测绘图

③兵营。

兵营是俄国护路队士兵的住所，是带有军事性质的居住建筑。根据城镇早期的规划图和实地调研可知，横道河子镇的兵营共有 4 个，两个在铁路北侧，两个在铁路南侧。铁路北侧的兵营：一处在铁路治安所的南侧，火车站站舍的北侧，且基本与之正对齐，海拔较高，有很好的观察视线；另一处在城镇东部，与医疗区和墓地相邻，处于城镇中地势较低的一侧。铁路南侧的兵营位于火车站站舍的西侧，与机车库基本垂直且距离较近，其中一个兵营是骑兵兵营，旁边配有马厩。这 4 个兵营全面地占据着城镇的西部、中部、东部，且兼顾着铁路的南北两面，围绕着车站核心区在城镇总平面中形成了一个三角形保护圈，4 栋建筑分别在三角形的 3 个顶点处，由此可以推测，当时的规划设计者在城镇军事部署方面进行过细致考量（图 3.18）。

图 3.17　水牢

图 3.18　兵营

中东铁路兵营的标准的图纸样式为：平面长条形，穿套式布局，两端分别有入口，入口处常设有门厅或门斗空间，用来防寒保暖；一般为砖木结构建筑，体量简洁；建筑立面窗洞口大小相同且连续排列；建筑层数大部分为一层，少数为二层。横道河子的 4 栋兵营建筑中，有 3 栋均为一层，仅有 1 栋为二层。尽管建筑平面与标准兵营建筑图纸有些许出入，但大体上符合兵营建筑的主要布局特点。建筑立面装饰比较简单，长度比一般住宅建筑要长很多，可识别性强（图 3.19）。

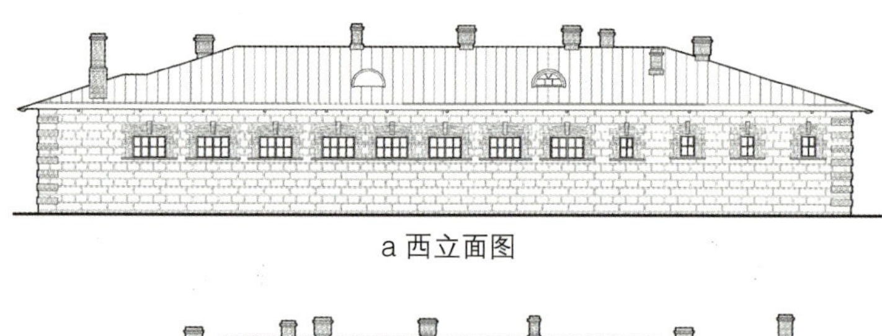

a 西立面图

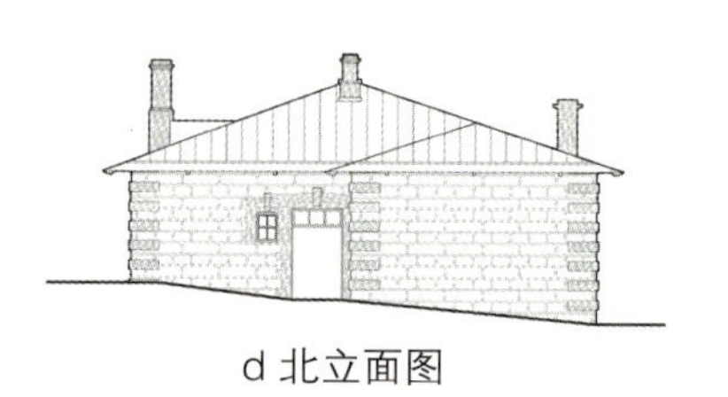

d 北立面图

b 东立面图

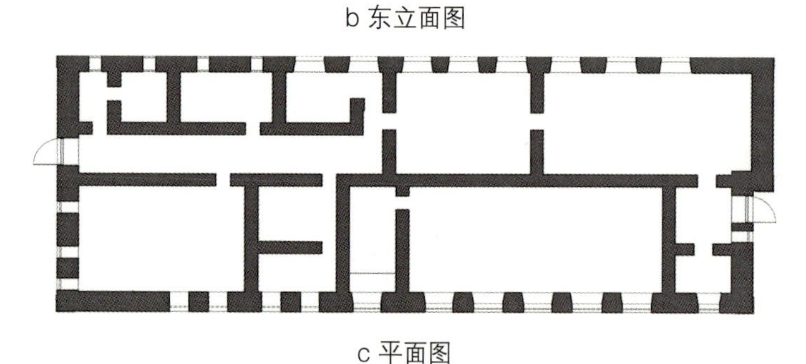

c 平面图

图 3.19　兵营测绘图

④马厩。

横道河子共有两个马厩，位于城镇的西部，分居铁路线的两侧。马厩是中东铁路军事建筑的辅助建筑，是护路队骑兵兵营的附属建筑。建筑形式与兵营建筑相仿，只是内部空间的划分上有所不同。城镇中的两处马厩中，位于西侧的马厩在外观上更像是一栋普通的住宅，推测可能是横道河子驻扎的军队数量曾经在短时间内迅速增多时，被临时用作马厩的民宅（图 3.20）。

（3）医疗建筑。

由于横道河子不仅是中东铁路修建时的一个重要工区，还是一个军事重镇，所以城镇中曾经有大量的筑路工人和俄国专家以及护路队士兵，为此，城镇就需要有一套相对完整的医疗体系。医疗区域在城镇的东部，位于教堂和墓地之间。从横道河子早期规划图中可以看出，当时的医疗区面积大约是现存面积的二倍，区域中共有 6 栋建筑。当时的医疗区内有较好的绿化景观，包括曲折的小路和各种植被等。城镇中现存的医疗建筑为 4 栋，分别是卫生所、住院部、医院附属用房和医院职工宿舍，它们相互围合，形成一个建筑群组。

①卫生所及住院部。

卫生所平面呈 L 形，建筑面积约为 295 m^2，入口位于建筑西部，面向东侧，室内共有 7 个房间。它与扎兰屯卫生所有很多相似之处：在建筑平面上，两者均为 L 形，都通过单廊来组织平面空间，但扎兰屯卫生所的面积为 426 m^2，比横道河子卫生所的面积略大一些，功能上也更全面一些。在建筑立面上，二者的建筑层数都是一层，都是典型的俄式风格建筑，门窗洞口均采用砖券结构。两栋建筑的区别在于建筑结构：扎兰屯卫生所是砖木结构，而横道河子卫生所是混合式结构，这与各自地区盛产的建筑材料资源有关（图 3.21）。

根据扎兰屯卫生所的相关资料可以推测，按照当时的卫生所配置比例，横道河子卫生所内应至少有医师一名，助理医师 1~2 名。住院部位于卫生所的北侧，建筑坐北朝南，光线和通风都较适合于病人养伤。建筑平面为不标准的一字形，与早期规划图比较来看，这栋建筑最初的平面应是凹字形，推测为后期改建所致，现存建筑面积约为 698 m^2，大约是原建筑面积的 2/3。建筑层数为一层，带有地下室，入口在南侧，

图 3.20　马厩照片

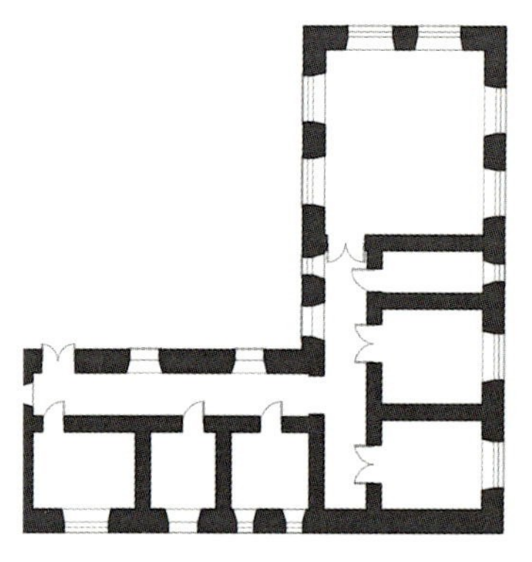

a 横道河子卫生所平面图

b 横道河子卫生所

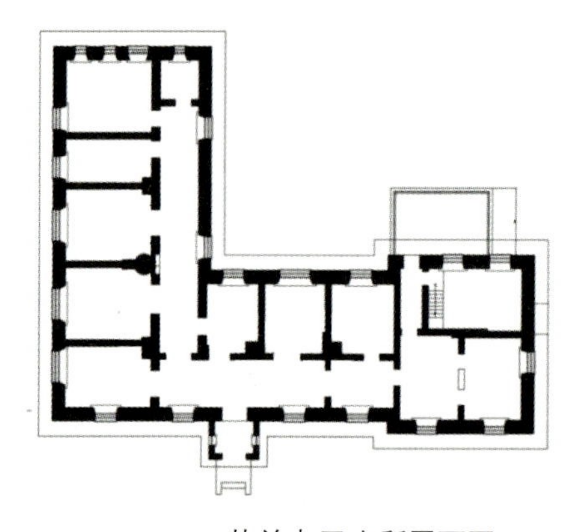

c 扎兰屯卫生所平面图

d 扎兰屯卫生所

图 3.21　横道河子与扎兰屯卫生所的比较

而在规划之初，该建筑的北侧还有一个带有椭圆形小花园的入口，花园旁边的道路直接连接城镇次要道路。建筑结构为砖石结构，建筑风格为俄式风格。

②医院附属用房。

医院附属用房西邻卫生所，南邻住院部，建筑长边平行于住院部，平面呈凹字形，在空间上与卫生所和住院部组成相对稳定的方形围合式建筑群(图 3.22)。

图 3.22　医院附属用房

建筑层数为一层，面积约为 558 m²，南北各有一个入口，砖木结构，坡屋顶，屋面有老虎窗，门窗洞口为砖券结构（图 3.23）。

（4）其他类型的公共服务建筑。

铁路开始修建后，由于横道河子的俄国人数量不断增加，小镇居民在生活等各方面都受到来自不同国家的文化的影响，其中较为明显的影响是宗教信仰。宗教可以慰藉人的心灵，而远离故乡漂泊在外的

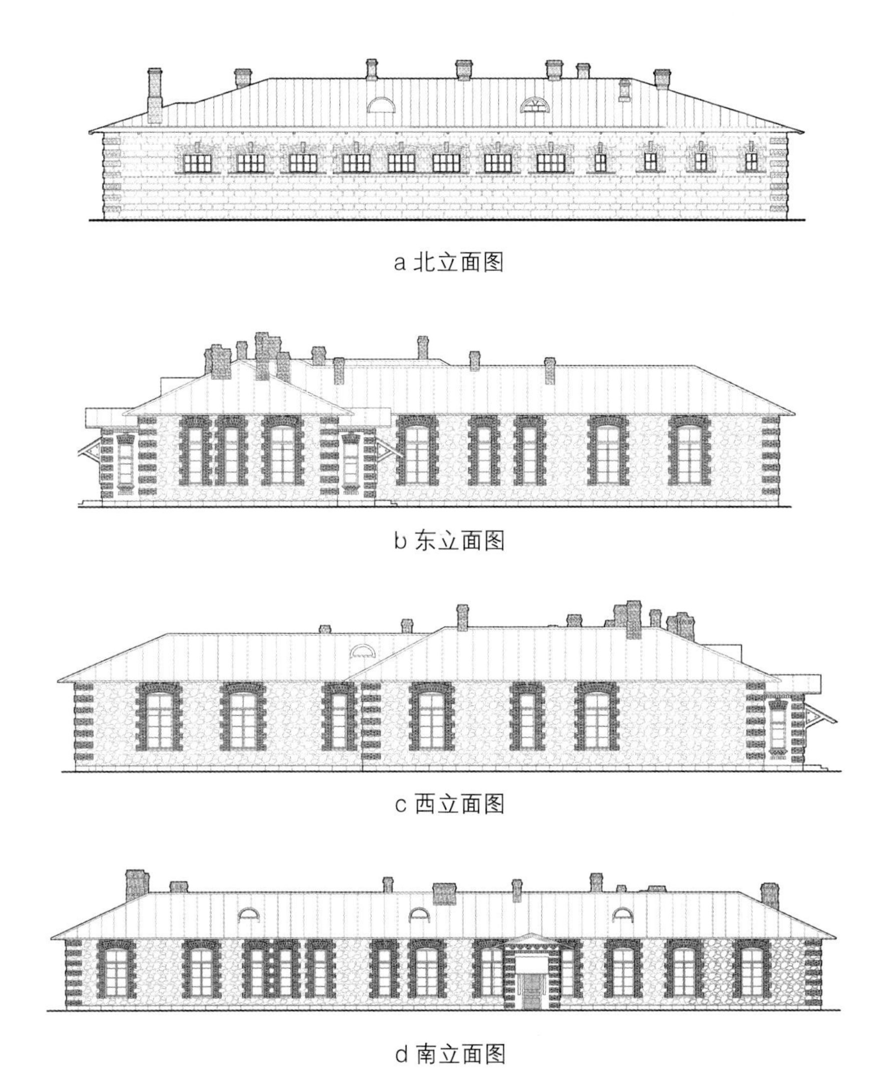

a 北立面图

b 东立面图

c 西立面图

d 南立面图

图 3.23　医院附属用房测绘图

人的心灵更需要慰藉，所以俄国人几乎在中东铁路沿线的每一个重要的集镇都修建了教堂。

俄国人大多信奉东正教，为了满足居住在横道河子的教徒的信教和参拜祈祷的需求，设计者在城镇东部的半山坡处修建了一座名为约金斯克的全木质教堂，中文意思为：圣母接受洗礼的地方，后人也把它译为“圣母进堂教堂”（图 3.24）。由于教堂建于海拔较高的台地上，所以又被当地人称作“喇嘛台”。

教堂始建于 1902 年，1903 年开始接受洗礼，总占地面积 3 490 m^2，在规模上仅次于曾经被毁坏的哈尔滨圣尼·古拉大教堂，是目前黑龙江省唯一的一栋木质东正教堂。教堂最初设主教 1 人，神父 2 人，是西至石头河子、亚布力，冬至海林、铁岭河一带的东正教活动中心。当时在此教堂活动的教徒最多时约有 500 名。到了 1955 年，城镇中的日本人和朝鲜人的数量逐渐增多，俄国人大多已迁移至哈尔滨。随着镇上俄国人的减少，教堂的活动也逐渐减少直到最终停止。此后的一段时期里，该教堂分别被用作果酒厂车间、敬老院和生产队谷仓。目前的教堂是经过修复的，功能为影视城、旅游基地。

俄国人当时建造的这座教堂有两重功用：一是布道，二是作为教会学校。当时在学校学习的主要是俄国儿童，此外还有少量的中国儿童，他们学习的主要内容是语言和东正教教义。1902 年 11 月 1 日，从北京请来的第一任大教主神父伊诺坎基·别列耶拉夫斯基在教堂进行了洗礼，并成为教会学校的第一位校长和老师。

a 1923 年

b 2001 年

c 2015 年

图 3.24　横道河子站圣母进堂教堂

横道河子站圣母进堂教堂是典型的俄式行军教堂，其造型、结构、工艺和装饰等全部为较纯正的俄罗斯早期建筑风格。教堂就地取材垒砌，地基以上部分完全采用附近山上的上等红松搭制而成。由于红松具有耐腐蚀、不变形等特点，所以教堂虽然经历了百年风雨却依然保存良好。教堂建筑面积 614 m^2，主体为木刻楞结构，其墙身全部由直径一尺（约 33.33 cm）以上的红松原木通过卡、嵌、镶、雕制而成。建筑平面呈希腊十字形，内部空间灵活，形体变化丰富（图 3.25）。教堂中间的主厅用于宗教活动，四周的墙壁上有许多彩色画像等。教堂的东北、东南各有一门厅，西北、西南各有一忏悔室。教堂内当时设唱诗班和诵经班，平时也用作教室，教堂与教室被圣像壁与十字形平面的祭坛分隔开来。教堂内共有

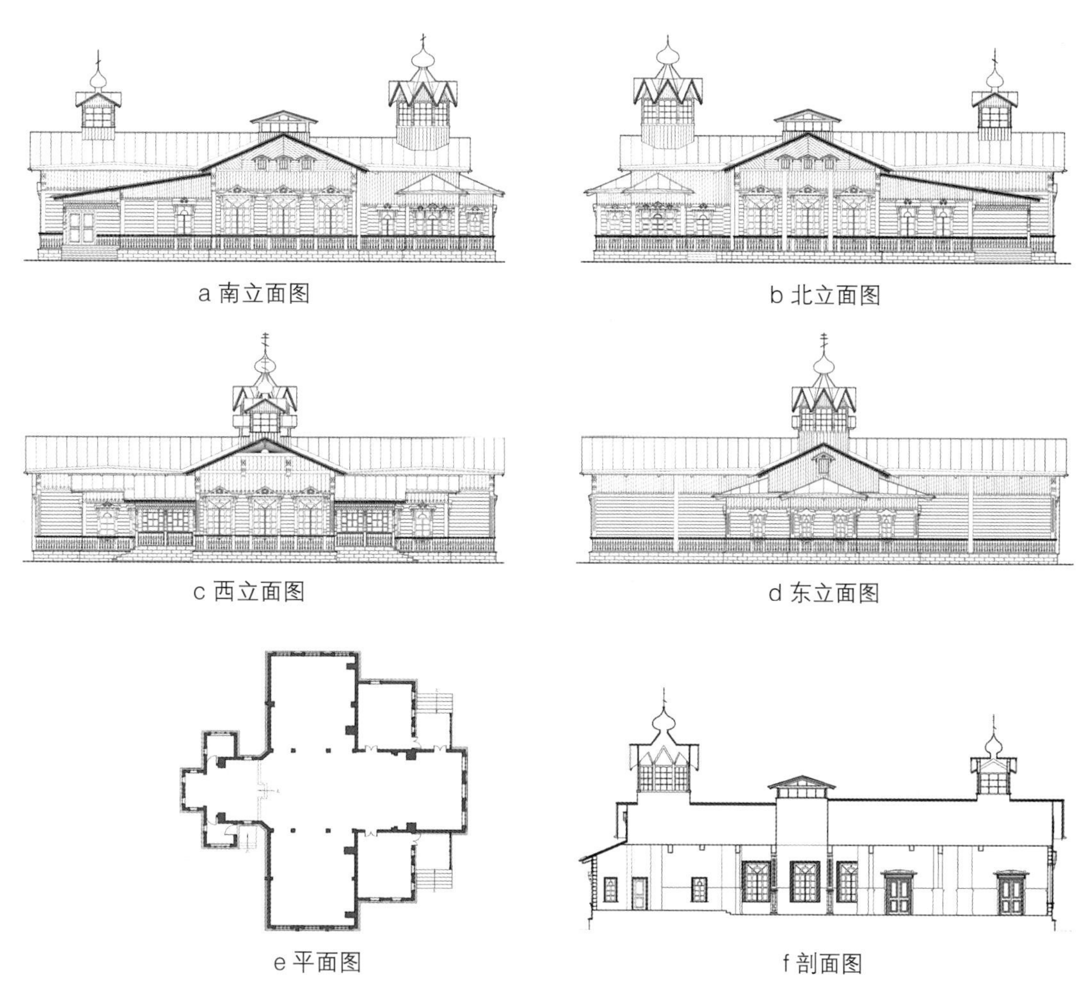

图 3.25　圣母进堂教堂测绘图

3个班级，转角处设置了洗手间、衣帽间和小餐厅。教堂立面的坡屋顶上有两个小亭子，为典型的俄式风格木结构“帐篷顶”造型，门楣、窗楣图案体现出俄罗斯传统木建筑特色。教堂最高处的两个洋葱头式宗教符号遥相呼应，和谐统一。

教堂的南侧有一个钟楼，共有1个大号钟、2个中号钟和32个小号钟，教堂举行不同的宗教活动时便会敲响不同的钟，钟声响起，方圆十几里都可以听到。

3.3.2 居住建筑

居住建筑是横道河子镇现存数量最多的建筑类型，城镇居住建筑主要有两种类型，一种是住宅建筑，另一种是职工宿舍建筑。在横道河子的居住建筑中，住宅建筑是数量较多的类型。由于独户住宅的数量较少、级别较高，因此它们往往都建在城镇中较好的地段，建筑平面也较大。联户住宅是城镇内数量最多的居住建筑类型，一般可供2~8个住户居住和使用，平面布局灵活多样，应用范围比较广泛。城镇中的职工宿舍建筑，如铁路职工宿舍楼、医院职工宿舍等是为单身的铁路或医院职工提供居住场所的，室内一般会设置标准间和公共卫生间。横道河子的居住建筑大多采用俄罗斯建筑风格，由于数量众多，因此它们的整体风格也就决定了城镇的整体格调。

（1）住宅建筑。

横道河子的住宅建筑主要有两类，即独户住宅和联户住宅，其中独户住宅一般是铁路官员或商人的住所，而联户住宅一般则是职工家庭的合居住所。

①独户住宅。

由于横道河子是自然环境优渥，景观系统完备，各项基础设施相对完善的宜居型城镇，因此城镇内规划建造了一些精良的独户住宅（图3.26）。这类建筑对景观环境的要求较高，因此一般都分布在远离铁路站区的、环境优美的地段。从横道河子的自然条件和整体规划来看，既能不受外界打扰又能看到优美景观还能方便生活的地段为城镇东部的山坡。由于城镇东部山坡的海拔较高，因此建在此处的独户住

图3.26 位于东山腰的独栋住宅

宅有很好的景观视线，同时建筑本身还可成为城镇的人工景观，是人工与自然的完美结合。

一方面，在建筑体量上，独户住宅的体量普遍比联户住宅的体量小；另一方面，二者在占地面积上却十分相近，甚至有时还会出现独户住宅的占地面积大于联户住宅的情况。因此，独户住宅距离道路红线的距离比较大，其院落一般相对宽敞，功能配置也相对齐全，尽管只有一层，但建筑内部除基本功能性房间外还会有书房、客厅和佣人房等。由于约束条件较少，独户住宅在朝向上往往是坐北朝南的，或是根据周边的景观选择的，所以最终形成的居住条件比较好。此外，独户住宅的入口旁常会有一个透明的玻璃阳光房，主人可以在其中种花种草、聚会娱乐而不受北方冬季寒冷天气的影响。

横道河子的独户住宅具有自己独特的风格。在建筑样式上，尽管其建筑样式和细部装饰与其他城镇有一定的相似之处，但是却能够打破千篇一律的格局而形成自身的特色，这些特色主要体现在住宅的平面和立面造型上；在建筑装饰上，住宅既有与其他城镇相同的符号又有自己独特的符号，且组合巧妙，使建筑立面效果充满惊喜；在建筑材质上，这些独户住宅的材质十分丰富，如有木材、砖材、石材和玻璃等。不同材质之间相互配合，可以形成不同的建筑结构和建筑立面效果。例如，横道河子有一栋木板房建筑，其外观给人一种美观大方、冬暖夏凉的感觉。建筑平面呈 T 字形，建筑风格为典型的俄罗斯田园风格，建筑的主体刷为黄色，门窗贴脸刷为红色，同时木质窗套上有精美的雕刻，暖色调的建筑色彩使其在白雪皑皑的冬日显得温暖轻柔，这种富贵但却不俗气的气质，体现出的是一种惬意与贴近自然的情趣。

由此可见，城镇中的每一栋独户住宅都是经过设计者精心思考后设计建造而成的，体现出来的是个人的喜好和趣味。住宅的功能不只是为了满足人们的物质需求，还是他们精神上的寄托。由于此类住宅比较高级，所以一般为当地官员的居住场所。

②联户住宅。

联户住宅是横道河子住宅中的生力军，它们不仅在数量上占有绝对的优势，而且也是“标准化”程度最高的一种建筑类型。城镇中的联户住宅沿着铁路线向南北两侧展开，在各自地块内围合成组团，组团中每栋住宅的每个入口处都有一处院落。这些联户住宅具有造价低、适用性强、外墙面积小、每户都有各自的室外花园等优点（图 3.27）。

图 3.27　横道河子联户住宅历史照片

与独户住宅相比，由于一栋建筑要居住几户居民，所以联户住宅的平面布局往往非常紧凑。通常情况下所有的住户单元会共同拼合而形成一个矩形的平面，只在局部，如门斗、玻璃阳光房等小体量部位会有平面上的凸出，使建筑外轮廓线富于变化，并在建筑立面上形成丰富的光影效果。联户住宅的户数组合通常有双户型、三户型、四户型以及多户型，这些种类的联户住宅在横道河子都有示例（图 3.28）。联户住宅的朝向相对自由，可以根据户数或者平面功能需求的不同而选择采用不同的朝向，既可以是南北朝向的也可以是东西朝向的，其规律为：双户住宅一般以南侧为建筑主要朝向；三户或四户的联户住宅一般以东西朝向居多。原因是双户住宅的入口可以分别在建筑的两个山墙上，但三户或四户的联户住宅需要在 4 个建筑立面上安排 3 或 4 个建筑入口，所以无法满足每一户的朝向需求，同时这类居住建筑也常会表现出进深较大，建筑主、次立面的区别被弱化等特点（表 3.1）。

除了与铁路沿线其他城镇相似的联户住宅的基本形式外，横道河子还有一处多户型联户住宅。这栋住宅建筑平面呈一字形，入口位于建筑的东西两侧，共有 28 个住户，虽然在建筑外形和功能上与宿舍建筑有相似之处，但由于该建筑是以“户”而不是以“间”为基本单位的，且没有集体活动室等公共空间，因此归为联户住宅类型（图 3.29）。这样大型的联户住宅在中东铁路沿线并不多见。由于住户较多，而建筑周边的空间有限，因此该建筑不具备为每户住宅提供私人院落空间的条件。建筑空间过于紧凑，居住条件较差。

横道河子的联户住宅的组团布局采用了形式完全相同的建筑成组布置的方式，然后再以此为基本单元进行多种组合。住宅在空间上的排布方式主要有沿街线性排布、街坊周边式排布和自由排布三种。城镇内典型的线性排布住宅区域是城镇现存较完好的百年老街，该街区内的联户住宅沿街依次排列，突出了街道的纵向性。除此之外，城镇的联户住宅大多采用顺应地形的自由排布方式。自由排布组团内的建筑的布局可以是紧凑的也可以是松散的，这种建筑的排布方式在很大程度上受到了俄罗斯乡间别墅式布局的影响。由于护路队会对城镇里生活的人们进行军事上的监视，而线性排布的行列式和建筑

a 双户型　　b 三户型　　c 四户型

图 3.28　户型多变的住宅

表 3.1　横道河子现存联户住宅

编号	照片	结构类型	平面	立面
1		混合式结构 （砖、石、木）		
2		木结构		
3		混合式结构 （砖、石、木）		
4		混合式结构 （砖、石、木）		
5		砖木结构		
6		砖木结构		
7		混合式结构 （砖、石、木）		

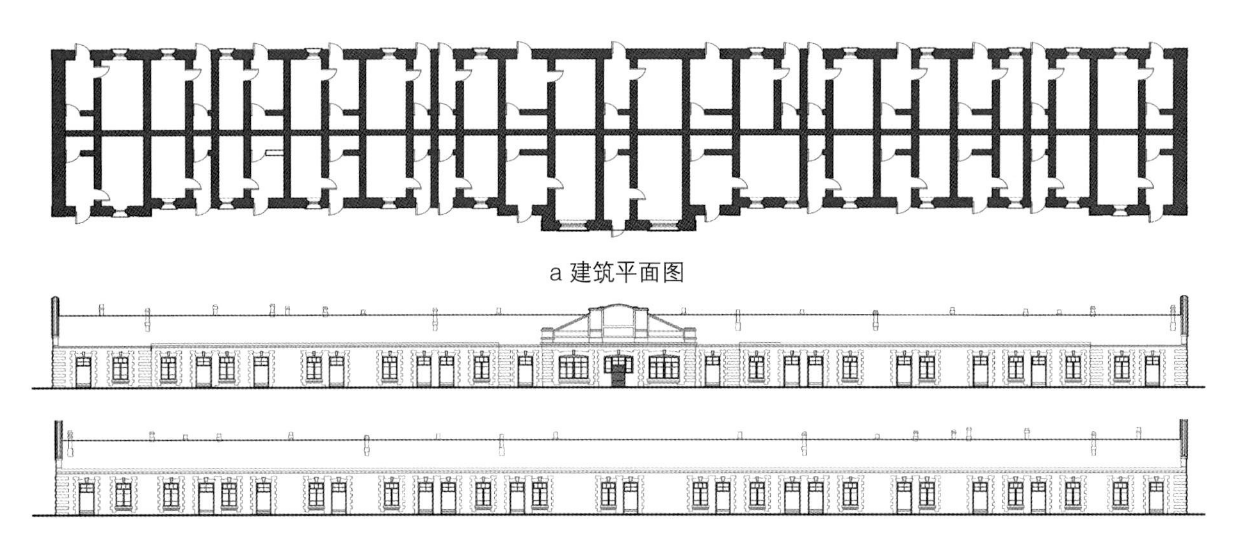

a 建筑平面图

b 建筑立面图

图 3.29　横道河子 28 家联户住宅测绘图

间距离较大的自由排布为监视提供了较好的视野，所以城镇内并没有围合型的、街坊式的住宅建筑排列方式（图 3.30）。

尽管联户住宅不能满足为每一户住户提供各自较大院落的要求，但是一般情况下，无论居住的户数有多少，建筑基本上都能保证每户住户都有独立的院落空间，这也和当时俄国人的传统生活习惯有很大的关系。除此之外，有些联户住宅还会配有室外的木质仓房，这种仓房一般在建筑内院，距离住宅 5 m 左右，方便住户储藏物品。仓房一般为木质结构，一字形平面，平面内部被均匀地分割成若干个小的矩形平面。为了方便排水，仓房的屋面通常为单坡。

图 3.30　横道河子联户住宅历史图片

联户式住宅的一个主要特点就是能够进行定型化设计，并且其定型化程度极高。设计师可根据不同住户的需要选择具有不同性质的建筑材料，依照标准化图纸进行重复性的建造以提高建造速度。联户住宅的标准设计方案有许多种，数量最多的除了典型的坡屋顶式的铁路住宅外，还有对称布局、立面带升起的山花装饰的住宅，如横道河子木材商店住宅就属于这种类型。尽管遵照相同的标准建造，横道河子联户住宅的外立面装饰却是繁复多样的，其做法也相对复杂（图 3.31）。

图 3.31　外立面装饰复杂的联户住宅

（2）职工宿舍建筑。

由于独户住宅能服务的人群数量十分有限，即便加上能供应多户人居住的联户住宅，往往也不能满足城镇日益增长的人群数量的需求。在这种情况下，城镇中开始兴建宿舍建筑。横道河子的宿舍建筑主要是为铁路职工提供住宿的，此外还有医院职工宿舍（图 3.32）。

宿舍建筑的空间构成比较单一，除了必要的公共卫生间和宿舍管理用房之外，几乎全部都是标准的居住单元。横道河子站铁路职工宿舍楼位于城镇北部，是国家级重点文物保护单位。建筑始建于 1903 年，是修建中东铁路的专家和技术人员的办公楼及住所，也是中东铁路东段筑路的指挥中心。铁路建成通车后，专家及技术人员相继撤离，该建筑为横道河子铁路管理机关所用，并分别用作横道河子特别区警察署（管辖一面坡站至绥芬河站沿线的 13 个警察所）和中东铁路办公处。该建筑是城镇内体量最大的二层建筑，建筑外立面为白色，所以也被当地人称为“铁路大白楼”（图 3.33）。建筑周边山高林茂、灌木丛生，环境十分幽静。中华人民共和国成立后，横道河子铁路归牡丹江铁路分局管辖，铁路职工宿舍楼被改为铁路职工住宅，现如今仍有铁路职工住在这栋建筑里。建筑经历百年风霜依然保存完好，表现出当时建造技术的高超。

该建筑造型新颖、风格独特，为俄罗斯砖木结构多户集合式住宅。建筑内部最初还配有上下水设备，采用集中供暖的方式。建筑总面积为 1 038 m^2，平面为一字形，布局紧凑、集中，层数为二层，由于地势西高东低，所以建筑东部还带有一层半地下室，半地下室曾作为暖房使用，而单元入口处也因地势的影响而设有室外楼梯。建筑平面具有近代单元式住宅的基本特征，整栋建筑共有两个标准单元，标准单元内为一梯四户式，全楼共计 16 户住户，每套住宅的房间面积都是相同的，套内均有 3 个房间，厨房、卫生间等配置齐全。每一层的公共楼梯平台上还有 4 间储藏间，每户一间。建筑公共交通空间的地面为水磨石地面，室内地面则铺设木质地板。图 3.34 为铁路职工宿舍楼平面和立面的测绘图。

图 3.32　铁路职工宿舍楼及医院职工宿舍楼

由于该建筑是由标准的建筑单元组合而成的，建筑的构图往往能够形成一定的比例关系，较易形成均衡而端正的建筑体量，所以建筑的立面为对称式构图，节奏感很强。从建筑立面来看，其与普通住宅相比，层高较高，入口在建筑的北侧，楼梯间在立面上做凸出处理，二层墙体上设有阳台，屋面有老虎窗，可由室内楼梯直接到达。建筑墙面及转角处用砖块砌筑成凹凸花饰和隅石来增强建筑的稳定感。除了窗额的抱角处为白色外，建筑的墙面均为俄罗斯设计者惯用的黄色。建筑北侧 10 m 处还有一个用于储藏冰块的室外冰窖，目前建筑立面整齐，保存较好（图 3.35）。该冰窖全部用石材砌筑，与铁路职工宿舍楼平行布置，长约 13 m，宽约 3 m，通过调节入口处的台阶来平衡地势高差。冰窖高度约为 4 m，共有 4 个木门，门两侧均各有两个楔形扶壁柱，屋檐处有一排突出的方形石，每个木门对应的屋面上均有两个烟囱。

3.3.3　工业建筑

在修建铁路的同时，与铁路工业相关的建材制造及与维修有关的工厂也随之产生。俄国人最初在横道河子内兴建的工业建筑有站舍、机车库和发电厂等，基本上都是保障火车正常运行的相关建筑，这些建筑不仅推动了城镇工业技术的发展，还代表了当时高超的建筑技术水平。

（1）火车站站舍。

横道河子站是中东铁路主线上东部线的一个重要的二等车站，开站于 1901 年，其站区中的标志性建筑是站舍。火车站站舍在 1967 年曾遭遇火灾，之后进行了一般性的修复。2002 年，火车站站舍被重新

图 3.33　横道河子铁路职工宿舍楼

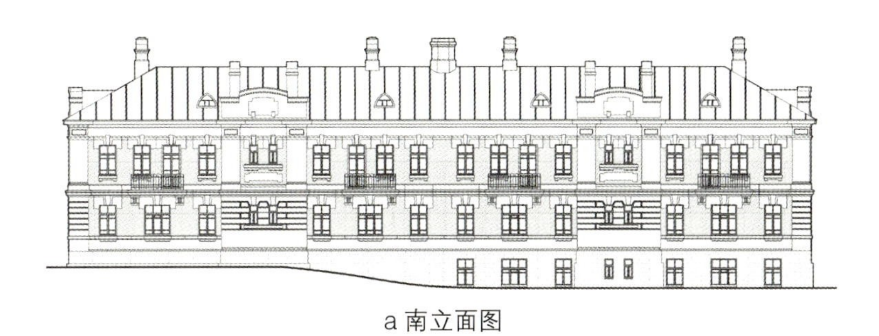

a 南立面图

b 北立面图

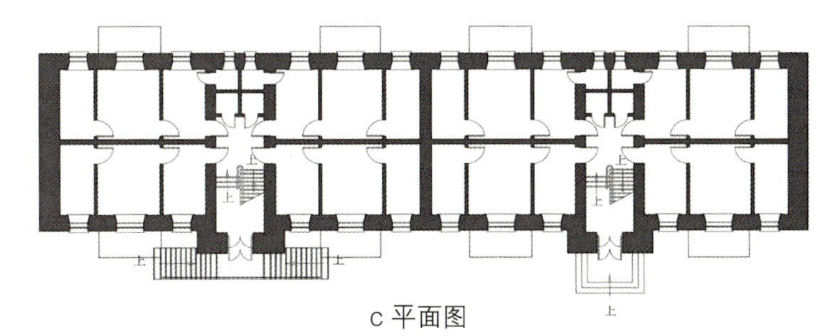

c 平面图

图 3.34　铁路职工宿舍楼测绘图

改建维修，保留了俄罗斯传统建筑风格、哥特式尖塔以及俄罗斯民间砖木结构建筑的传统建造形式（图 3.36）。

图 3.35　石冰窖

1967 年遭遇火灾之前的站舍是由俄国设计师负责设计，中东铁路工程局第十一工程段负责施工的，最初的设计者是工程师阿莫索夫，1901 年由工程师库利科夫接替。火车站站舍主要包括候车室、售票处、行包房、站长室、客运室、行车室、小件寄存处及行政办公等功能用房（图 3.37）。从现存的老照片中可以看到，站舍建成之初为一层的砖木结构的俄罗斯风格建筑，建筑靠近月台一侧为廊架和雨棚，是典型的俄式木构做法，雨棚位于主入口处，为双坡顶，廊架位于雨搭两侧，为单坡顶，建筑梁架为人字形木梁架，从立面上看，梁架和雨棚对称地组合在一起，成为一个整体性的木质结构，这与二、三等站舍的定型设计方案相吻合。横道河子站火车站站舍打破了城镇建筑立面平直的单调感，其屋顶形式高低起伏、极富韵律，屋面上的六棱锥形的铁皮尖塔是典型的俄罗斯风格的木结构“帐篷顶”造型，其上分布着大量的烟囱，这与当时的供热方式有关（图 3.38）。从站舍的形体上看，无论是建筑的整体形式还是建筑装饰构件处理都极为细致。

经过修复的火车站站舍虽然在整体风格上与原站舍是一致的，但在建筑造型上却有很大的改动。相似点表现为：修复建筑立面上用砖块砌成的凹凸的花饰与原有火车站站舍相似，别具一格，具有十分鲜明的特色；修复建筑的建筑立面为红色的屋面、黄色的墙面和局部白色的点缀，同样体现了俄罗斯传统建筑的风格特色。不同之处表现为：建筑层数由原来的一层改为二层，主入口前的雨棚和廊架都已去掉，坡屋面上的红色鱼鳞铁皮瓦尖塔由一个改为两个，塔顶也改成了圆锥体。

（2）机车库。

机车库位于横道河子镇北，占地面积约为 5 000 m^2，建筑面积 2 160 m^2，高度约为 9 m，一次性可容纳 15 台机车，当时配属的机车为牵引动力 800 t、构造时速 50 km 的小型蒸汽机车。1944 年，横道河子机务段可配属机车 11 辆，轨道车 12 辆。作为沿线列车主要的存车与维修处，机车库在 20 世纪 80 年代前的使用频率都是极高的，直到 20 世纪 90 年代蒸汽机被内燃机取代，机车库才完成了它的历史使命，并于 1900 年开始不再使用，其后该建筑还曾被大理石加工厂使用，目前未被使用，仅作为一处景点供人参观。横道河子站机车库体积庞大、造型精美，是一栋技术与艺术完美结合的大型工业建筑（图 3.39）。

a 1901 年

b 1923 年

c 2015 年

图 3.36　横道河子火车站站舍

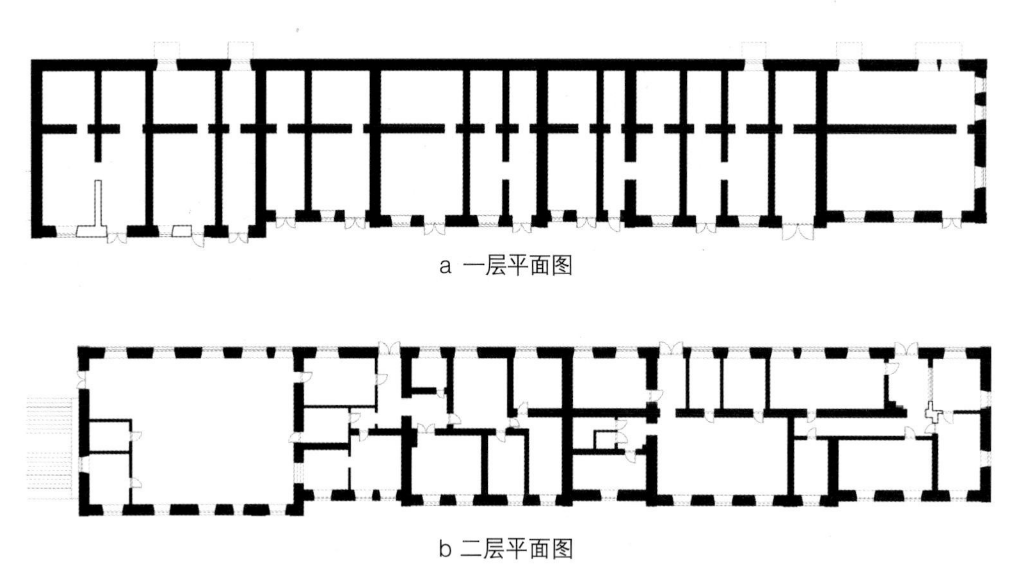

a 一层平面图

b 二层平面图

图 3.37　火车站站舍平面测绘图

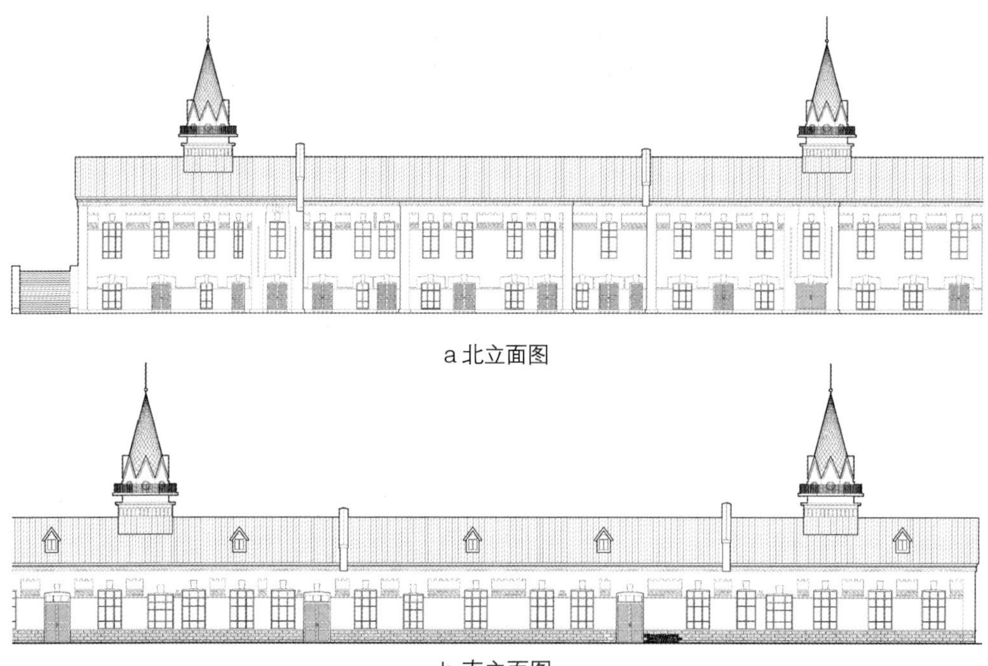

a 北立面图

b 南立面图

图 3.38　火车站站舍立面图

a 1903 年

b 1923 年

c 2007 年

图 3.39　横道河子站机车库

1903年，中东铁路局根据运输的需要和生产性布局，决定在铁路沿线设立10个机务段，规划在横道河子设立第9机务段，于是便修建了这座规模庞大的机车库。由于横道河子的地理位置十分特殊，既是中东铁路东起绥芬河、西至满洲里的中心站，又是通往哈尔滨的必经之路，还是火车向西行驶爬坡高领子的起点，因此该机车库的使用十分频繁，正因如此，历史上的横道河子机车库颇具盛名。

横道河子机车库设计理念较为科学，平面布局合理，主要由机车库建筑、铁路终端调度室、可调整车头方向的圆形调转盘及与之相连接的轨道组成。建筑平面为扇形，正立面短弧长77 m，背立面长弧线116 m，建筑进深28 m，由15个并列的库房组成，库门开在短弧墙面上，室内布置铁轨。机车库立面高度约为9 m，建筑墙体由砖石混筑，以清水砖为主，局部贴花岗岩石材。短弧立面的15个库门尺寸相同，均为高5.4 m、宽3.8 m的圆拱形木门，没有过多的表面修饰，门贴脸为灰色石材，正中间的拱心石的做法质朴，仅有简单的收边处理，门立柱用两道花岗岩加固装饰，简洁朴实。建筑屋面为水泥拱券，上铺铁瓦，15个圆顶相连排开，像翻滚的波浪一样。库内按3、4、4、4个机车位分为4个单元，用墙作为隔断，隔墙设有小门互相连通，拱券连接处由隔墙支撑，无隔墙处由地面竖起的4个钢架支撑。两侧山墙处砌筑凸出墙面的小塔柱，目的是修饰建筑轮廓。长弧线墙面的每个库房中，与库门相对应的位置有2个窗口，高2.3 m，宽1.1 m，整个墙面共有窗口30个。建筑北立面有2个拱形窗，高度为3.6 m，小圆窗直径为0.9 m，窗贴脸中间同正立面设拱心石。建筑顶部砌筑的女儿墙高于屋面，形成三角形的山花形状，三角形的顶点向上拔起，装饰屋面的同时还能遮掩结构部件，令建筑的外形更加硬朗。此外，建筑还利用砖砌出挑的方式砌筑扶墙垛，并逐层递减，这一结构除了具有支撑墙面的作用外，还有助于建筑的自由排水。建筑细部装饰属于明显的俄罗斯建筑风格，檐下利用砖砌檐口层层出挑的特征做出锯齿状线脚，产生较强的韵律感。

距离机车库库门30 m处设有调转机车头的圆形大转盘，转盘直径约为30 m，转盘与建筑之间用15条放射形铁轨连接，机车工作人员可以通过转盘让机车在通向扇形车库之前调换方向（图3.40）。

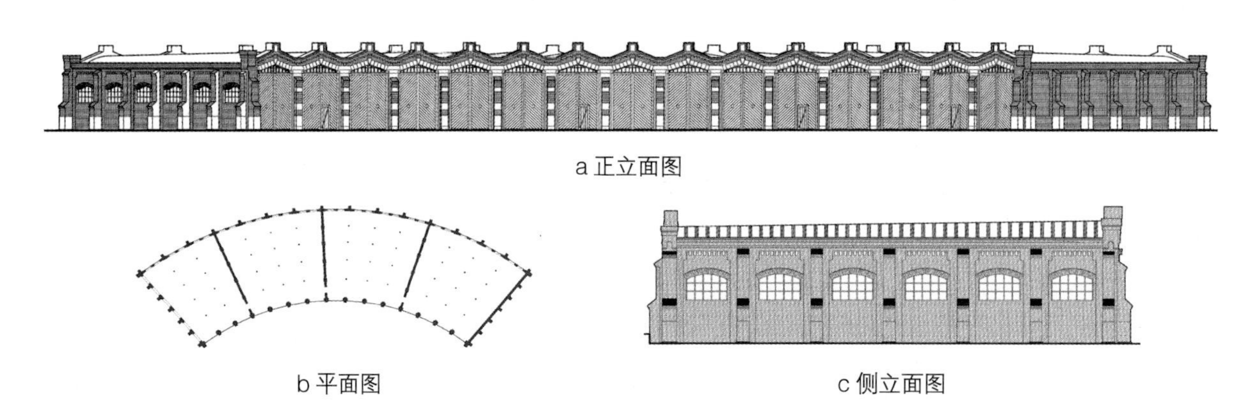

a 正立面图

b 平面图

c 侧立面图

图3.40　横道河子站机车库测绘图

（3）发电厂及其附属用房。

从横道河子早期的规划图中可以看到，城镇发电厂位于横道河子站机车库的东侧，火车站的西北侧，与二者的距离均约为 200 m，此外还紧邻当时城镇北侧最大的居住区。当时的发电站区有一个建筑组群，其中共有 6 部分功能区域，分别为主厂房区、高压配电房区、给排水设施用房区、化学水处理区、辅助生产和附属设施区、管理办公区等（图 3.41）。

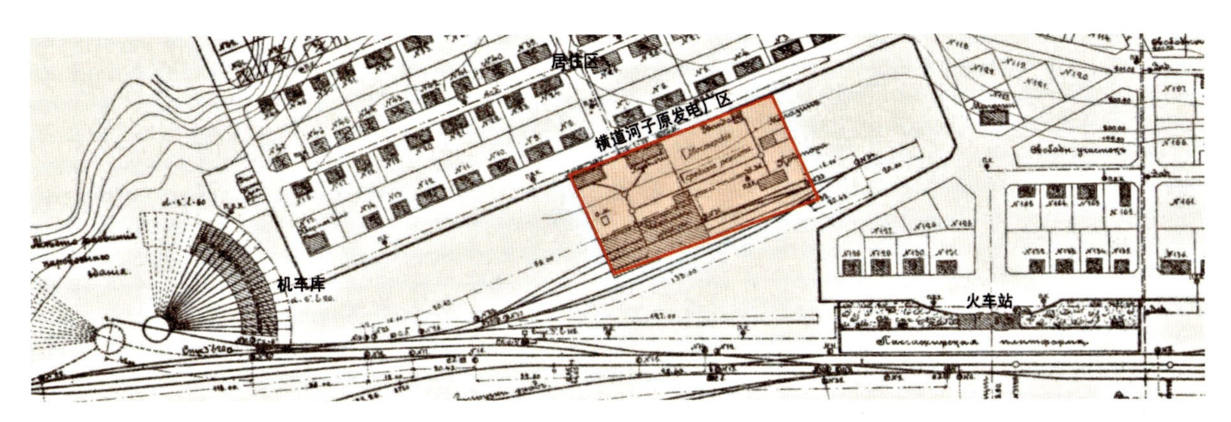

图 3.41　横道河子站原发电厂区（1914 年）

此外，还规划有一块场地用来储存发电所需燃料。目前发电站区仅保存有 2 栋建筑，一栋为发电厂厂房，另一栋为厂房附属建筑。这 2 栋建筑的层数均为一层，建筑坐北朝南与铁路平行布置，外观上与横道河子站的兵营和马厩建筑相似，是典型的俄式风格建筑。建筑的层高较高，约为 4.5 m。发电厂厂房以砖石砌筑墙体，以木材构筑双坡屋顶，大部分房间内部为木质天棚，个别房间内还有波形拱天棚。厂房附属建筑为砖木结构建筑，立面装饰较少（图 3.42）。

图 3.42　现存发电厂建筑

3.4　横道河子历史建筑艺术特色与技术特征

中东铁路历史建筑具有鲜明的艺术特色，是一个技术与艺术完美结合的综合体，而这其中一个重要的特色就是：多元和创新。其中，多元化体现在多元的文化、多元的风格、多元的建造艺术等众多方面，文化和风格是其主要内容；创新性则体现在技术创新、风格创新等方面，创新同时也体现出建筑所特有的时代风貌与艺术内涵。

促成横道河子建筑风格多样化的多元文化不是自发形成的，而是人类主动传播的结果。各种不同的文化在城镇中自由交往、交流和传播，文化碰撞的结果就体现在建筑风格上来。由于文化形成后必然会继续生长下去，而体现文化发展的灵魂则是创新，对处于文化传播和转型同步进行中的中东铁路建筑文化来说，创新不但是统摄文化发展进程的灵魂，而且是这份特殊建筑文化的特色艺术观念。不同于中国传统城镇的发展节奏，横道河子的形成是以人类工业革命进程为推动力，以铁路大发展为强大依托，因此它的设计和建造活动都具备了一切新生事物的新锐特征。因此，想要对横道河子城镇建筑进行全面的分析研究就要从建筑风格、形态入手，发掘出其背后隐藏的思想理念及设计手法，如此才算是真正理解了横道河子的建筑。

3.4.1 建筑艺术特色

人类建筑史告诉我们：在一定的历史时期内，人类的物质文化具有什么特点，达到什么境界，就会有与之相匹配的建筑被孕育出来。这样的建筑虽然是由人创造出来的物质内容，但它们不是简单的自然生成物，而是社会的产品；不是简单的自然恩赐物，而是一种由人的智慧所创造的文化。横道河子的近代城镇建筑艺术特色受当时俄国社会文化的影响较深，而当时的俄国社会也处于欧洲社会发展的大背景之中，因此，在外来文化和世界建筑发展思潮的共同影响之下，横道河子形成了自己独特的建筑风格和异域化的建筑装饰语言，从而使建筑的形象丰富多样。

（1）建筑风格特征。

中东铁路附属地内除了有俄罗斯民族风格的建筑样式外，还有很多其他民族风格的建筑样式，如一些附属地内有一定数量的日本和朝鲜民族风格建筑，还有少量附属地内会有意大利和德国风格的建筑等。

由于横道河子历史建筑主要受俄罗斯民族文化的影响，因此城镇内的俄罗斯风格建筑的数量最多。除此之外，建筑还受到包括近代工业建筑风格、新艺术风格和装饰主义风格等在内的各类风格的影响。虽然日本人曾经占领过横道河子，但他们的建设活动并不多，且基本沿用俄罗斯的建筑风格，所以城镇中没有日本传统风格的建筑。

①俄罗斯传统建筑形式。

俄罗斯民族是一个热爱自然与装饰艺术的民族，他们的建筑风格也包含了这种文化。俄国的木材资源十分丰富，他们的祖辈在很早之前就伐木取材，用原木加工之后的方木建造房屋，从而形成了俄罗斯传统木结构建筑风格。后来东正教传入俄国，受拜占庭风格的影响，俄国开始出现砖石结构的教堂和公共建筑。本着不能排斥新建筑材料应用的原则，俄国人把传统木建筑的形式也表现到了砖石建筑上，可见俄国人对木构建筑的喜爱是深入骨髓的。深爱着木构建筑的俄国人来到了横道河子，于是这种建筑类型就在横道河子生了根、发了芽。

横道河子修建之时正值俄罗斯建筑艺术分化为新俄罗斯主义和新古典主义两种风格之时，而以教堂建筑为主要代表的新俄罗斯主义风格则直接影响了横道河子站圣母进堂教堂的建造。这种建筑风格在中东铁路附属地内曾经被广泛推广和应用，同样受到影响的还有哈尔滨的圣·尼古拉大教堂和圣·索菲亚大教堂、绥芬河的东正教堂、满洲里的东正教堂等。虽然影响这些建筑的建造风格是相同的，但横道河子的小型木构教堂具有亲切的尺度和精美的装饰，而圣·尼古拉大教堂则是大型木构教堂的代表作，具有恢宏华美的气质。由此可见，这种新式的俄罗斯建筑风格具有较强的适应性。

除此之外，俄罗斯建筑风格还体现在俄罗斯传统田园建筑上，主要包括两种形式：木刻楞和木板房，横道河子的木构居住建筑多为这两种形式的建筑。横道河子的木构居住建筑主要有两种类型：一种是木结构的联户住宅，墙面装饰集中于檐下、入口及门窗洞口处，装饰构件并不烦琐，建筑整体看起来朴实亲切，能够形成浓郁的生活氛围；另外一种是带有外廊的独户住宅，这类建筑的外廊的雕饰精美，是带有俄罗斯田园别墅风格的住宅建筑（图 3.43）。

a 圣母进堂教堂（木刻楞）

b 木质联户住宅

c 带外廊的木质独户住宅

图 3.43　横道河子建筑中的俄罗斯传统木结构形式

②新艺术运动。

新艺术风格的出现来自于一场被称作“新艺术运动”的艺术新思潮实践活动，是 20 世纪现代主义之外，范围最广泛的一场设计运动，是对古典艺术传统的禁锢。19 世纪 80 年代，新艺术运动兴起并快速地传遍了整个欧洲，当然也包括俄国。新艺术风格开始逐渐成形，此后的一段时间内这一风格曾受到艺术家及建筑师的追捧。俄罗斯新艺术运动风格在融合了俄罗斯本民族的传统文化元素后，随着中东铁路的修建传播到了中国东北地区，并成为中东铁路沿线城镇中新艺术建筑实践的“精神领袖”。新艺术运动在横道河子历史建筑中主要表现在立面装饰上，设计师利用图案、曲线等要素对楼梯栏杆、雨棚、阳台等进行装饰，这些曲线图案都是新艺术运动的构成要素（图 3.44）。

图 3.44　横道河子建筑中的新艺术运动元素

③早期工业建筑风格。

在工业革命带来的新技术和材料彻底颠覆了传统意义上的空间尺度与品质之后，工业建筑成为快速增长的建筑类型。尽管工业技术与工业化理念更支持的是功能主义和简单的建筑样式，但它与传统审美力量结合后仍能表达一些文化上的感情，而在这种背景下形成的简化版的传统工业建筑有着工业建筑的尺度和传统建筑的装饰特色。横道河子站机车库就是这类建筑的典型代表。在体量上，它是远东第一大机车库；在平面形式上，它打破了传统的、规矩的平面形式，采用扇形平面形式，在满足建筑使用功能的同时，体现出一种新的平面审美；俄罗斯传统建筑元素体现在建筑的立面装饰上，工业建筑的尺度与传统建筑的装饰在这栋建筑上并不冲突，相反的，在设计师的巧妙协调之下，这两者的结合反而是十分和谐的，使建筑既有端庄宏大之感，又有温柔细腻之处。

此外，横道河子站火车站站舍和原发电厂厂房及其附属建筑等也属于这种简化版的传统工业建筑类型。其中，火车站站舍建筑的体量较大、形体较完整、立面较简洁，墙身主要靠砖石砌块的排列、拼贴和错位来实现装饰效果。砖石主体与木构件搭配在一起，形成整体统一、个体丰富的建筑艺术效果，既有工业化建筑的气息，又有传统建筑的投影，而发电厂厂房不仅尺度较大，还同时拥有近代工业建筑（图3.45）的理性技术和俄罗斯风格的建筑元素。

（2） 建筑形体特色。

人们对于建筑外观的认知首先表现为对建筑形体的认知。建筑形体特色是设计者对建筑立面和形体构成要素的合理化设计，表现在建筑的构图比例、虚实与凹凸变化、色彩处理和光影变幻等方面，在突出建筑艺术美的同时还能体现建筑所处的历史背景，在此基础上进一步深层挖掘当时的社会和文化背景。这样设计出来的建筑才是有生命的建筑，建筑表现为既有外部形式又有深层次内涵。反之，设计出来的建筑则会显得空泛。建筑的内部空间通常可以用外部形状表达出来，而不同建筑的特点和个性虽然有所不相同，但它们外部形状的确定往往都遵循着一定的基本规则，然后在此基础上进行不同的变化，形成不同的建筑造型。建筑造型艺术是寻找建筑均衡统一的状态和优美外在

a 机车库

b 车站

c 发电厂

图 3.45　横道河子近代工业建筑

形象的一门艺术，在这种造型艺术的指导下建筑可以呈现出相对完美的状态。

建筑立面虚实中的“虚”主要是指门窗洞口、廊等的设计，这些部位能够打破建筑立面的呆板性，是创新的主要实践点；而建筑中“实”的部分则是指建筑的墙身，这些部位是建筑的主要承重部位，能够通过砌体材料（砖、木、石材等）的砌筑方式和材料之间的相互组合突出自身的变化，但后者的灵活性比前者略差一些。“虚”与“实”在建筑形体构成中既是互相对立的又是相辅相成的，实多虚少的建筑能产生稳定、庄严的效果，主要为公共建筑和工业建筑；实少虚多的建筑能产生轻盈、活泼的效果，主要为居住建筑，如建筑的阳光房、外廊等。横道河子历史建筑中虚实关系处理得较好的建筑类型是居住建筑，表现为门窗、阳光房、外廊、雨棚、阳台等虚空间与建筑实体空间的组合（图 3.46）。

建筑立面凹凸关系的合理处理不但可以增强建筑物的立体感、丰富立面效果，还可以加强建筑立面上光影的变化，这两种关系的运用能够将建筑鲜活的一面很好地展现出来。建筑立面上局部的凹凸变化能够增减建筑立面的空间层次，打破建筑呆板的模式，增强建筑物的体积感，刻画建筑细部。横道河子建筑立面的凹凸变化体现主要体现在：单体建筑大体量上形成的凹凸、建筑构件组合中形

图 3.46　建筑虚实空间对比

成的凹凸及建筑细部装饰的凹凸三种。

单体建筑大体量上形成的凹凸主要包括体量的组合和体积的消减两个方面。体量的组合是一种空间凹凸变化处理的传统方法，这种体量上的组合处理往往与建筑内部空间的功能相适应，比较容易取得建筑功能和形式的统一。体量的组合把建筑内部的功能真实地反映在建筑的外立面上，借助各部分的大小、高低等差异形成凹凸变化。此外，将单一几何体做体积上的局部消减、剔除，同样也能形成建筑造型的凹凸变化。这种消减形成的建筑灰空间，与建筑的虚实部位相融合，在光线的照射下产生的大面积的阴影，与突出墙面的部分形成鲜明对比，是建筑立面形式与功能的完美统一（图 3.47）。

建筑构件组合形成的凹凸变化与大体量的凹凸变化相比能赋予建筑更多的细节。这些建筑构件包括屋顶、门窗、柱子、雨棚和阳台等，在建筑立面上连续运用这些构件还能形成较强的韵律感，极具视觉震撼力。而建筑细部的凹凸形式可以通过线条、雕刻或建筑构件自身的凹凸变化来获得，但这种细节处的凹凸必须以整体建筑为出发点，尺度大小要得当（图 3.48）。

（3）建筑装饰语言。

由于建筑的外立面装饰是建筑技术与艺术相结合的产物，所以它们同时具有这两者的特点。通常情况下，建筑装饰语言都会采用抽象几何的形式，表现出较为明显的理性特征，但这也不是一成不变的，在有些环境下，建筑装饰语言中也存在着浪漫的意味。这表明，建筑装饰语言在呈现出理

图 3.47　单体建筑大体量上的凹凸变化

图 3.48　建筑构件组合形成的凹凸变化

性表达的同时也会兼顾浪漫表达，二者并不是绝对对立的。在遵循一定规则的前提下，建筑装饰语言的表达也可以是十分灵活的。一般情况下，在建筑装饰语言的设计表达中，既要充分考虑材料、结构、视觉效果以及工艺特色，也要考虑物理力学的坚固性和有效性。建筑装饰语言体现在铁路附属地内的建筑物上主要有三种形式：一是根据材料分类，如在砖、石和木等材料上有不同的表现手法；二是根据结构分类，如在檐口、门窗、屋面和烟囱等部位有较为成熟的处理方式；三是根据工艺分类，如在各类装饰符号的组合方式及制作方法上保持一致性。铁路附属地内的建筑物以这三种基本形式为指导，形成了一套完整的建筑语言体系。在这一建筑语言体系中，中东铁路装饰语言大环境是基础，不同城镇中的建筑装饰语言在遵循中东铁路装饰语言大环境的基础上进行“创新”后，形成的各自独特的装饰特色语言是补充。

与沿线其他城镇相比，横道河子历史建筑装饰语言个性鲜明，具有统一化、多样化、精细化的特点。城镇中的建筑装饰图案丰富，除去那些按照标准化建筑图纸建造的住宅建筑外，有很大一部分建筑的装饰图案是建造者细心设计的，这些装饰构件形态各异、特色鲜明。此外，城镇建筑的各个部位的装饰层次往往也很多，且处理手法很细腻，表现出来的效果也很精细化。

那些利用标准图纸“生产”出来的住宅建筑所使用的装饰元素就像数学中的公式一样，有时也会出现在其他类型的建筑上，这是整个城镇装饰语言统一性的表现。这种反复使用相同建筑装饰语言的做法的优点是能够奠定城镇建筑的整体装饰化趋势，让人一看到这种符号就能判断出它是哪里的建筑；其缺点是城镇中相似体形的建筑容易被混淆。这些现象说明，在一个地区使用标准化的建筑装饰元素可以提高地区的整体识别性，而削弱了个体的差别性。在横道河子，这些符号通常会出现在建筑的檐下和门窗洞口等处，如木构建筑檐下的锯齿装饰、木制门斗两侧遮阳板的图案和窗口下部的装饰等（图 3.49）。

在建筑墙面的装饰处理上，中东铁路沿线各城镇都使用了在建筑转角处砌筑隅石的手法，横道河子历史建筑上同样也使用了这种手法，但其还创造了一些不同形式和用法。在城镇中的部分砖石材质建筑中，建造者将墙原本应当在转角的“隅石”转移到了墙面上，并且采用不同的砌筑和组合

图 3.49　“标准化”的建筑装饰语言

手法形成不同的建筑立面效果：单纯使用转移的“隅石”时，使其成为墙面上纵向排列的矩形装饰符号；与其他曲线装饰线条结合时，使建筑的外立面造型更加丰富；当与建筑山墙的檐口等细部结合时，使建筑的层次性增强。这种立面装饰轻盈纤细，能够减弱墙面的厚重感（图 3.50）。

横道河子历史建筑的墙面装饰的另一个特色是门窗贴脸，基本形式有四种，即全包围、半包围、单侧贴脸和木质贴脸，它们随着门窗洞口的形状或建筑类型的不同而变化，形式十分丰富（表 3.2）。城镇建筑中门窗洞口采用全包围和单侧贴脸的建筑数量较多，出现在不同功能类型的建筑门窗上，应用广泛；城镇建筑中门窗洞口采用半包围和木质贴脸的建筑数量相对较少，只在部分住宅建筑上有所体现。

表 3.2　横道河子门窗贴脸的几种形式

图 3.50　隅石作为立面装饰的几种形式

3.4.2　建筑技术特征

研究城镇建筑的建造技术是解读中东铁路历史建筑内涵的关键所在。从内容来看，建筑技术包括结构技术、材料应用和组合技术。不同的材料和结构组合在一起，既可以支撑建筑空间的形式，也可以满足建筑的不同功能需求。在中东铁路这样大规模的建设背景下，为了保证建设速度，建筑的结构及空间形式往往不会过于复杂，但同时建筑的形式又不能太古板，毫无变化，所以设计师可以通过对材料类型、结构形式和组合方式进行巧妙的运用，设计出相对完美的建筑造型和实用的内部空间。

（1）多样的结构形式。

横道河子历史建筑的结构形式以传统的木结构和砖混结构为主，同时也有对新结构形式的探索。

①木结构。

木结构是一种经典的传统结构形式，主要包括两种类型：木刻楞和木框架结构。作为俄国最传统的一种民居形式，木刻楞这种结构具有原始化、生态化、施工简单和坚固耐用等优点。木刻楞结构的建筑一般都建造在石材砌筑的基础之上，用于砌筑墙面的木材不是直接简单地暴露于空气中，而是经过特殊工艺处理过的。具体方法为：简单地去皮之后炮制成原木（方木），然后运用榫卯结构将原木叠垒起来。一般情况下，木刻楞结构的建筑的外墙面会涂漆，或使用清油保持原木本色，或根据个人喜好涂刷带颜色的油漆，如蓝色和绿色等。木刻楞结构的建筑的外立面是建筑装饰的重点，如房檐、门窗檐和栏杆等部位的装饰常会结合木雕和彩绘等工艺，装饰完成后的建筑往往犹如一尊立体雕塑，其浪漫的形式和丰富的色彩更能增加建筑的美。横道河子的教堂就是这种结构的建筑，该建筑的外墙涂刷了绿漆，檐口、门窗檐都有精细的雕刻装饰，墙身的木材较粗大，整体结构稳定。

与横道河子教堂的做法不同，城镇中还有一部分木刻楞结构建筑是在木材叠垒的墙体内外均钉上灰条，再做抹灰层，这样的外墙立面有砌体结构的质感，平整光滑，与建筑的门窗木框搭配成一体，很有特点。除了以木材为主体结构的建筑外，城镇中的一些砖石建筑上往往也有一些木质构件，如门斗、外廊、雨棚和阳光房等，它们既是建筑重要的结构部分，又是建筑的主要装饰部分，这类建筑的结构类型均是木质的梁柱结构。由于仅在建筑局部运用木质构件，各构件间的跨度较小，因此结构也比较简单，只需要用竖向的柱子支撑横向的梁，横梁上再架设双坡或四坡屋架即可。由于是梁柱结构的建筑，木质构件部分不需要承重，因此可以做出任意的造型，或通透的虚空间，如独户住宅入口处的玻璃阳光房和建筑的外廊等（图 3.51）。

另外，横道河子历史建筑的屋架均为木结构，是一种简单的桁架结构，且各个屋架的形态各异，并不统一。建筑根据实际跨度与平面形式的不同，采用不同的木结构屋架形式。当建筑平面不规整时，屋架转接处的木结构比较复杂，处理时可在转接点处由一个连接点发散地向外伸出多个支撑点，同时支撑多个方向并转向。由于用作屋架的木材都是较粗的圆木，因此木材的端部一般以榫卯结构连接，以金属构件固定。

②砌体结构。

砖混结构是中东铁路附属地建筑中最常使用的一种结构形式，一般以砖、石或砖石结合为基本材料，用混合砂浆或石灰砂浆黏结砌筑而成。砖混结构建筑的竖直方向承重构件主要是墙体，水平方向承重构件以钢筋混凝土板、木过梁和金属过梁为主，这样砌块材料与其他材料就形成了一种混合式的建筑结构。由于石材是横道河子的天然资源，因此城镇的砖混建筑中以砖石为主体的混合式结构比较多，如城镇中的大部分公共建筑和居住建筑都使用这种混合式结构，其次是砖木混合结构建筑和纯石材结构建筑。

图 3.51　横道河子木结构建筑

城镇中的二层建筑共有 5 栋，分别是火车站站舍、铁路职工宿舍楼、铁路治安所、兵营和一栋联户住宅，它们均为砖石混合结构建筑，主体承重墙是砖墙，且墙体较厚，外墙部分宽度可达 1 m。建筑基础以石材砌筑，其中横道河子铁路职工宿舍楼还带有地下室，其基础深度是非常大的。由于建筑的跨度都不大，因此这些建筑的楼板和屋架都是木结构的，楼板由横纵交错的厚木板密实地搭接在承重墙上，以此来传递二层的竖向荷载，屋架上则铺设黑色铁皮形成屋面。除此之外。城镇中的历史建筑多数为单层建筑且规模较小，它们的墙身多由砖石混合砌筑而成，屋架为木质桁架结构，屋面为黑色铁皮或红色瓦片。

横道河子历史建筑大部分都利用室内砌筑与炉灶相连通的空心火墙来取暖，只有少数公共建筑和宿舍建筑采用集中供暖的方式取暖，建筑砌筑的烟道直通屋顶。由于城镇中的独栋住宅数量较少而联户住宅数量较多，因此几乎每栋建筑的屋面上都有几个烟囱。这些烟囱被砌筑成各种形式，大部分已经不是简单的长方体了，有的在烟囱口的周边增加砌筑层次，形成多层线角；有的在烟囱上方用砖块砌筑不同的形状，如单个三角形和多个三角形的组合等，甚至还有几个烟囱并列砌筑的形式，在这里，屋面上的烟囱俨然成了建筑外形上的一种装饰，极具观赏性。

除了砖、石等传统材料的应用，一些新型材料也会出现在砖混结构中，形成新的砌筑形式。在横道河子原发电厂厂房的内部就出现了拱形结构的天棚，方形房间内的天棚被纵向排列的钢轨均匀地分成了五个部分，每一部分的宽度约为 60 cm，钢轨的两端搭接在两侧的承重墙上，中间部分则使用砖块密实地砌筑成具有一定弧度的天棚形式，以砂浆进行胶结，而后在砌筑的砖的表面涂抹灰，最终形成了一个连续的、波浪形的拱形天棚，极具特色。整个波形拱天棚的受力经横向侧推力传递给两侧的承重墙，各拱之间的水平推力互相抵消。

③新结构形式的探索。

除了以上传统建筑结构形式外，横道河子历史建筑中还出现了新的结构形式，代表建筑为横道河子站机车库。由于机车库的内部空间需要有较大的跨度，传统的砌体结构往往自身就要占据较大的空间，且形成的内部空间的通透性也不好，而木结构的强度又较弱，在这种情况下就需要有一种特殊的结构形式来满足机车库的使用功能。横道河子站机车库的竖向承重结构包括两个部分，一是墙体承重，二是钢柱承重。横道河子站机车库共有 15 个库房，每 3 或 4 个库房为一个小组，共有 4 个小组，小组内的空间是由单个库房相连组成的大空间，每个小组的两端是由砖石砌筑的墙体，而小组的内部空间则是由两排平行的钢柱支撑的，这些钢柱支撑着建筑内部的拱形天棚，既增加了空间的通透性又避免了空间上的浪费（图 3.52、图 3.53）。当时的这种新型结构可以看成是框架结构的雏形或是一种变形，具有一定的优越性，在当时的技术水平下，这样大的空间跨度足以体现设计者的探索精神。

图 3.52　横道河子站机车库的拱形结构

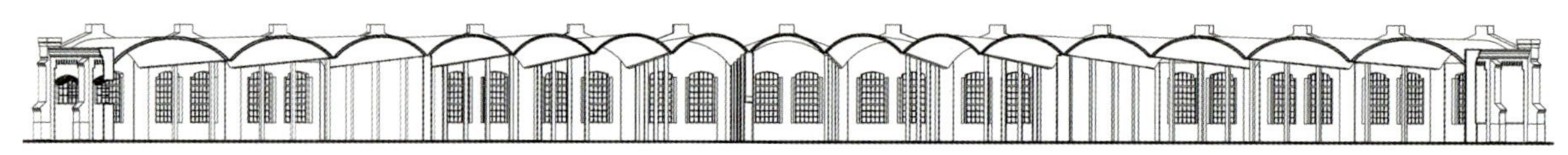

图 3.53　横道河子站机车库中的钢柱

（2）灵活的材料组合。

①材料组合的类型。

横道河子历史建筑的材料组合类型主要有：砖木组合、石木组合、砖石与木组合以及新型材料与传统材料组合等，其中新型材料主要包括混凝土、钢铁、玻璃和涂料等（图 3.54）。

横道河子历史建筑大部分都是砖木组合、石木组合以及砖石与木的组合，且可以直接从建筑外立面看到它们组合效果，这些材料的组合既实现了材料的各自性能，又塑造了一种温和、恬静的建筑形象。从建筑材料在建筑立面中的位置来看，砖石一般位于建筑的下部，木材一般位于建筑的上部；从建筑空间上来看，木材通常用来塑造开敞空间或装饰建筑细部，而砖石则主要用于砌筑建筑的基础和墙身。横道河子盛产石材，所以城镇中的建筑大多采用石材砌筑。与用砖材砌筑的墙身的平整效果不同，石材砌筑的墙身往往会有一种粗犷的效果，砌筑的精确性也不如前者，加之每块石材的色彩也不完全相同，最终就会呈现出一种生动的建筑立面形象。横道河子历史建筑中最常见的材料组合形式是由石材砌筑主体

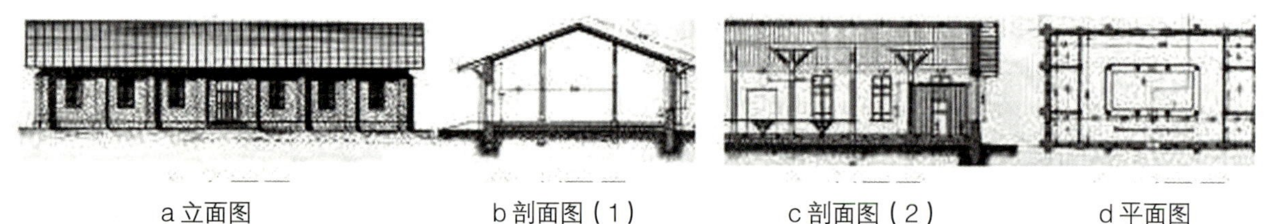

a 立面图　　b 剖面图（1）　　c 剖面图（2）　　d 平面图

图 3.54　砖（石）木结构建筑设计图纸

墙身，由砖砌筑门窗洞口和转角的隅石，这样两种材料在完美结合的同时还获得了坚固性和形式美的双重效应（图 3.55）。

新型材料的出现为横道河子的建筑形式结构增加了亮点，虽然不能作为建筑的主体结构，但是它们在实现建筑功能上却体现了重要的作用。例如，在砖石砌筑的墙体中局部使用混凝土能够增强墙身的坚固性；钢铁良好的抗拉性能够很好地承担水平方向的拉力，可以担任桁梁的角色；玻璃的通透性能较好，可以增加建筑室内的光照面积，其与木材结合建成的阳光房可以在冬季为人们提供与室外环境接触的机会，而彩色的玻璃还具有装饰建筑立面的作用。除此之外，横道河子历史建筑的外立面基本上都粉刷了涂料，黄色的墙身与黑色的铁皮屋面形成了鲜明的对比，点缀在城镇的青山绿水之间，整体效果十分优美。

②材料组合的原则与技巧。

a. 性能适应、优势互补。

同材料在组合使用时遵循的基本原则就是要充分发挥材料各自不同的性能，以达到协调、互补的目的，形成坚固、优美的建筑整体效果。当材料组合运用于建筑结构中时，每种材料的抗压、拉、弯和剪等力学性能与保温抗冻等物理性能是需要优先考虑的因素；当材料组合运用于建筑装饰中时，材料的质感、色彩等效果是需要优先考虑的因素；如果材料组合要同时承担这两种功能时就要综合考虑上述所有的因素。横道河子历史建筑主要是由砖、石与木组合而成的，且它们往往同时承担建筑结构和建筑装饰的双重角色。砖、石的抗压性能较好，稳定性较强，往往用于承重墙和基础部分；木材的抗拉性能较好，自重轻，可塑性高，往往用于屋架和阳光房部分。此外，木材还能用于制作廊柱、门窗以及细部装饰等。材料的组合可以说体现了“量才为用”的原则。

b. 形象适应、效果互补。

横道河子历史建筑中材料组合的使用及做法还受到特殊建造条件与建筑外观之间的矛盾等因素的制约。由于横道河子盛产木材和石材，就地取材建造房屋既方便又省钱，相对而言，需要烧制而成的砖则是较为稀缺的建筑材料，因此在一些较为高级的公共建筑和独户住宅中，俄国人更喜欢用砖材。这些限

图 3.55　横道河子砖（石）木结构建筑照片

制因素促成了一种新的材料组合方式的出现，即建筑的承重墙用原木叠砌，承重墙外部再砌筑一层薄薄的砖墙。砖在这里的主要功能就是改变建筑的外部形象，是一种装饰性材料。此外，砖和石材的组合可以改善单一材料建筑外观的单调感和粗糙感，同时也能增加建筑的结构强度。

出于外观和空间考虑的材料组合还有木材和玻璃的组合，如阳光房（图 3.56）。在级别较高的住宅

图 3.56　横道河子住宅建筑阳光房

建筑中常常会有玻璃阳光房，它既可以增加建筑的阳光照射量，又能活跃建筑的整体气氛。木材是充满人情味的天然建筑材料，玻璃是具有开放性的透明材料，再加上木框架上的彩色油漆涂料，这样建成的阳光房能够打破厚重的建筑形象带给人们的单调感和压抑感。

横道河子历史建筑的门窗贴脸的形式中，全包围式的门窗贴脸形式应用较多，基本形式有三种：一是大部分建筑所采用的先用砖在门窗洞口四周砌筑出或凹或凸的各种形状，然后在上方正中间砌拱心石的方式；二是少部分建筑的窗洞口的四周以镂空的线来装饰，这些线条拱心石结合，产生出一种绘画式的装饰效果；三是城镇中唯一的一栋拥有半圆形窗的建筑的全包围贴脸，具体做法为在半圆窗的中间砌筑相互平行的两排突出来的砖进行装饰。半包围式的门窗贴脸同样有三种形式：一种是类似矩形的半包围形式，具体做法为将窗洞口的上边框的贴脸一直延伸到建筑檐下并与檐下的装饰线连为一体；另外两种形式分别是在窗洞口的上边框砌筑弧形或直线形的半包围贴脸，一般呈 U 字形，造型也比较简单。采用单侧贴脸形式的建筑中，数量较多的为住宅建筑，但贴脸形式相对单一，造型不多，一般也只有弧线和直线两种形式。另外，一些建筑的窗洞口的下方也会有一定的贴脸装饰与上方相呼应。

3.5　结　论

横道河子的历史虽然可以追溯到商周时期，但是自商周至清朝末年期间，除了北方少数游牧民族到过这里外，这片区域基本上属于荒无人烟的地方。随着中东铁路的修建，在俄国人制订的规划方案的指导下，横道河子作为铁路干线上的一个重要的二等站开始快速发展，在城镇自然地理环境的影响下，形成了自身的独特性。

作为中东铁路时期同时开工修建的 13 个分段之一，横道河子的大部分建设都符合当时的铁路附属地建设标准。在满足了二等站点的基本功能之后，城镇结合自身的经济发展状况、区位优势和资源优势，开展了一系列的完善性建设活动，将自身建设成为一个贸易发达、各项基础设施相对完善的城镇。不仅如此，凭借着优越的自然地理条件，城镇还是一处远近闻名的避暑胜地，其完善的城镇基础设施和优美的自然环境吸引了大批俄国人来到这里生活。当时的城镇规划设计者在空间序列上利用山、水与植被等自然景观，结合城镇内部的街道、广场和公园等人工景观，由远及近、层次分明地规划城镇的景观系统，同时在时间序列上充分利用当地的气候特征，依时呈现出城镇的四季景观，使城镇景观具有丰富的环境氛围和多样化的景观气质。

由于横道河子多重功能的定位，它的建筑类型十分丰富，功能也较为齐全。公共服务建筑中包含行政办公、军事、医疗、宗教等各类建筑；居住建筑则主要包含数量较多的住宅建筑和体量较大的职工宿舍建筑；工业建筑涵盖火车站站舍、机车库、发电厂及其附属用房等。这些建筑的功能布局较为合理、立面特征求同存异。每种类型的建筑都具有各自的特点，有的建筑空间简洁明了、有的建筑空间相对复杂。

在建筑技术上，横道河子历史建筑的结构形式十分丰富，最主要的两种结构形式是木结构与砖混结构，此外还有对新结构形式的探索。建筑材料的选择除了考虑材料的性能外，还考虑结合当地特有资源，按照不同的建筑功能类型、建筑造型来选择搭配不同的建筑材料，这样的建筑更能融入这片土地之中，这也是设计者环境观念成熟的表现。除砖、石、木等传统建筑材料外，他们还大量运用金属、玻璃、混凝土及油漆涂料等新型建筑材料。利用不同材料的不同性能和质感进行互补性的组合，创造丰富的建筑空间体验的同时还能形成优美的建筑外形。

在城镇风貌上，整个城镇的风貌主要是由占横道河子历史建筑 80% 之多的俄罗斯风格建筑主导的。主要包括两部分：一部分是建筑体量较小、外形相似的住宅建筑和部分公共服务建筑；另一部分是体量较大、形象考究的工业建筑和部分公共服务建筑。这样形成的城镇风貌既不会由于建筑的千篇一律而显得呆板，又不会由于建筑形式的过度多样化而显得杂乱。

根据现存的城镇规划空间、建筑形态以及历史文献资料可知，横道河子的规划建设是遵循着当时欧洲盛行的“田园城市理论”和“城市美化运动”的规划思想来进行的，以巴洛克放射性路网结合方格式路网的基本模式进行城镇规划，在局部山地还结合了俄罗斯乡间别墅的布局模式；在建筑形态的塑造上，既保证了建筑形式的多样化，又遵循中东铁路附属地历史建筑建造的标准化原则而形成统一的城镇风貌；在文化的融合上，来自不同国家、不同民族的文化在这里交汇碰撞，影响着城镇生活的方方面面。这些不同的文化相互融合，适应了城镇的发展和变化，最终成为一种符号式的语言，得以保存下来。虽然随着历史的不断发展，在外界环境的不断冲击下，横道河子城镇规模和发展都不复从前那般繁荣，有些建筑也正逐渐消失，但是在这里形成的历史建筑文化却扎根于此，并将流传下去。

昂昂溪近代城镇规划与建筑形态

Modern Urban Planning and Architecture in Ang'angxi

4.1 昂昂溪近代的城镇规划

昂昂溪火车站原为齐齐哈尔站，作为中东铁路沿线的二等站，位于滨州铁路线269.6 km处，昂昂溪地处松嫩平原西部边缘地带，是齐齐哈尔市的南大门，战略位置十分重要，是中东铁路时期俄国重要的屯兵处。在中东铁路时期和日本占领时期两种不同的城镇规划思想的影响下，形成了近代昂昂溪区独特的城镇规划布局形式。

4.1.1 昂昂溪近代的历史沿革及选址成因

昂昂溪历史悠久，最早可以追溯到旧石器时代晚期。早在中东铁路建设之前，昂昂溪已经具备一定的聚集人口的物质基础。同时，昂昂溪自身具有很好的自然资源，这也为中东铁路沿线站点的选址提供了依据。

（1）昂昂溪的历史背景及形成脉络。

昂昂溪位于齐齐哈尔市南郊，城区与齐齐哈尔市中心城区垂直距离为22.4 km。地理坐标为东经123°41'~124°13'，北纬46°59'~47°17'。东与铁锋区及杜尔伯特蒙古族自治县接壤，南与泰来县相邻，西与富拉尔基区相邻，北接龙沙区，西北与梅里斯达斡尔族区隔嫩江相望，东西长35 km，南北宽33 km，总面积740 km^2。区内地势西北高、东南低。因其地处松嫩平原的西部边缘地带，北部和东部是小兴安岭南麓，中部和南部为嫩江冲积平原，区内地貌多为沿河蔓延的沼泽地，土地和水草资源丰富，四季特点显著，气候适宜，为人类生活居住提供了良好的自然条件，是我国北方地区典型的草原性地带区域。

根据地方志记载，昂昂溪地名源于驻地名称。“昂昂溪”为达斡尔语，有“狩猎场”之意，也有说其为满语“浓浓气”的转音，意为“雁多”。昂昂溪在清天聪九年至清崇德八年间（1643~1653年）被称为昂阿奇，清顺治六年（1649年）被称为昂堤屯，清同治三年（1864年）被称为昂阿奇屯，光绪三十一年（1905年）被称为昂昂气屯，清宣统二年（1910年）被称为西屯，清宣统三年（1911年）之后被称为昂昂溪。

中东铁路建设之前，昂昂溪一直是北方少数游牧民族的主要聚居点。清崇德五年至清顺治六年（1640~1649年），清政府统治者将虏获来的部分达斡尔人安置于昂昂溪，在此建立聚落，并有相关人员任命管理；康熙三十一年至三十八年（1692~1699年），黑龙江将军衙门由墨尔根（现嫩江县城）迁至齐齐哈尔，大量的满洲八旗官兵及其家属也都随之迁入，昂昂溪区内居住人口骤然增加。清同治三年（1864 年），经黑龙江将军勘测省内各城情况得知，当时昂昂溪人口已有 41 户，聚落周围均为耕地且牧草资源丰富。

1896 年，《中俄密约》的签订使俄国攫取了在中国东北地区修筑铁路的特权。1900 年，中东铁路哈尔滨至昂昂溪路段开始铺轨，大量的俄国建筑师和工程师涌入昂昂溪地区进行测绘施工，也开始对昂昂溪地区进行规划设计。与此同时，人口开始集聚，农业、工商业也伴随着铁路开始发展起来，昂昂溪区逐渐成为具有一定规模的城镇。直至 1903 年，中东铁路全线通车，昂昂溪车站作为中东铁路二等站（现齐齐哈尔站），成为中东铁路附属地以及齐齐哈尔的物资集散地。为保证列车的正常运营，在昂昂溪区内分别建有铁路职工俱乐部、火车站、铁路医院、工程师办公楼、水电段、货物处等公共建筑 6 栋，同时在铁路以北开辟了俄国铁路员工住宅区。1907 年，根据改订的《黑龙江铁路购地合同》，在昂昂溪中东铁路南北各划地 6 500 饷作为中东铁路附属地，归中东铁路管理局管辖。

1923 年，俄国十月革命胜利后，中国政府收回了中东铁路沿线站点的行政管理权，在原中东铁路附属地设立东省特别区，昂昂溪由东省特别区行政长官公署管辖。1932 年，伪满时期，东省特别区取消，昂昂溪由龙江县管辖。1946 年昂昂溪解放后，归龙东县管辖。1948 年，昂昂溪又重新由龙江县管辖。直到 1954 年，昂昂溪才归齐齐哈尔市管辖。

（2）昂昂溪的选址成因及功能定位。

按照站点等级划分要求，中东铁路以哈尔滨为中心，向东西两侧每隔 200~300 km 便设置站点，作为中东铁路沿线的二等站。昂昂溪车站的选址正是在这样的历史背景下确定的，它距离哈尔滨站有 269.6 km，不仅担负着编组、修养、护路等重要功能，同时也是俄国当年重要的屯兵处。

齐齐哈尔作为中东铁路沿线周边附属老城区的核心区域，地理位置优越，自然资源丰富，但中东铁路站却没有设在齐齐哈尔市区，偏偏设在几十千米以外的昂昂溪，这个问题引起了很多学者的研究兴趣与猜想。其中一种猜想认为，由于当时清政府考虑到边疆地区特殊的政治、经济、军事以及地理环境等因素，决定地方政权采取军府制管理形式，齐齐哈尔便为黑龙江省的首府。在俄国侵略的危急形势下，黑龙江将军多次上报朝廷，提出抗战主张，却遭到清政府的拒绝，故只好固守疆土以抵御俄国的侵略。由此，铁路站点选址绕开齐齐哈尔而选址于昂昂溪区。另一种猜想认为，由于 1900 年义和团运动爆发，全线 17 万筑路工人在富拉尔基、昂昂溪和省城齐齐哈尔掀起了波澜壮阔的反筑路斗争。他们砸了俄国人的店铺和教堂，烧毁了火车车厢，使中东铁路西部线被迫停工。据俄方公布的情况显示："全线铁路破坏达百分之七十，建筑、桥梁、器材多数被毁，机车、客车多成废铁，损失共达七千一百万卢布。"在这样的社会背景下，中东铁路管理局为稳定局势，在铁路恢复建设时绕开了作为军事据点的齐齐哈尔而选择了昂昂溪。总之，昂昂溪站点的选址是清王朝东北地方当局在当时极其困难的情况下做出的最有限抗争的结果，也反映出地方当局对府衙距离铁路太近，容易遭到俄国攻击；距离太远，又在军事上处于不利地位的矛盾心理。

为使齐齐哈尔与中东铁路连通，俄国又建设齐昂铁路并于1909年通车，铁路站舍选址于中东铁路站房东1 km以外的红旗营子屯，后延展到齐齐哈尔站（现昂昂溪站），随后又建洮昂铁路，于1926年通车，至此昂昂溪站成为齐昂铁路、洮昂铁路和中东铁路三条铁路线路的交汇点，是省城交通的必经之路和重要的贸易商埠。1931年日本侵占齐齐哈尔，齐昂铁路被收购停运。1933年，“龙江站”改为“齐齐哈尔站”，原“齐齐哈尔站”改为“昂昂溪站”，原“昂昂溪站”改为“三间房站”。

4.1.2 昂昂溪近代的城镇布局

在中东铁路沿线站点的早期建设中，为保证施工速度及沿线站点的功能需求，中东铁路管理局制定出一套标准的站点规划建设模式，即按照站点等级划分的不同，分别有相应的规划方案。昂昂溪站是中东铁路二等站，在中东铁路建设的大背景下，结合自身的自然资源以及基础设施条件，在城镇的规划思想以及布局上都显示出特定的模式，有着自身的特色。

（1）总体布局。

昂昂溪作为中东铁路二等站附属城镇，其早期的城镇规划沿袭了中东铁路二等站的标准建制，采用了典型的方格网式布局，并利用铁路将城镇生活区分成两部分，一是铁路以北的俄国人生活区，二是铁路以南的华人生活区；另外，在铁路以北的沿线方向还有火车站、铁路机车库（已毁）、水塔（已毁）等构成的工业区。这三大区域是昂昂溪近代城镇总体布局的重要组成部分。当时为解决铁路职工及其家属的居住问题，俄国在铁路以北的俄国人生活区共建有居住建筑与办公建筑300余栋，随着历史的变迁，现仅遗存112栋建筑，其中111栋建筑被列为全国重点文物保护单位，包括105栋俄式居民住宅和6栋办公建筑，总建筑面积为23.819 ㎡。而铁路以南区域仅有部分遗留建筑。

根据现有的建筑遗存可以看出，铁路以北的俄国人生活区是早期俄国进行中东铁路附属城镇规划的主要区域。由于城镇建设目的明确，城镇职能简单，因此整体上可以分为5个功能组团，有宗教文化休闲组团、铁路附属工业组团、铁路职工住宅组团、俄国兵营军事组团以及社区医疗服务组团等。其中，宗教文化休闲组团位于铁路以北的城区的中心位置，成为该区域内的核心区；铁路职工住宅组团以此为中心向两侧延伸发展，形成对称式格局；铁路附属工业组团位于城区西侧，沿着铁路线进行布置；俄国兵营军事组团则位于城区的西北角，以供俄国驻兵防守之用；社区医疗服务组团位于城区东侧的边缘地带，确保其服务范围内的可达性。

城镇总体布局模式上将昂昂溪火车站站舍设置于城镇的中心位置，且紧靠铁路，并以此为中心，两侧均匀布置建筑。车站南侧正对铁路，视野开阔。以车站为起点，向北依次设有站前广场、景观绿地、教堂广场、教堂等（虽然教堂于1984年因火灾损毁，但从现存的建筑基座仍然可以确定其位置），形成了一条贯穿南北的纵向轴线。这种将火车站和教堂相对布置形成对景的城镇规划手法，突出了火车站和教堂的重要地位，同时在教堂周围形成了一个文化空间，既成为统领整个城镇的轴线核心，也成为居民心灵和精神的寄托场所。铁路职工俱乐部坐落于教堂广场东南侧，该建筑南侧与车站的建筑风格相同，二者遥相呼应，共同成为站前广场的空间界面，为塑造广阔稳重的站前广场空间起到了很好的烘托作用。在景观绿地与教堂广场之间有一条与铁路方向平行的横向街道，即为现在的罗西亚大街。当时，这条街道两侧均匀分布大量的俄式建筑群，并设有餐厅、酒吧、饭店、肉铺、书店等各项服务设施。据史料记载，仅 1929 年一年，俄国商人就在这条街道新开了列巴铺 1 家、灌肠庄 3 家、牛乳公司 1 家，此外还有丹麦商人开了粮站 2 家、英国商人开了粮站 1 家、法国商人开了粮站 1 家、波兰商人开了钟表铺 1 家。由此可见，这条街道是当时城区内的主要商业、文化、娱乐的聚集区，也是中东铁路沿线最具特色的一条街道。由该横向轴线与贯穿南北的纵向轴线十字相交，二者共同构成铁路以北俄国人生活区的基本结构骨架。在此基础上，更多的横向和纵向道路十字相交形成方格网式结构布局，在整体结构上呈现出依附于铁路并向西北侧发展的带形城镇形态。

铁路以北的俄式住宅建筑现存 112 栋，通过方格网式结构布局将建筑集群划分到 15 个大小、规模相近的居住组团内。随着时间的推移，现存组团中形态保留比较完整且建筑数量与标准规划接近的居住组团仅有 5 个，其中有 4 个居住组团内部建筑均为住宅建筑；1 个居住组团位于车站与教堂轴线的东侧，毗邻中心的宗教文化休闲区，该组团中除了 6 栋居住建筑还有 1 栋中东铁路职工俱乐部（表 4.1）。经过实际测绘得出，每个居住组团的尺度大小约为 100 俄丈 ×50 俄丈（1 俄丈≈ 2.13 m），长宽比例为 2:1，这个比例尺度刚好满足中东铁路二等站标准图中对居住组团规模大小的规定。每个居住组团中有 10~15 栋建筑，这些建筑规整并松散地分布在各个组团之中，严谨有序。建筑布局方式主要有行列式和周边式两种，建筑平面划分形式主要有联排、双拼、独栋三种，每栋建筑的居住户数以 2、3、4 户最为普遍。建筑多以砖石砌筑，质量较好，以典型的俄罗斯传统风格建筑为主。建筑外部空间开敞、视野宽阔，并有多年生长的老榆树散落在建筑之间，在街区的沿街立面上形成建筑与绿化交替出现的韵律感。同时，组团内部两排建筑之间的空地也通过木栅栏或者围墙来划分，用来作为耕地或者观赏花园，这样的规划布局形式在保证了每栋建筑独立性的同时也塑造了良好的街区氛围。

表 4.1　昂昂溪俄式建筑组团概况统计表

序号	组团面积 / ㎡	建筑数量 / 栋	建筑面积 / ㎡	古树数量 / 棵
1	23 718	11	1 516	28
2	30 962	10	1 908	30
3	25 118	14	2 913	21
4	25 950	7	5 670	45
5	27 340	11	1 790	28

由此可见，昂昂溪铁路以北的街区建筑布局合理、配套设施相对完善，具有独特的俄式街区景观，有着鲜明的文化特色，并使昂昂溪成为当时中东铁路沿线上比较重要的城镇之一。

相比铁路以北俄国人生活区规划建设的规整有序，铁路以南的华人生活区则显得有些杂乱无章。该区域由华人自主建设而成，俄国人的建设相对较少，部分俄式建筑以斑块式的形态分布于城区中。街区结构布局上延续了铁路以北俄国人生活区的方格网式布局形式，且区内主要纵向轴线与铁路以北的纵向教堂轴线相重合，使教堂成为影响昂昂溪整座城镇规划布局的重要因素。铁路以南街区格局划分清晰，组团划分明确，基本尺度与铁路以北俄式居住组团相近，但其中的建筑多以土坯、毛石砌筑，质量相对较差，密度相对较高，且缺失绿化景观。另外，在城区西部、南部、东部有明显的城墙界限，西北侧则主要是大面积的绿化及耕地。

日本占领时期昂昂溪的城镇布局延续了中东铁路时期的结构体系，并在此基础上进行适度的调整和开发。为满足居民生活需求，日本人于 1935 年在铁路以北兴建了日式住宅 22 栋，在铁路以南城区的西北角开辟道路、建造房屋，并在大同街（现头道街）沿线也建造了很多日式建筑。此外，在城镇分区上，他们制定地域秩序来规范人们的日常活动，加强了铁路南北之间的联系。在城镇的绿化上，他们增加街道和居住组团的植被覆盖率，改善了人们的居住和生活环境。

（2）道路规划。

昂昂溪城镇的道路规划为典型的方格网式布局形态。这种由道路垂直相交形成的街区格局有利于城市的土地利用，便于形成规整严谨的街区秩序，具有良好的适应性。

中东铁路时期，铁路以北的俄国人生活居住区共有街道 13 条，其中，有垂直于铁路的纵向街道 8 条，平行于铁路的横向街道 5 条。秉承中东铁路二等站的道路规划标准，每相邻两条横向道路之间间距为 50 俄丈，每相邻两条纵向道路之间间距为 100 俄丈。道路可分为两种等级：一种为净宽 17 m 无街心绿化街道，如教堂前东西贯穿的大街以及教堂两侧的纵向街道即为此种类型；另一种为净宽 32 m 有街心绿化的街道，街心绿化带将道路分成相同的两部分，其宽度与两边的道路宽度相同，约为 10.67 m，如居住组团之间的街道即为此种类型，这种道路不仅满足了人们驻足休憩的生活需求，同时其街道尺度也更加具有亲和力。

铁路以南的华人生活区约有街道 10 条，其中，垂直于铁路的纵向街道 5 条，平行于铁路的横向街道 5 条。所有纵向街道在空间上延续铁路以北的纵向轴线，使南北两区在结构关系上相互吻合。中央大街（现铁南街）作为连通南北两区的街道，在其沿线形成了城市长期以来的中心商业区。

日本占领时期的道路规划相比中东铁路时期要更加完善清晰。随着历史变迁、文化更迭，铁路以北的教堂广场左右两侧街道与周边组团连成一体，致使城区中的组团尺度相比中东铁路时期要稍大一些。而铁路以南的道路则得到了很好的修整改善，包括拓宽路面、修正道路走向等，相比中东铁路时期要更加秩序化和规范化。同时，日本人在城区西北角进行了适度开发，根据周围城墙的条件限制，在网格式布局基础上适当添加斜线道路形式，以便于人们以最方便的途径穿越街区。

（3）景观规划。

在中东铁路沿线附属城镇景观规划上，有些城镇周边本身有较好的自然环境与景观基础，经有效开发利用之后形成城镇中独具特色的景观系统，如扎兰屯城镇西北侧有天然的自然公园与雅鲁河支流，设计师利用公园与水系相结合的规划手法，塑造了良好的景观氛围，使其成为中东铁路沿线的休闲度假型城镇；一面坡城镇南、北、西三面环山，山的坡度平缓、绿化繁盛，北侧山下有东西横贯的蚂蜒河，是城区内部的天然绿化带，形成了优质的城镇休闲观景空间。

相比这些具有优质景观风貌的铁路附属城镇而言，地处松嫩平原边缘地带的昂昂溪城区内既没有起伏的山峦，也没有蜿蜒的水系，但城区内同样塑造了较好的绿化环境，主要体现在铁路以北教堂广场绿化以及俄式居住组团内部的大量榆树上。其中，铁路以北的教堂广场绿化在空间上呈现出带状形态，很好地将车站站舍和教堂衔接在一起，是城区内的主要景观节点，也是人们日常活动的主要核心区域。另外，街区中有大量的老榆树，郁郁葱葱，以点状的形态均匀地散落在各个组团中，与俄式建筑相互掩映。设计师将树木与建筑进行有机结合，使原本在空间上相对独立的建筑有了很好的背景和屏障，进而使街区的沿街立面也呈现出很好的节奏韵律，塑造了良好的街区氛围。

4.2 昂昂溪历史建筑类型

4.2.1 铁路站区建筑

历史上的昂昂溪站区曾是中东铁路的重要枢纽，而这个城区的建立也缘起于铁路。铁路站区建筑是这里最具有特色的建筑群体，也是最能代表昂昂溪建筑特色的建筑类型。中东铁路昂昂溪站区主要包括俄式火车站站舍、机务段办公楼、被拆毁的机车库以及现存的水塔和铁路天桥等站区构筑物。该站区现隶属昂昂溪机务段的三间房铁路编组站。

（1）火车站站舍。

中东铁路昂昂溪俄式火车站站舍位于中东铁路滨州线 269.9 km 处，在中东铁路营运时期叫作齐齐哈尔站，别名西屯，后改为昂昂溪站，由中东铁路工程局第六工程段负责施工，初为俄籍工程师格尔绍夫负责组织施工，1900 年 11 月由安东诺维奇工程师接替，竣工于 1902 年，于 1903 年开始运营。2004 年，为适应国际客货运的需要，铁路部门对其候车室进行了修缮，作为国际旅客候车室。作为中东铁路时期重要的客货运二等站房，它肩负着办理营运、托运、候车及售票等职能。建筑风格带有明显的俄式特点，整体以及局部是按当时标准制图设计的。屋顶覆以红色铁皮，错落有致，显得亲切、大方。建筑从体量上看是以主入口为中心，两侧为不对称的错层体量，西侧为一层，东侧为两层。平面整体为矩形，建筑室内举架较高，总建筑面积约 705 ㎡，一层总面积为 465 ㎡，设有三等旅客候车室、售票室、行李托运室、小卖部等功能用房；局部二层为 240 m^2，作为一、二等旅客候车室使用。建筑主体为砖木结构，外墙为砖材砌筑，楼板则以木条为筋密布编织补以水泥砌筑，大大增加了建筑的稳固性（图 4.1）。

图 4.1　昂昂溪火车站站舍立面

站内出口处设有半开敞木质门廊，与建筑主体巧妙地结合起来。为防止门廊以下光线昏暗，设计师在屋顶上设置了突出于屋顶的老虎天窗间接采光，同时也是对室内光线的补充。半开敞木质门廊既丰富了建筑的空间层次，又使建筑在造型上显得玲珑剔透。木质门廊的设置也缓解了旅客过多时候车空间紧张的情况，也是与外部环境的过渡，使室外的恶劣情况（降雨、降雪等）不会直接影响建筑的室内。昂昂溪火车站站舍细部丰富，檐下用不规则的形式沿山墙两边砌落影式砖线脚，屋顶上设有小巧精美的老虎天窗以及主入口处设有美轮美奂的木质门廊及檐部构件。

该火车站站舍现保存完好，已被重新粉饰，墙体刷饰淡粉色涂料，只有墙身线脚、檐下落影以及转角隅石等装饰构件用白色涂料强调。附属木质门廊则以翠绿色涂料油饰，与建筑主体在色调上形成鲜明的对比。

（2）机务段办公楼。

中东铁路昂昂溪机务段办公楼建于 1902 年 3 月，在中东铁路时期的主要职能是办理安达至昂昂溪到扎兰屯的客货运输。整个建筑为俄式建筑风格，高两层，屋顶为双坡铁皮屋顶，主入口处屋顶与建筑主体屋顶成垂直相交，并以此为视觉中心呈左右不对称式布局。建筑平面为矩形，入口处体量突出于主体，正立面分为三段，分别屋顶、墙身和基础。勒脚由垛堞的较矮的石材构成。建筑为砖木结构，墙体主体为红砖垒砌，外饰黄白相间的涂料，屋顶为双坡组合屋顶，挑檐不大，檐部端头木构件为曲线造型。中东铁路昂昂溪机务段办公楼外表简洁，装饰朴素大方，门窗贴脸以及山墙落影与一般俄式建筑的处理手法相似，而转角隅石的处理方式为只在墙体的檐下转角处设计两块转角石，这在昂昂溪中东铁路建筑中比较少见。整栋建筑端庄厚重，在这一点上，正好与华丽秀美的昂昂溪火车站站舍形成了鲜明的对比（图 4.2）。

图 4.2　机务段办公楼

（3）房产段管理用房。

中东铁路昂昂溪房产段位于距离昂昂溪火车站站舍北面约 0.5 km 处，始建于 1906 年，后来在日本人占领时期被改建。建筑平面为一字形，高一层，平屋顶，以入口略微凸起的山花作为建筑的视觉中心呈两侧对称式布局，建筑面积 441 ㎡，立面墙体刷饰淡黄色涂料，线脚及贴脸刷饰白色涂料，主体为砖木结构。窗户宽窄不一，但都特别高大，因此室内采光良好。北面山墙一侧处有高出建筑一倍的烟囱，推测是后期日本人加建。两侧山墙与前后墙交汇处有转角石，入口处有舒展平直的水泥板雨篷，墙体线脚丰富。女儿墙由多道线脚分隔，线脚的做法使用了类似于哈尔滨“新艺术”建筑的装饰符号，但此直线又被入口处凸出的山墙所打破，使建筑天际线不显单一、平直（图 4.3）。

（4）站区构筑。

①铁路天桥。

在昂昂溪火车站站区内有一座横跨铁路线的封闭天桥，是为避免旅客在上车时由于直接横跨铁路发

图 4.3　房产段管理用房立面与入口

生危险而设置，同时也可在雨雪等恶劣天气时为站台候车的旅客遮风避雨，至今已有一百余年，现仍然作为旅客天桥使用，是滨州线上少有的几个天桥之一。昂昂溪铁路天桥横跨 3 条铁路线，平面呈工字形，两端楼梯均可上下旅客，在客流量较大的时间段可以达到较快疏散交通的目的。天桥整体结构为钢结构，以铺设铁路的工字形铁轨为主要结构材料焊接主体框架，为保证结构的稳定，在两侧以斜撑加固，两侧墙体和楼板则以木板填充，使天桥看起来轻盈、灵动。屋顶为双坡铁皮屋顶，出檐不大。为满足天桥内的采光需求设计者在檐下设计一列高窗。走进这座铁路天桥，人们仍可以清楚地看到天桥的钢轨上依稀可见当年所铸的俄文字母（图 4.4）。

图 4.4　铁路天桥

②铁路水塔。

距离昂昂溪火车站站舍北面约 0.5 km 处有一座水塔，高度为 24 m，是当时昂昂溪最高的建筑，也是城市空间的标志性节点。这座铁路水塔是由 1939 年日本人接管昂昂溪铁路时期所建，内为双槽式储水，容水量为 3×10^5 kg 以下，其主要为供给机车、列车、站段生产和沿线铁路生活用水而设置，同时也有为城市生活供水的职责。该日式水塔平面为圆形，立面由塔基、塔身和水柜构成，整体看起来塔身略显修长。其中，水柜是平面半径大于塔身半径的同心圆，在立面上略伸出塔身，上面饰以条形的隔断。水塔入口在水塔正下方。塔身周围嵌以窄窗，既满足内部采光需求，同时又不过多干扰水塔的结构支撑。外墙通体为水泥原有的灰色调，外观质朴无华。整个水塔为钢筋混凝土结构，内部没有柱子支撑。完全靠钢结构支持，无横向荷载，构造相对较为简单。作为铁路站区的重要工业建筑，昂昂溪铁路水塔的建设没有将重心放在装饰工艺上，而是以独特的结构工艺和当时先进的建造技术相结合，对站区的日常运营和城市居民的生活具有重要意义（图 4.5）。

4.2.2 军事建筑

由于昂昂溪站是中东铁路的重要站点，紧邻齐齐哈尔，百余年前，俄国入侵时在修建铁路的同时曾派大量军队驻守，使昂昂溪成为原沙俄阿穆尔军区部队驻地。因此这里也建设了一系列的军事建筑及军事附属建筑。

（1）兵营。

中东铁路沿线军事建筑的主要类型就是中东铁路护路军驻扎的兵营，沿线大部分兵营平面功能与立面形象都有标准化的设计，体量与形象与其他类型建筑易于区分。由于昂昂溪火车站临近齐齐哈尔，俄国在修建铁路的同时也在昂昂溪修建了大型的兵营。昂昂溪区原有两处兵营，后被拆除一处，现存一处，已荒废。该兵营平面为东西朝向的一字形平面，平面布置以内廊组织交通，与中东铁路沿线其他附属地的宿舍建筑类似。兵营内部残损比较严重，占地面积不是很大。立面以毛石为勒脚，且勒脚较高，墙体为砖砌，表面刷饰淡黄色涂料。屋顶为双坡屋顶，屋顶上根据内部采暖需求布置烟囱。同时，由于内部光线较昏暗，因此在走廊每隔一定距离设计木质的采光天窗，这是在中东铁路军事建筑中少有的做法。兵营主要为砖木结构，建筑内部以优质圆木作为主要承重柱，辅以砖砌承重墙承接梁架荷载，有效地利用木材抗压的性能，同时，为防止木材干裂，设计师在柱子周身锁上铁箍，柱下砌石柱础。屋顶板为木质檩条紧密排列覆以水泥砂浆，既可减轻屋架自重又可防寒保暖；屋顶覆以铁皮屋面可阻挡雨雪，防止木材受潮。兵营附近配备了禁闭室、食堂等军事附属建筑（图 4.6）。

图 4.5　铁路水塔

a 山墙面

b 通气孔

c 正立面

图 4.6　兵营

（2）马厩。

昂昂溪马厩是昂昂溪护路军骑兵部队停放、养殖战马的场所，现存两处，已经被做了较大改动。其中一处马厩位于现罗西亚大街一侧，建筑为矩形平面，内部空间宽阔，可容许两列马匹对列停驻，中间为过道，供马匹进出或饲养员喂食所用。同时，为了保证马厩在寒冷冬季的采暖，设计师在马厩内每隔一定距离设置了火墙。屋顶为双坡铁皮屋顶，出檐不大，檐部构件雕刻精美。该马厩为木结构，两侧山墙上部为木板密集排列的木质墙体，下部墙体用泥抹面，为防止木屋架受潮，山墙上部设有换气窗。建筑内部采用天然的粗圆木做柱和梁，过梁之间用方形的较大木条排列成顶棚（图 4.7）。

图 4.7　马厩

另一处马厩为一字形平面，与前述马厩相比空间相对较小，内部狭长，只容许一列马匹停驻（图 4.8）。建筑为砖石结构，该建筑除了有以毛石垒砌成的有收分的扶壁裸露于墙体之外，正立面墙体为砖砌，墙体上有高窗，窗的上部为平拱砖梁（现已被改动），两侧山墙处墙体以毛石拼接而成，石墙面有砖砌的平拱结构的高窗（现已被堵死）。墙体与毛石扶壁共同起到承重作用，上托木结构屋架。屋顶为双坡屋顶，上覆铁皮屋面（现改为瓦屋面）。

图 4.8　砖石马厩

4.2.3 公共建筑

（1）昂昂溪铁路医院。

中东铁路修建初期，铁路干线和支线分段施工，卫生部门为配合施工，便在干线和支线上分设医务段，医务段下设医院、医务所或助医所。昂昂溪站区在建设的过程中，为给建设人员、铁路职工以及宗教人士提供健康保障，也建设了一些医疗建筑，现存原中东铁路昂昂溪医院，现为昂昂溪铁路医院，是齐齐哈尔市重点保护建筑。

原中东铁路昂昂溪医院位于昂昂溪区现迎宾路与北兴路交汇处，始建于1903年，建筑面积约323㎡，为典型的俄式建筑风格，建筑为一层。建筑坐北朝南，平面呈L形布局，内部通过内廊组织交通，在一侧山墙处与新建铁路医院连接，入口位于南立面和东立面上（现已被砖堵死），入口处有雕刻精美的翠绿色木质雨篷，极富俄式建筑特色。立面墙体用淡黄色涂料刷饰，墙体转角处的转角隅石、檐下落影以及门窗贴脸用白色涂料刷饰。屋顶为组合屋顶，坡度较缓，上覆铁皮屋面（图4.9）。

图4.9 原中东铁路昂昂溪医院

原中东铁路昂昂溪医院为砖木结构，以砖墙承重，上托木结构屋架，出檐不大，檐下以密集的木质檩条承托。为了防止屋架木质结构受潮，山墙上部还设置了换气窗。门窗洞口上部采用平拱砖过梁，窗台为防止雨雪内流做向下的斜面抹灰。入口处有木质伸出式雨篷，榫卯结构，上以绿色铁皮覆盖。

（2）铁路职工俱乐部。

中东铁路时期，随着昂昂溪铁路站区的建设规模的不断扩大，越来越多的铁路职工和工程技术人员及家属汇聚在那里。为满足这些人员的业余文化生活需求，文化建筑应运而生。1904年，中东铁路高级官员特别下令在昂昂溪设立中东铁路昂昂溪铁路职工俱乐部。俱乐部位于昂昂溪火车站北侧80 m处，始建于1904年，于1906年投入使用，是中东铁路沿线较早的铁路职工俱乐部（图4.10）。

铁路职工俱乐部为俄罗斯“新艺术”风格建筑，主体为二层建筑，局部三层，总建筑面积为1 736㎡。

图 4.10　铁路职工俱乐部

平面为 L 形，正面入口处凸出的门廊在三面设门，正门上还有拱形的贴脸，两侧山墙一侧为凸出矩形砖砌门廊，另一侧为凸出矩形木质门廊。建筑内设剧场（516 个座席）、舞厅、酒吧、咖啡厅、放映室等多种功能用房，剧场内装饰华丽、考究。立面采用了不对称的竖向构图模式，女儿墙处的山花运用了“新艺术”建筑的符号。门廊上部的两扇窗与其他的窄长窗不同。檐部线脚丰富，转角处的墙体有转角隅石相连。建筑整体为砖木结构，二层楼板是以工字钢为横梁，上承接木板，并在横梁之间做成弧度很小的拱形，这既减少了自重较大的横梁的数量，同时又以拱形发券分解楼板自重以及承受的荷载，从而增强楼板的抗压性能，这种做法在中东铁路历史建筑中极为少见。

（3）东正教圣宗徒教堂。

随着中东铁路设立的二等大站的昂昂溪站落成，越来越多的俄国建筑工人、工程技术人员，商人、移民以及武装护路军部队人员迁往昂昂溪，这座城市也在不断地发展。由于俄国人大部分信奉东正教，因此为满足俄国东正教徒的精神需要，驻扎在昂昂溪的护路军和迁居的俄国居民于 1902 年 6 月动土在此兴建了一座东正教圣宗徒教堂（图 4.11）。

图 4.11　东正教圣宗徒教堂

东正教圣宗徒教堂被当地中国人称之为“喇嘛台”，当时教堂的教主是俄国人什家果夫，初期有信徒 247 人，中华人民共和国成立前发展到 318 人。20 世纪 50 年代昂昂溪的东正教解体，该建筑于20世纪70年代被改为粮店，20世纪80年代初经历了一场火灾，但主体结构损失不大，1982被拆毁。该教堂平面推测为拉丁十字形，在入口处有向前凸出的门廊，建筑面积414 ㎡，是一座砖混结构的俄式教堂。教堂为哥特式风格建筑，主体结构为钢筋混凝土结构。屋架为木质，运用了榫卯做法。墙面为淡黄色，正面与山墙拐角处用砖砌转角隅石连结，刷饰为白色，屋顶为绿色的铁皮屋面，在两端有向上高出的钟楼，上有锥形尖顶。根据当地的居民回忆，上面塔楼大钟报时时，悠扬的声音传得很远。

4.2.4 居住建筑

住宅建筑是中东铁路附属地城镇建筑的最主要组成部分。伴随着铁路建设与运营发展，满足各类人群需要的居住建筑被迅速地建造起来，包括铁路高级官员住宅、职工家庭合居的联户住宅、集合式的员工公寓以及俄国移民的各式住宅。

随着昂昂溪城镇规模的不断发展，迁入的居民逐渐增加，随之兴建了大量的俄式居住建筑。昂昂溪现存俄式居住建筑112栋，大部分为砖木结构，少部分为木刻楞住宅。该建筑群是目前中东铁路沿线保存最为完好、数量最多的住宅建筑群之一。昂昂溪居住建筑的主要特点是：建筑山墙处设有阳光房，门斗凸出墙体，建筑入口标高较高，墙体厚实，坚固耐用；屋内地面铺有木质地板，以壁炉和火墙作为冬季的取暖措施，室内举架较高，空间比较宽敞，冬暖夏凉。建筑一侧一般有自家的花园或者菜地，建筑布局体现出浓郁的俄罗斯田园风情。昂昂溪居住建筑主要集中在铁路北侧，昂昂溪火车站附近，按照规模大小可分为独户住宅和联户住宅。

（1）独户住宅。

独户住宅一般为中东铁路高级官员或工程师住宅，建筑体量较小，但占地面积较大，房前屋后有宽敞的菜地和花园，所以与街道的距离一般比较远，朝向大部分为南北朝向，多分布于主要街道两侧，距离东正教圣宗徒教堂、火车站、铁路职工俱乐部等公共建筑距离较近。不难想象，当年盛夏来临时花园中百花盛开，院内树影婆娑、郁郁葱葱的繁荣与祥和的场面。

建筑平面一般为矩形，入口偏于建筑正立面的一侧，也有的入口位于山墙面上，昂昂溪住宅与其他中东铁路附属地住宅的不同之处是其入口处砖砌门斗上突出的精美山花，山花装饰使入口显得优雅而亲切。立面大部分刷饰淡黄色涂料，墙体转角处的转角隅石以及檐下落影刷饰白色涂料。在一些建筑立面还搭建有3面大面积开窗的阳光房，阳光房为木质墙体，刷饰与主体建筑不同的绿色油漆，檐下以及墙角有精美的雕刻，与建筑主体的砖砌墙体对比来看，更显得温馨而朴素。独户住宅多为砖木结构，墙体较厚且多为木质屋架，屋架为整根圆木以榫卯方式搭接而成的三角形框架，以圆木梁连接成双坡屋顶，屋面上以密集排列的木质檩条承托铁皮屋面。

昂昂溪俄式住宅51号是较为典型的独户住宅，建筑入口位于主立面的右侧，门斗以砖砌的线脚加以强调，门斗上为平拱过梁，入口标高较其他住宅稍低。墙面开窗较少，窗户为窄长窗，山墙两侧有加建的卫生间，有的建筑内有地下储藏室。建筑主要为砖木结构，天花为木条编织上覆抹灰，墙体承托木质梁架，且为防止梁架受潮，在山墙处还设有换气窗，檐部雕刻精美（图 4.12a）。

昂昂溪俄式住宅 62 号也是比较有特色的独户住宅，建筑入口位于主立面一侧，门斗进深较大，与昂昂溪其他住宅不同的是它的门斗上为单坡屋顶，且坡度较缓。墙体转角处的转角隅石体量较大，与体量较小的建筑形成鲜明的对比。此外，墙上开窗大小不一，有常见的窄长窗，同时也有方形窗。内部梁架结构与其他住宅基本相同，只是为防止内部梁架受潮，其处理方法以屋顶上凸起三角锥形的老虎窗作为换气窗（图 4.12 b）。此外，比较有特色的独户住宅还有昂昂溪俄式住宅 66 号等（图 4.12 c）。

a 俄式住宅 51 号

b 俄式住宅 62 号

c 俄式住宅 66 号

图 4.12　昂昂溪俄式独户住宅

（2）联户住宅。

联户住宅多为中东铁路建设初期昂昂溪铁路职工、建设铁路的俄国工人及其家属的住宅，是昂昂溪住宅建筑中数量最多的一类，也是组成昂昂溪城镇的主要部分。这类住宅主要位于现罗西亚大街两侧，成组团形式布置。与独户住宅不同的是，联户住宅的朝向一般比较自由，因为一栋住宅可能有 3~4 户居民，所以不能保证每户都具有良好的朝向。联户住宅体量虽大，但占地面积却和独户住宅相差不多，可基本保证每家每户都有自己的菜园或花园，但每户菜园或花园面积都较小。

联户住宅平面一般为矩形，可分为两联户和多联户住宅，两联户住宅多在建筑主立面两端或两侧山墙处设置入口，多联户住宅一般由室内走廊组织交通，虽整体体量较大但每户分得的面积较小。联户住宅比较注重强调入口，入口一般位于建筑主立面中间或者山墙中间，以进深较大的门斗来起到隔离室外冷空气的作用。门斗可一户独用也可两户公用，有木质门斗（如俄式住宅 75 号），墙板雕刻精美，也有顶部凸起精美山花的砖砌门斗（如俄式住宅 48 号）。有些联户住宅还在墙体外搭建了带有独立烟囱的浴室，有些则搭建了宽敞明亮的木质阳光房。立面墙体刷饰淡黄色涂料，檐下落影以及墙体转角处转角隅石刷饰白色涂料，窗户多为窄长窗，屋顶为两坡顶，坡度一般较缓，上覆铁皮屋面。

联户住宅多为砖木结构、石木结构或木刻楞住宅，由于跨度较大，为保证结构的稳定，因此利用内部和外部墙体共同承接上面的木屋架。室内举架较高，内部天花是以截面较大的方形优质木条疏密有致地排列而成，室内铺木质地板，以火墙或壁炉来取暖。

昂昂溪俄式住宅09号具有昂昂溪俄式住宅中少有的四坡顶屋面（图4.13 a）。建筑平面为规则的矩形，进深较大。立面墙体开窗数量较多，窗洞较大（现部分已被封堵），高宽比约为2，窗上部为平拱砖过梁，中间有砖砌拱心石。为防止屋架受潮在屋顶上设置老虎天窗以通风换气。建筑入口不同于其他昂昂溪住宅，入口标高较低，略高于地面，室外没有门斗，进入室内需要通过一小段公共走廊。建筑出檐不大，檐下墙体及墙裙上有打磨精细的砖砌或砖雕的精美线脚，建筑基础部分线脚分层。

昂昂溪俄式住宅37号是昂昂溪现存居住建筑中数量较少的木刻楞住宅之一，现保存基本完好（图4.13 b）。该住宅以毛石为基础，混凝土为墙裙，木板为墙体，墙体开窗数量相对其他砖石建筑数量较少，入口标高较高，没有门斗和雨篷，是昂昂溪中东铁路住宅建筑中的孤例。该住宅跨度较大，屋面较平缓，出檐较大，檐部雕刻精美，屋顶上有砖砌的烟囱。

还有一类联户住宅为日式住宅，是由日本人在占领昂昂溪铁路附属地时所建造，共20栋。这一批建筑一般体量较小，均为一层建筑，主要形制有单独的矩形体量，也有多矩形体量组合。

日式住宅平面多为长方形，也有组合式平面。与俄式住宅所不同的是日式住宅每户均设单独入口，而不是几户共用一个走廊，因此建筑进深没有俄式建筑那么大。立面简洁，构图上具有较强的对称性，几乎没有装饰性元素，山墙两侧有突出于墙体的较高的烟囱，入口较地面标高较低，有些入口有进深较小的门斗，上部伸出出檐较短，水泥板雨篷；有些则不设门斗，只有上部伸出出檐较大的水泥板雨篷，作为室内外过渡空间。屋顶有双坡屋顶、四坡屋顶或者组合式屋顶，上覆瓦屋面或者铁皮屋面，屋顶一般坡度较缓，出檐相比于俄式住宅大一些。

日式住宅一般为较低的混凝土基础，结构类型均为砖混结构，由较厚的墙体承托木屋架，窗上不是拱券结构而是砖砌平拱过梁或木板过梁，承托上部墙体，室内举架较低，地面为木质地板。屋面由密集

a 俄式住宅09号

b 俄式住宅37号

图4.13　昂昂溪俄式联户住宅

排列的木板承托，而不像俄式住宅的屋面由方木檩条承托。昂昂溪日式住宅97号是昂昂溪日式住宅中少有的组合型平面的住宅，建筑体量小巧，屋顶为组合四坡屋顶，上覆铁皮屋面。入口处有进深较小的门斗，上部伸出较短的水泥板雨篷。墙体上有方形开窗，窗上部为砖砌平拱过梁。墙身刷饰淡黄色涂料，腰部线脚用白色点缀（图4.14）。该建筑为墙体承重，屋顶为木屋架，为防止木梁受潮，在檐下设置若干换气口，这种做法明显不同于俄式住宅在山墙处开换气窗的做法，这也是昂昂溪日式住宅防潮做法的一大特点。

图4.14 昂昂溪道北日式住宅97号

4.3 昂昂溪历史建筑的艺术特色

昂昂溪历史建筑群是中东铁路建筑群的一部分，其厚实的墙体、高且窄的窗户、木质的阳光房、砖石为主的建筑材料等都反映了中东铁路建筑的特点。同中东铁路沿线其他城镇相比，昂昂溪历史建筑群在体量组合、立面构图、装饰语言等方面都有自己的一些特色，这些特色体现了建筑的地方性与艺术性，是本节分析研究的重点。

4.3.1 体量组合与立面构图

昂昂溪历史建筑群包括商业建筑、医疗建筑、军事建筑、住宅建筑等类型，多样的类型产生了丰富多变的空间形态。这些空间形态在满足功能使用要求的同时，还满足了审美需求，具有和谐统一又富有变化的形式和艺术表现力。

（1）形式多样的体量组合。

①表里一致、合乎逻辑。

昂昂溪历史建筑群中有很大一部分建筑平面为规整的矩形，其外部的形体是内部空间的真实反映。建筑形体主要通过屋顶形式、开窗方式以及入口位置实现变化，同时在建筑转角、山墙落影等部位有零星装饰，借此来避免外观的单调与雷同（图4.15）。单栋建筑外观低调含蓄、稳重内敛；多栋建筑组合排列时，各建筑表里一致、和谐统一，且因数量优势，这类建筑对塑造昂昂溪历史建筑整体和谐而统一的风格有很大贡献。

图 4.15　表里一致的建筑外观

②主从分明、有机结合。

昂昂溪历史建筑群适应性较强，当功能出现变化时，规整的矩形平面也会做适当的调整，如阳光房的设置。阳光房作为室内外的过渡空间常位于建筑山墙一侧，其体块最高处一般与建筑主立面檐部平齐，与建筑主体形成对比，在体量上表现为高低错落、有主有从（图 4.16 a）。这种主从分明的建筑体量还有其他的表现形式，如俄式建筑 107 号依据功能在建筑主体上做减法，形成大小不同的两个体块（图 4.16 b）。中东铁路被日本人接手后，因日本人与俄国人的生活习惯不同，他们在原有建筑端部加建了浴池来满足日常生活需要。这种浴池比较矮小，为单坡顶，外侧建有高高耸立的烟囱，即所谓的偏厦子。浴池的加建使建筑由原有的单一体块变成高低错落的体量（图 4.16 c~f）。建筑体量上高低错落的差异，就如植物

a 俄式住宅 77 号

b 俄式住宅 107 号

c 俄式住宅 76 号

d 俄式住宅 71 号

e 俄式住宅 74 号

f 俄式住宅 51 号

图 4.16　主从分明的建筑外观

的主干与枝丫、红花与绿叶所呈现出的主从差异，这种差异的对立使得建筑成为一个协调统一的有机整体。

③巧妙穿插、均衡有序。

体块的穿插可以丰富建筑体量的组合，在昂昂溪历史建筑群形式多样的体量组合中，体块穿插有两种突出表现形式：一种是体块穿插少的建筑，重在突出建筑方向的对比；一种是体块穿插多的建筑，重在表现建筑的凹凸变化。

当建筑功能简单、体块较少时，借助体块方向进行穿插，可求得变化，形成对比，如可将建筑一侧的山墙扭转使其与建筑的主立面在同一方向上，打破建筑山墙位于主立面两端的惯例，从而形成方向上的对比（图 4.17）。朝向主立面的山墙通过开窗方式、落影装饰的变化与主立面进行协调，它的出现使得建筑的屋顶轮廓变得高低起伏、错落有致。为突出入口空间，建筑主立面往往会借助细腻丰富的细部装饰进行强调处理，如设置木质雨搭等，原昂昂溪中东铁路医院主立面的木质雨搭轻巧柔和、雕刻细腻，与厚重朴实的砖砌墙体形成对比。体块穿插形成的方向对比，使昂昂溪建筑由常见的对称形式变为非对称形式，为保持建筑的均衡，这些体量间严格控制尺度和比例关系，这类建筑的均衡较对称形式的均衡要轻巧活泼的多。

a 中东铁路昂昂溪某俄式建筑

b 原中东铁路昂昂溪医院（1）

c 原中东铁路昂昂溪医院（2）

图 4.17　体块穿插的方向对比

公共建筑功能复杂，体块穿插变化更加丰富，最能表现建筑物的特性。昂昂溪火车站站舍拥有多个建筑体量，建筑体块经过巧妙的穿插形成了高低错落、凹凸进退、虚实对比的外观。昂昂溪火车站站舍建筑整体为不对称式，主入口体量较高，通过开窗方式、入口门斗的不同来强调其统率全局的构图中心，入口两端的体块左低右高，通过开窗的数量、窗墙比的大小控制体块的虚实；建筑后身在进行体块组合时为突出建筑主体而穿插一个小体量的敞廊，同时利用材质和颜色的变化强化了两体量间的对比。整个建筑虽不对称但凹凸进退有度、均衡而有秩序，外观和谐统一（图 4.18 a、b）。铁路职工俱乐部因为功能复杂，所以建筑体块也较多，同样利用体块间巧妙的穿插组合，严格控制比例和尺度的关系，使整栋建筑在自由不对称中体现生动而有韵律的均衡秩序（图 4.18 c）。

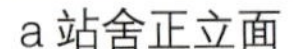

a 站舍正立面　b 站舍背立面　c 铁路职工俱乐部

图 4.18　体块穿插的凹凸变化

（2）合乎比例的立面构图。

①沉稳庄重的主立面。

设计过程中首先应该处理好建筑整体的比例关系，无公约数比例黄金分割比 1:0.618 是最常用的传统比例，也被认为是最美的比例。除黄金比例，建筑中常用的无公约数比例还有很多，如 $\sqrt{2}$、$\sqrt{3}$、$\sqrt{5}$矩形，这些矩形常与黄金比例矩形结合出现，其中$\sqrt{5}$矩形作为最重要的矩形常用于建筑的平面和立面构图中。

昂昂溪历史建筑群的立面构图基本上都符合上述的传统比例。下面以昂昂溪历史建筑群中的 6 栋建筑主立面构图为例进行研究。研究发现，这 6 栋建筑都符合传统无公约数比例。例如，第 2 栋建筑整体为对称式构图，但入口门斗偏于建筑右侧，建筑主体为$\sqrt{5}$矩形，两侧浴池均为$\sqrt{3}$矩形，整栋建筑是$\sqrt{5}$矩形与$\sqrt{3}$矩形的组合；第 3 栋建筑为对称式构图，根据门斗与烟囱位置划分为 3 个矩形，分别为$\sqrt{5}$、$\sqrt{2}$、$\sqrt{5}$矩形，整栋建筑是$\sqrt{5}$与$\sqrt{2}$矩形的组合；第 5 栋建筑为昂昂溪火车站站舍，非对称构图，主立面由 3 个高低不同的体量组合而成，由左到右分别为$\sqrt{3}$、$\sqrt{2}$、$\sqrt{2}$矩形，整栋建筑是$\sqrt{3}$与$\sqrt{2}$矩形的组合。从图中可以看出，其他 3 栋建筑也是无公约数矩形的组合形式，这里不再逐一分析。由此可见，昂昂溪历史建筑在比例关系上依然遵从传统比例的模数，建筑主立面比例协调、尺度适宜，有沉稳庄重之感（表 4.2）。

②生动活泼的侧立面。

昂昂溪历史建筑群常在山墙一侧设有入口门斗或阳光房，由于入口门斗及阳光房的位置、高矮、空间的收放会影响山墙面整体给人的视觉感受，因此侧立面要想取得和谐统一的建筑美感需处理好各元素间的比例关系，掌握合适的尺度。

侧立面入口门斗的位置、大小、高矮影响建筑立面的空间艺术特色。通过选取昂昂溪 3 栋俄式建筑侧立面进行分析发现，建筑入口门斗与山墙竖向的比例分别为 3:4、2:3、2:3，横向的比例分别为 1:2、1:3、1:4，两组比例是建筑设计中常用的比例，无论从使用角度还是观赏角度都非常合理，符合使用需求和审美需要（表 4.3 门斗）。其中，第一栋建筑存在 4 个黄金分割矩形，入口门斗严格控制在黄金分割矩形内，门斗到墙体边缘的体块也是黄金分割矩形，整栋建筑比例协调，外观舒适；第三栋俄式住宅入口门斗台阶处也为黄金分割矩形，台阶数量虽多但因尺度控制得当，视觉感受非常舒服。这些黄金分割矩形很好地协调了入口门斗与山墙的比例关系，其收放有度的空间处理将观赏性与功能性完美地结合到了一起。

砖石为主的建筑中若有阳光房的出现，那么只要经过精心的设计处理、遵循合适的比例模数，砖石的厚重与木构的轻盈产生诗意的对比便是水到渠成的。有阳光房的侧立面在进行立面处理时特别讲究比例均衡（表 4.3 阳光房），同样选择 3 栋俄式建筑作为研究，第一栋阳光房横跨整个山墙面，第二栋阳光房占山墙面的 3/4，第三栋阳光房只占山墙面的一半。经分析，3 栋建筑阳光房与山墙上半

表 4.2　主立面构图分析

表 4.3　山墙与入口门斗及阳光房的比例关系

部的竖向比例分别是 1:1（不包含室外大台阶）、2:1、3:2，均为建筑中常用的比例。此外，第一栋住宅的阳光房由两个相等的$\sqrt{2}$矩形组成，第 2 栋住宅阳光房为$\sqrt{5}$矩形，第三栋住宅阳光房又是$\sqrt{2}$矩形。这些建筑运用了一套成熟的比例体系，而这种合乎比例的空间收放也使得建筑的整个山墙面看起来高低错落、生动活泼。

③灵活多变的屋顶形态。

规整统一的昂昂溪历史建筑群除通过装饰、材质、开窗等的不同来表现单栋建筑的个性外，也会借助屋顶形态的变化形成不同的建筑轮廓线，而外轮廓线是反映建筑体形的一个重要方面，给人的印象极为深刻。屋顶形态有时可通过调整烟囱的高低、数量以及老虎天窗的表现形态来强化单栋建筑的立面轮廓，形成不同表现形式的建筑剪影。

昂昂溪历史建筑群中有四种形式的屋顶形态：平屋顶、双坡屋顶、四坡屋顶和组合屋顶（表 4.4）。其中，平屋顶只有 2 栋，分别是昂昂溪房产段住宅和铁路职工俱乐部，数量较少，它们与众不同的屋顶形态很容易引起人们的注意；双坡屋顶最常见，数量最多；四坡屋顶主要在日式住宅中出现；组合屋顶由双坡屋顶和四坡屋顶组合而成。后三种屋顶形态常结合烟囱和老虎天窗进行组合变化，组合后的屋顶形态种类繁多且各具特色。

表 4.4　灵活多变的屋顶形态

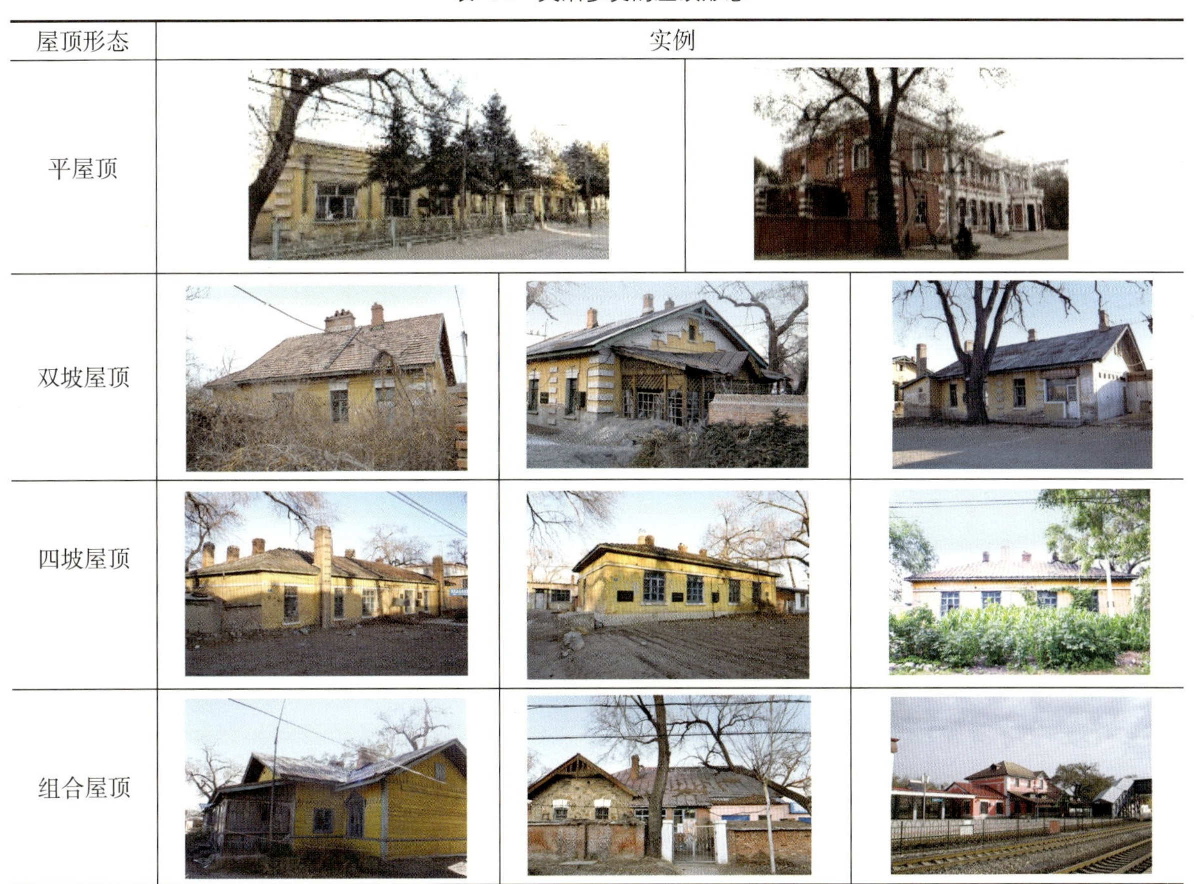

屋顶形态	实例
平屋顶	
双坡屋顶	
四坡屋顶	
组合屋顶	

俄式住宅 77 号由双坡屋顶与单坡起脊式阳光房组合而成，高低错落、主次分明；昂昂溪石头房子通过单坡屋顶与双坡屋顶的组合使得屋顶形态开合有序、起承转合得当，配合自然淳朴的石材和木材，整个建筑流露出亲切宜人的田园气息。昂昂溪火车站站舍屋顶组合形态最为丰富，包含了单坡屋顶、双坡屋顶、四坡屋顶三种形态，个别屋顶还开有形式不同的老虎天窗，结合巧妙穿插的体量组合，屋顶形态变化多端，从起脊式单坡屋顶开始慢慢过渡到双坡屋顶，最后以四坡屋顶收尾，如跳动的乐符，欢快流畅，其中老虎天窗的点缀起调节韵律的作用。形式多变的屋顶形态对塑造火车站站舍稳重活泼的建筑特色做出了贡献且不容小觑。

4.3.2 材料表达与装饰细部

昂昂溪历史建筑群中既有纯木结构的木刻楞，也有只用石头建造的石头房子，还有砖木、砖石等材料结合的建筑。材料在组合时充分发挥了自身的性能，达到优势互补、坚固耐用的整体效果。木材质感自然柔和、易于雕刻；石材外观厚重、淳朴；砖材是人工建筑材料，尺度较小，易于砌成多种形式，时而细腻，时而粗犷。三种建筑材料各有千秋，经过协调配合，在满足建造用材的同时也表现出很强的装饰技巧。

（1）自然质朴的木构材料。

①木材为主的建筑表现。

木材为主的建筑主要指木刻楞和木板房。木板房墙体两侧由木板排列组合而成，在山墙一侧以山腰作为分界线，上部板条垂直排列、下部板条横向排列，墙体内部填充木屑与石灰结合的材料，有的建筑墙体外部木板无漆染工艺，呈现木材的真实肌理，如俄式住宅 37 号外墙面木质纹理清晰可见，建筑给人亲切自然的感觉（图 4.19 a）；有的会在木板墙体的外面再刷涂一层建筑涂料，防止板条腐蚀，涂料有黄色、绿色、朱红色等，如俄式住宅 72 号墙身为接近自然的绿色（图 4.19 b）；俄式住宅 80 号建筑基调为黄色，建筑转角、门窗、墙裙等部位点缀有绿色装饰线脚图 （4.19 c）。温暖亲切的木材料增加了建筑与周边环境的互动，使建筑与门前的榆树相映成趣，焕发出更为自然的生活气息和自然趣味。

a 俄式住宅 37 号

b 俄式住宅 72 号

c 俄式住宅 80 号

图 4.19　木材为主的建筑表现

②精美细腻的木构装饰语言。

木材易于成形，触感、观感良好，深受人们喜爱，在昂昂溪历史建筑群中，木材作为装饰构件一般用于门斗、门扇、阳光房、雨搭、檐下等处。因拼接方式、雕刻形式不同，相同部位的木构件也会呈现不同的表现方法和装饰语言。

a. 木门扇、门斗及雨搭。

在昂昂溪历史建筑群中，木门扇有单扇门和双扇门两种形式，双扇门常做成子母门，门扇有的用整块木板做成，有的用细小的木板条拼接而成（图 4.20 a~d）。门扇上有时会有简单的装饰，如昂昂溪某日式住宅木门扇用三条不等长的直线符号作为装饰，通过变换线条方向取得装饰效果，其装饰符号与哈尔滨的"新艺术"建筑装饰符号非常相像（图 4.20 b）。

装有木质门扇的建筑入口有三种呈现方式：一是直接在建筑立面上发券做门洞，木门扇直接装在事先预留好的洞口位置，这种入口做法相对简单。二是门洞直接凸出建筑立面墙体，成为过渡空间，即门斗。门斗有两层门，成对角开启，一般都为子母门，且在寒冷的冬季，这种处理方式可以有效地隔绝掉一部分寒气。木质门斗两侧常开有小窗，阳光晴好的午后，小小的空间也变得温暖舒适。此外，木质门斗常被漆染成蓝绿色、黄色等颜色，颜色搭配自然活泼，给建筑平添一丝生气（图 4.20 e、f）。三是门洞上方安装遮风避雨的木质雨搭，雨搭有单坡顶和双坡顶两种形式（图 4.20 g~i），在作为功能性构件的同时还极具装饰效果，尤其是双坡顶的雨搭，做法非常考究，极具艺术欣赏价值。

中东铁路昂昂溪医院建筑入口以第三种方式呈现，其建筑转角的木质雨搭雕刻得相当细腻，有三个层次：最里层木板在端部雕刻出如水滴状的序列；外层木板端部依然做成比里层木板端部小的水滴状序列，并与里层的水滴状序列渐次错开，木板在每个水滴的正上方镂空雕刻出竖直线，整体恰似雨滴滴落的动态过程；最外层为双坡顶的木质挡檐板，挡檐板只在两端简单地雕刻出曲线花纹。三个层次有简有繁，极耐品味（图 4.20 i）。

昂昂溪火车站站舍在通往火车列车一侧的入口处有一个木质的、供旅客短暂逗留的敞廊。作为缓冲性的过渡空间，其功能类似于木质雨搭，只是空间更宽敞、开阔。这一木质敞廊底部有木质栏杆围合，顶部由均匀的木板条排列而成，屋顶形式为带有老虎天窗的单坡起脊式屋顶；敞廊视线通透，木质板条、挡檐板等处的木材进行了层次丰富的精雕细刻。当光线充足时，随光线变化，敞廊内部可形成不同的光影变幻效果，如泼墨山水画般，仿佛每一个角度都是一首诗，有着无穷的意境，令人遐想（图 4.20 j）。

b. 木质阳光房。

与一面坡、扎兰屯等中东铁路沿线城镇相比，昂昂溪历史建筑群木质阳光房数量非常多且表现形式极具地域特色图（4.21）。阳光房一般位于建筑山墙面，是室内外联系的过渡空间，由木材和玻璃围合而成，外观灵活多变、轻盈通透，这种形式多样、四面围合的阳光房在中东铁路沿线其他

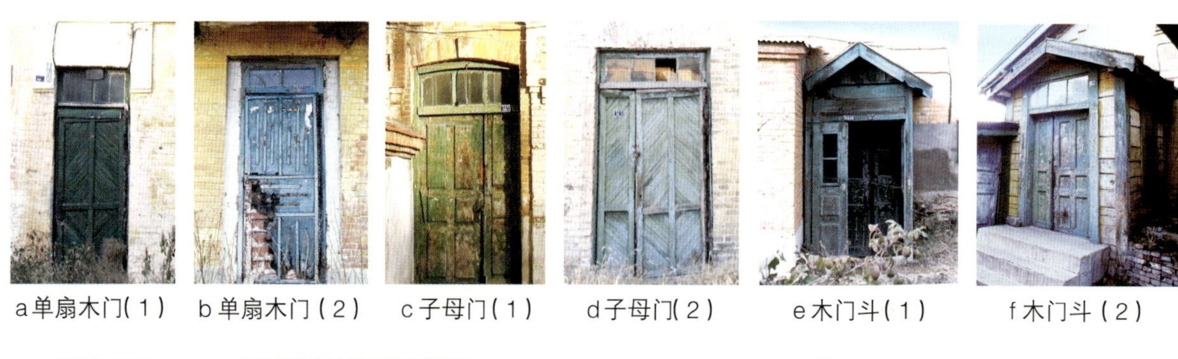

a 单扇木门（1） b 单扇木门（2） c 子母门（1） d 子母门（2） e 木门斗（1） f 木门斗（2）

g 木质雨搭（1）

h 木质雨搭（2）

i 木质雨搭（3）

j 木质敞廊

图 4.20　木门扇、门斗及雨搭

a 一面坡

b 扎兰屯

c 昂昂溪

图 4.21　不同地区阳光房的不同表现形式

地区只零星出现，并无如此多的数量图（4.22）。

根据屋顶形态可以将昂昂溪阳光房划分为单坡顶和单坡起脊顶两种形式。单坡起脊顶又分两种形式：一种形式为阳光房单独起脊（图 4.22 g~h）；另一种形式为阳光房与门斗结合，阳光房为单坡顶，入口门斗为双坡顶（图 4.22 f）。阳光房通常采用三段式构图，底端一般由木板条均匀排列而成，中间镶有透明玻璃，顶端作为收尾依然由木板条均匀排列而成，整体形成“实-虚-实”的建筑外观；建筑檐下是阳光房的重点装饰部位，均匀排列的木板条端部往往雕刻出三角形、圆形等形状。

俄式住宅 77 号的阳光房檐下有三个层次，由上到下、由外到内依次为：第一个层次为镂空雕刻出精美植物花纹样式的挡檐板；第二个层次为镂空雕刻出木板条均匀排列效果的实木板，实木板底端刻有三角形装饰图案，图案上端刻有镂空的圆孔，近看像极了树叶的形状；第三个层次为窗框上部的斜向棋盘式木板条，这些木板条是直接钉在里边整块木板上的，主要起装饰效果。三个层次逐次渐变、和谐统一，整体以实为主，与下部透明的大面积矩形小窗形成对比。整个阳光房造型小巧别致，艺术气息浓郁（图 4.22 h~i）。

c. 室内外木构材料装饰。

在昂昂溪历史建筑群中，除前面提到的两种常见的木构装饰外，室内外还有一些部位也运用了木构装饰，室外主要指木质气窗、三角山花、檐口等部位的装饰，室内主要指地板、吊顶等部位的装饰（表 4.5）。

a 俄式住宅 70 号

b 俄式住宅 91 号

c 俄式住宅 84 号

d 俄式住宅 80 号

e 俄式住宅 63 号

f 俄式住宅 63 号

g 俄式住宅 60 号

h 俄式住宅 77 号

i 俄式住宅 77 号

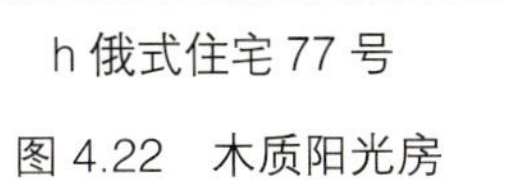

图 4.22　木质阳光房

表 4.5　室内外木构材料装饰

类别		实例			
室外装饰	木质气窗				
	三角山花				
	檐口				
室内装饰	地板				
	吊顶				

木质气窗有四种表现形式：跳动的单坡式、庄重的双坡式、稳定的三角式以及通透的凸起式，不同表现形式的气窗给了建筑屋顶不同的性格特征。檐口等部位的木质气窗上都会进行一定程度的雕刻，小巧精致的气窗与朴素简约的屋顶形成对比，丰富了屋顶形态，如昂昂溪兵营屋顶的气窗为凸起式老虎天窗，娇小的天窗采用三段式构图，双坡顶，中间部分虚空通透，外形似中国传统建筑中的凉亭，借用高度优势隐没在周围的榆树枝叶间，泛着浓浓的诗意，表现出一种淡淡的人文情怀。

三角山花是建筑上部三角形山墙所在的区域，是山墙立面表现的一个重点部位。三角山花有 3 种表现形式：简单直观的点缀式、起伏错落的杆件式以及光影变幻的杆件山花板式。点缀式最简约，重在意而形于外；成直角交错搭接的杆件式最有气势和装饰效果，如昂昂溪火车站站舍山墙就采用了杆件式三角山花，层层跌落的杆件单元有七个之多，节奏感、韵律感极强；杆件山花板式的山花板是艺术处理的重点，其上的镂空雕刻可以随光影变幻出不同的影像，最有意境，如俄式住宅 90 号的三角山花中间的山花板镂空雕刻就有抽象的植物纹样，经阳光照耀后在墙面上呈现出镂空的图案，生动活泼。

檐口装饰主要指伸出建筑屋外的椽头在满足功能需要后所进行的艺术处理，以此来避免外露的椽头直接暴露在人们的视野中。有挡檐板的屋顶因其两端木材雕刻的自由曲线可以装点檐下空间，椽头的处理会稍简单，有时甚至不进行任何艺术处理；无挡檐板的屋顶经常会将暴露在外的椽头雕刻成一定的弧度以达到装饰效果，当从建筑檐下的一端望向另一端时，弯曲自由的椽头极易形成一个序列，节奏感极强，有绵绵无尽之感，给人的视觉感受像极了中国传统建筑的斗拱，非常有气势。

建筑室内材料装饰主要运用在地板和吊顶处，这两处的装饰木构件主要由细小的板材单元拼接而成，通过板材单元的变化形成不同的表现形式。在昂昂溪的历史建筑群中，木地板有两种表现形态，即条木地板和拼花条木地板。拼花条木地板较条木地板更有艺术表现力，其形成的建筑图案如编织的藤条，给人一种柔韧舒适的感觉。吊顶一般为条木吊顶，但条木单元的排列方式不同产生的视觉效果也不同，如昂昂溪铁路俱乐部的条木吊顶，依据空间的不同，吊顶形式会有所变化，在主要建筑空间的上方，其吊顶四周的木板还进行精雕细刻，借助雕刻的图案和复杂程度来突显空间的重要性，这种处理手法虽是营造空间的一种手段但其装饰却非常具有艺术表现力。

（2）砖石材料为主的巧妙组合。

①砖石为主的建筑表现。

昂昂溪历史建筑群是中东铁路沿线历史建筑的一部分，其建筑从选材到做法再到装饰与沿线其他建筑有很多相似之处，但也有自己独特的艺术风格。相对于单一材质的木构建筑，昂昂溪砖石结合的建筑更有人文情趣，其装饰细部也很有艺术特色，值得研究讨论。

a. 光滑与粗糙的质感对比。

石材厚重淳朴，木材质朴柔和，砖材细腻光滑，三种材料的质地和肌理截然不同，当一栋建筑由这几种材料共同组合而成时，材料之间对比十分明显。石材通过打磨方式的不同可以产生不同的纹理和质感，未经打磨的石材表面粗糙、浑然天成，经过打磨的石材相对光滑，充分表现了材料的肌理。昂昂溪建筑所用的石材多是未经打磨或是粗加工而成的，其表面质感粗糙，带着一种自然情趣，与经过加工的木材或是规整的砖材组合时，便会产生粗糙与光滑的质感对比。如俄式住宅 81 号为石材与木材的结合，石材的自然肌理与木材的纹理形成对比，建筑色调统一、质感对比明显，设计者将建筑的自然情怀和人文情怀很好地结合到了一起。当石材与砖材结合时，以砖材为主的建筑中的石材一般位于建筑的基座、墙裙等对坚固、耐用要求高的部位；以石材为主的建筑中的砖材常用在门窗洞口部位，以便形成规整的外形。但无论两种材质怎样组合搭配，都会表现出一种光滑与粗糙的质感对比。昂昂溪建筑中不同材料组合形成的光滑与粗糙的质感对比如图 4.23 所示。

图 4.23　光滑与粗糙的质感对比

b. 厚重与轻盈的视觉对比。

材料之间的对比除表现为触觉感知还可在视觉来感知上有所体现。昂昂溪历史建筑材料间厚重与轻盈的对比便是视觉感知的体验。在昂昂溪历史建筑群中，屋顶一般有深远的挑檐，这种挑檐轻盈、舒展，随光影变化可在立面上留下形式多变的落影。出挑深远的挑檐下常设有木质挡檐板，有的还会在山墙处设木质山花，砖石为主的墙体与木质挑檐便形成厚重与轻盈的视觉对比，给人造成视觉冲击并引起人们的观赏兴趣（图 4.24 a~c）。此外，以砖材、石材为主的建筑也常搭配木质雨搭、阳光房或是敞廊，灵活轻巧的木构建筑便与厚重沉稳的建筑形成体量和视觉上的双重对比（图 4.24 d~f）；作为过渡空间或灰空间出现的木构筑，增加了建筑整体的空间层次，丰富了整体以实空间为主的建筑空间感受，很大程

a 俄式住宅 65 号

b 昂昂溪马厩

c 昂昂溪石头房子

d 原昂昂溪医院

e 俄式住宅 77 号

f 昂昂溪火车站

图 4.24　厚重与轻盈的视觉对比

度上满足了人们猎奇的心理需求和视觉需要。设计者很好地把握住了材质的自然属性，使材质间合理的搭配和对比运用赋予了建筑多元的性格特征，极富艺术表现力。

②精细活泼的装饰语言。

由于砖材具有一定的模数，通过不同的组合堆砌可以产生不同的形状，所以也常被用作墙体装饰材料。在建筑门窗贴脸、山花落影、墙体转角等处常用砖进行装饰，这些部位一般是墙体易出现变形的薄弱部位，砖材的大量运用可增强这些部位的稳定性，且为追求艺术效果，砖材常被堆砌成各种形状。

a. 门窗贴脸。

贴脸是突出于建筑墙体的面积很小的一种“面”装饰，在昂昂溪历史建筑群中，门的贴脸有三种表现形式：顶冠式、半包围式和砖叠涩式（图 4.25）；窗的贴脸也有三种表现形式：顶冠式、半包围式和全包围式（图 4.26）。顶冠式贴脸形式比较单一，一般为中心有一块外凸较小的拱心石的只包裹了门窗洞口顶面的贴脸形式，外观如样式简单的皇冠，有直线形拱、半圆形拱和三角形拱三种形式。门贴脸只有直线形拱一种样式，窗贴脸包含上述 3 种样式，形式相对丰富。

半包围式以顶冠式为基础，洞口两侧有两个垂肩，外观为倒 U 形。垂肩可长可短、可宽可窄、可曲可直，如若再结合顶冠式进行变化，便可产生许多衍生体，其组合变换式样之美也是顶冠式所无法企及的，它也是昂昂溪历史建筑群门窗贴脸最主要的表现形式。

a 顶冠式（1） b 顶冠式（2） c 半包围式（1） d 半包围式（2） e 砖叠涩式（1）

f 砖叠涩式（2） g 砖叠涩式（3） h 砖叠涩式（4） i 砖叠涩式（5） j 砖叠涩式（6）

图 4.25 门的贴脸

a 顶冠式（1） b 顶冠式（2） c 顶冠式（3） d 半包围式（1） e 半包围式（2）

f 半包围式（3） g 半包围式（4） h 半包围式（5） i 半包围式（6） j 全包围式

图 4.26　窗的贴脸

砖叠涩式是门所独有的贴脸形式，建筑入口一般突出建筑之外，当用砖砌筑时为避免单调常对其进行装饰。入口两侧砖构筑突出以增强入口稳定性，其上砌出细小挑檐，挑檐由砖层层叠涩而成，层数的多寡、高低的变化以及入口的双拼都会衍生出不同的贴脸变体。这种入口一般出现在建筑的山墙面，偶尔也会出现在主立面，当它出现在山墙面时，整个入口似山墙的浓缩版，与其后宽大的山墙一起形成两个层次，丰富了建筑的山墙面，装点了墙面。

全包围式是窗贴脸所独有的形式，只在昂昂溪火车站站舍中出现过。全包围式窗贴脸将整个窗洞全面围合，界定了窗洞的形状，突出了窗洞的界线，洞口两侧的贴脸与墙体的装饰线脚重合为一处，成为墙体装饰线脚的一部分，使整个建筑外观装饰更加协调统一。

b. 落影花饰。

落影花饰位于建筑山墙面的三角檐下，为折线装饰线脚，与屋檐倾斜角度一致并呈对称式分布。在昂昂溪历史建筑群中，落影花饰有三种表现形式：阶梯式、垂带式、自由组合式，其中垂带式和自由组合式可以看作是在阶梯式的基础上通过加法设计而来的（表 4.6）。

阶梯式落影花饰沿山墙两端逐层跌落，山墙两端倾斜角度不同，则两段阶梯在檐口顶端搭接处的距离也不同，配合阶梯单元大小的变化，阶梯式落影花饰山墙会出现多种样式。垂带式落影花饰种类最全、数量最多、表现最丰富，且具备阶梯式落影花饰的所有特点，不同的是，垂带式落影花饰在每一个阶梯

表 4.6　落影花饰

单元的下方会延伸出一小段细小的体块，外观如垂带，随垂带位置、长短、组合排列的变换可变换出不同的形状。有的垂带只逐层跌落；有的在跌落中依次变短；有的在山墙顶端的檐下突然伸长然后再逐层跌落；有的在跌落中间隔一定距离会突然伸长一段垂带……其变化形式之丰富是其他两种形式所没有的。自由组合式落影花饰相对复杂，是在垂带式落影花饰的基础上进行加法设计得到的，有两种表现形式：一种是在伸长的垂带下端增加两个体量更小的竖长矩形体块，如原中东铁路昂昂溪医院山墙面的落影花饰；另一种是在垂带的下方间隔一细小距离加与垂带宽度相等的倒凸字形体块，山墙顶端两侧的垂带与倒凸字形体块间可间隔小段距离再加入与垂带宽度相等的小矩形体块，不同的建筑山墙面所加的小矩形体块数量可以不同。三种形式不同的落影花饰装点了朴素的山墙面，填补了山墙面与檐下空间之间的空白，如飘逸的丝带镶嵌在山墙两端，使山墙面与檐部的过渡自然且有趣味，其均匀变化的节奏、固定重复的韵律似汩汩流水浅吟低唱、缓缓流淌。

c. 其他装饰。

砖石材料装饰除出现在以上两处外，在建筑转角、窗间墙、檐下等部位也会有所体现。建筑转角主要用隅石装饰，昂昂溪历史建筑的隅石均由砖砌筑成石头的样式，按一定间距排列成序，并凸出于墙体外沿，它可以强调建筑的界面轮廓，凸出建筑形体（图 4.27 a）。建筑转角最上部的隅石一般与下部表现形式不同，既可与山花落影装饰组成一个序列（图 4.27 b），又可在保证与下方隅石宽度相等的条件下拉长竖向长度，中间采用镂空处理，四周可堆砌出一定的装饰线脚（图 4.27 c~d）。为避免墙体单调，窗间墙有时也会用隅石装饰（图 4.27 e）；有时为着重强调墙体上部的檐下空间，以使墙体与檐下空间形成自然的联系与过渡，设计师也会在这部分用砖堆砌出形式多变的装饰线脚（图 4.27 f~g）。

除了隅石装饰，砖砌装饰语言还有其他表现形式。昂昂溪房产段是日本占领时期的房子，其墙体上部的装饰线脚很有特色：沿建筑立面横向有三条长度不等的线条装饰，线条端部用略大于线条宽度的圆点收尾，其形式与哈尔滨新艺术建筑的装饰线条很像（图 4.27 h）。昂昂溪铁路职工俱乐部建筑窗洞上部与挑檐下部有两个层次的装饰线脚，檐部下第一个层次由大小相等的矩形按一定的距离均匀排列形式，第二个层次由一条装饰带下垂等间距大小相等的倒凸字形体块形式，两个层次外形仅存在细微差别，整体协调、统一，非常富有节奏感和韵律感，增加了建筑的细节，使建筑形态更为突出（图 4.27 i）。总之，昂昂溪历史建筑

a 俄式住宅 94 号

b 俄式住宅 107 号

c 昂昂溪某建筑

d 俄式住宅 51 号

e 俄式住宅 29 号

f 原中东铁路昂昂溪医院

g 昂昂溪火车站站舍

h 昂昂溪房产段住宅

i 铁路职工俱乐部

图 4.27　其他砖材装饰

群建筑装饰语言非常多样，这一系列的装饰语言是表现建筑多层面的形式美的重要组成部分。

4.4 结　论

昂昂溪作为中东铁路沿线的二等站，记录了整个地区的建设、发展、转型与流变过程，是重要的近代历史城镇。保存完好的历史建筑群具有多重价值，对城镇的当前建设与未来发展有着深远的影响。

首先，作为中东铁路附属城镇，昂昂溪具有典型性。规划布局方面，从道路结构、功能分区、建筑布局到景观与空间设计，均极为符合中东铁路二等站城镇的标准规划模式。城镇风貌主要由铁路沿线统一的砖石建筑构成，其建筑材料、结构和技术形态一同构成了能代表中东铁路自身风格的遗产意向。

其次，作为近代遗产地，昂昂溪具有完整性和原真性。中东铁路沿线有大小城镇近百个，昂昂溪是其中保存最完整的城镇之一。这种完整不仅体现在街区结构与建筑数量上，还体现在城镇内的景观的系统性上。虽然建筑按照标准模式呈组团布局，但城镇内部地形起伏多变，建筑空间丰富多样，与有百年树龄的原始树木相呼应，形成了极佳的绿化体系与人居体验。城镇内建筑保存较为完好，有着多样化的建筑类型与丰富的建筑细节。随着时代的更迭，不同使用者对建筑的改造与完善也有着明显的痕迹，记录了丰富的时代层位信息。

最后，作为东北边缘文化区的历史城镇，昂昂溪有着强烈的地域性。昂昂溪城镇内部形成一种典型的文化空间，带有铁路职能特点和俄罗斯田园色彩，既有响应地域气候的建筑技术，又有体现和谐圆融的生态观念，形成了城镇独具特色的自身气质，有着重要的文化价值。

博克图近代城镇规划与建筑形态

Modern Urban Planning and Architecture in Boketu

5.1 形成背景

博克图原名“延博霍托”，来自蒙语，意为“有鹿的地方”。1900 年中东铁路修至博克图境内，因其靠近岭高坡陡的大兴安岭，火车要翻越大兴安岭，上、下行列车经由此站必停车增加补给、加挂机头，所以此处设站必不可少。此外，它的地理位置极其特殊，既是大兴安岭通往松嫩平原的门闩，又是中东铁路西部线的哽隙咽喉，有史以来均为兵家必争之战略要地。中东铁路护路队第一旅的司令部就驻扎在博克图，第二团的步兵第二连、第二十九连和骑兵第五连、第十六连、第二十九连均驻扎在博克图。

博克图作为中东铁路西部线四个二等站之一，1903 年开始正式投入使用。当时博克图站配属 36 台蒸汽机车、机务段设施完备且等级较高。由于驻扎大批的中东铁路护路军，加之中东铁路附属机构工作人员和大量俄国移民，博克图从一个以少数民族为主的、人口数量较少的村落一夜之间成为沿线最重要的城镇之一。经济发展迅速，人口大量聚集，加之该镇位于大兴安岭南麓，夏季气候凉爽宜人，卓越的环境条件加上完善的城镇基础设施和便利的交通，这里一跃成为中东铁路西部线上著名的避暑胜地。1906 年，由哈尔滨经博克图至俄国境内伊尔库茨克直达客车开通，吸引更多的俄国人来此移民、休假。

5.2 建筑类型

围绕站点建设的城镇结构改变了人们的生活模式和原有的产业结构，新的城镇功能催生出新的建筑体系。新技术、新思潮、新形式随着铁路修筑融入到当地人的文化生活中。丰富的建筑类型满足多样化的功能需要，反映出当时的社会状态，为居民生活、工作、休闲娱乐提供重要场所。

5.2.1 铁路站舍与附属建筑

中东铁路沿线附属地均围绕铁路并以火车站为中心进行建设。铁路站舍与附属建筑一般紧靠铁路，且与城镇保持一定距离。博克图作为二等站，各类建筑均有一定设计标准。火车站有带小餐厅的候车室、站台、车站食堂、公厕、25 m³ 水塔、大型机车库、大型仓库、货场站台等标配，此外还设有专门检修铁路的工区。通常这些设施会沿铁路线平行于铁路展开（图 5.1）。

图 5.1　博克图火车站全景

站舍作为车站的核心，功能涵盖了售票、候车、安检、办公、休息等多项内容。博克图站舍为一层砖木结构，俄式风格。内部交通流线清晰，空间组织有序。沿铁路一侧立面设木质外廊，约 3 m 宽，供旅客纳凉躲雨。外廊檐下柱头雕花，好似简化的孔雀尾状曲线，样式精美。如今站舍已拆除，只能从老照片中领略其风采（图 5.2）。

机车库位于站舍附近的维修管理区内，主要用于储存和检修机车。由于要翻越大兴安岭的火车需在这里加挂机头，而来往车辆较多，所以机车库使用频繁，当时博克图的机车库库位多达 20 个。高大体量、扇形平面与圆形调车池台以及放射状轨道相结合，形成一个锥形区域，在群山环抱的背景下显得尤为壮丽。

机车库南侧不远处是水塔。水塔的作用是为火车补充用水并为住宅区提供生活用水。水塔的构成非常简单，分为塔顶、水箱体、塔身和基座几个部分。博克图水塔基座采用石砌。承托水箱的塔身采用砖砌，塔身与水箱的交界处有一排砖砌线脚装饰，线脚下面开窄长洞口，既可以用于吸收自然光，又能供瞭望和射击使用。塔身上部的水箱体采用钢骨桁架结合木质板条维护。一般水箱体与基座的比例为 2:3，水塔整体形态粗壮、稳重。水塔功能性强，保温性也很好。水箱外层是双层的木质保温层，中间加入棉毡，木质外皮与水罐体之间留有半米距离，产生空气保温层。水塔塔顶铁皮的防水屋面采用白灰锯末保温，以此防止寒冷地区冬季水箱冰冻现象。水塔的建造技术与外观形式完美结合，手法成熟（图 5.3）。

铁路线以东，距车站和居住区较远的地方有一个小规模的建筑组群，它由 3 栋不同规模的建筑组合而成，通常是两栋平行排布的建筑侧面有一栋垂直它们排布的建筑。这样的组群在博克图作为工区使用。通常较大体量的那座建筑作为俄国筑路工人的宿舍，小的、平面狭长的建筑是提供给中国工人使用的，另外一栋是附属建筑，用来存放器械和杂物（图 5.4）。

博克图位于中东铁路西部线的第四机务段之内，其段长办公室就设在博克图镇内，至今已有百年历史。该建筑离机车库与水塔较近，曾经是第四机务段段长办公之所。建筑为一层砖木结构，双坡屋顶，平面为矩形。建筑有两个入口，一个在山墙面，一个在背立面。面向道路的正立面中心部分向外凸出，屋顶

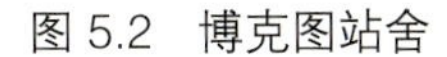

图 5.2　博克图站舍

图 5.3　博克图站机车库和水塔

图 5.4　博克图工区

升高采用三角形山花装饰。挑檐为木质，边缘处饰有锯齿形线脚，檐口处砌层层叠涩的线脚。贴脸为顶端式，中心带有拱心石，窗台有砖砌锯齿状线脚，且相互连接，形成腰线。地基部分采用石砌。建筑内部为鱼骨状排布的空间，中间走廊，两侧房间。至今，建筑采暖用的壁炉和原来的地砖、地板依然保留完好，甚至连段长办公室屋里的一些家具都保存完好（图 5.5）。

a 东南侧角度

b 南侧立面

c 内部

图 5.5　段长办公室

5.2.2　护路军事与警署建筑

中东铁路沿线一直有一支特殊的“军队”，他们是非正规部队却官兵薪饷优厚，不归陆军大臣管辖却听从财政大臣直接命令。他们就是中东铁路护路队，负责保护铁路安全。护路队初建时只有 5 000 多人，在义和团运动时期，护路队在原有基础上又招募了大批志愿军。义和团运动结束后，护路队总人数达 11 000 之多。1904 年日俄战争打响，俄国为了备战，一度将护路队激增至 3 万多人。日俄战争结束后，大批的护路队驻扎在沿线各个军事战略要地。博克图作为最重要的军事驻点之一，镇内曾一度驻扎超过 1 000 人。在此背景下，司令部、兵营、马厩、弹药库、警察署，甚至监狱等建筑在博克图相继出现，成为其铁路附属建筑中独特的类型。

司令部是最高级别的中东铁路军事建筑，俄国护路军第一旅的司令部就驻扎在博克图。司令部为军官及士兵提供办公或集会场所，博克图的护路军司令部位于城镇中心区域，与步兵营相邻，两栋建筑并排排列。建筑为二层，采用砖石混砌，其形态与中东铁路职工集体宿舍较为相似。建筑主入口在立面偏右，入口设双层内门斗，门斗正对通向二楼的楼梯。一、二层均在中间设走廊，两侧设房间。护路军司令部一共设 4 个出口，除主入口外还在两侧山墙、北立面中心处设置出口，便于疏散。建筑外立面门窗洞口、檐下、中间的腰线、建筑转角采用砖砌装饰，其他部位均采用石砌，建筑体量简洁，气质严肃、庄重（图 5.6）。

兵营是护路军士兵的营房，属于带有军事性质的居住类建筑。中东铁路兵营有标准的设计图纸，平面多为狭长的矩形，通常采用穿套式布局，除主立面外，两端一般也设入口，形成小的门厅或门斗，以起到防寒、保暖的作用。一面坡兵营跨度较大，室内设有两排立柱。空间一般不做特别分割，士兵的床铺自然就将宿舍划分出来。宿舍旁边通常设公共饭厅和附属用房。一面坡驻军最多的时候达 1 200 人，除城镇中心紧靠司令部的步兵营之外（图 5.7），城东和城西分别驻扎两座营房，当地人称它们为东大营和西大营。东大营如今只剩下一个弹药库（图 5.8），只有少量资料记载，其形制、规模和布局样式如今都已无法考证。西大营现存两座兵营，破损得极为严重（图 5.9）。与城镇中心的兵营采用砖砌不同，这里的兵营均为石砌，体量庞大，一座兵营能容纳 200 人。一面坡这两种兵营的形式，从外立面均容易识别。通常它们的主立面单元窗洞连续排列，主入口设在立面中心，山墙立面下部设次入口，上部屋顶轮廓为带简单砖砌装饰的三角形山花。建筑整体厚重、简洁、舒展。

中东铁路管理局在铁路附属地内部私设警察机构进行司法管理，因此，铁路沿线很多站点都设

a 历史照片

b 现状

图 5.6　护路军司令部

图 5.7　步兵营

图 5.8　东大营弹药库

图 5.9　西大营

有警察署和监狱。博克图站警察署规模相对较大，砖木结构，体量舒展。正立面中心空间体量升高，沿街做弧线三角形山花装饰，突出主体（图 5.10）。

博克图监狱已经拆除，但据资料记载，当时沿线 5 座监狱：哈尔滨、旅顺、满洲里、横道河子、博克图中。前 3 座是大型监狱，通常采用封闭式院落，并配有管理用房、塔楼等，自成一个区域。横道河子的监狱体量适中，靠近警察署，建筑为地上两层、地下一层，设有水牢。由此推测，博克图监狱的位置应该也靠近警察署，且有独立院落，内设有羁押室、刑讯室、牢房等。

图 5.10 博克图站警察署

5.2.3 铁路社区与居住建筑

博克图铁路附属建筑中占有最大比例的建筑类型是居住建筑。博克图的居住建筑种类繁多、标准不一，若按居住类型可分为独户住宅、联户住宅和集合住宅；若按材质可分为木质住宅（木刻楞）、砖砌住宅和石砌住宅。由于博克图独户住宅与集合住宅数量较少，且不具备代表性，因此本节将从建筑材质方面入手对博克图的居住建筑进行梳理和分析。

木刻楞是俄罗斯传统风格的民居形式，是原木搭建成的井干式民居，是围护和承重结构的完美结合。博克图靠近大兴安岭，那里的木材不仅数量众多，品种也十分齐全，这为木刻楞民居的建筑提供了丰富的原材料。

博克图现遗留木刻楞民居 35 栋，占联户住宅总数的一半。这些建筑分布广泛，形态相近：平面呈矩形，屋顶为四坡顶，开间数量多为 3~6 间，大部分为联户住宅，空间布局紧凑、简洁。在外立面的处理上，大部分建筑在圆木外墙的内外两侧各包覆一层平整光滑的木板，木板表面涂饰防火、防潮的保护漆。有少量建筑采用另一种构造形式，当地人称为“板加泥”，做法为：在圆木外墙内外各包覆一层薄木条，并在木条外填充泥土保温，墙面饰以抹灰。这两种形式的建筑外观不同，但开窗方式相同，有些窗户上附木质雕花贴脸，有些则并无过多装饰，十分简洁。建筑多设阳光房，入口处有木质门斗或入户敞廊（图 5.11）。

图 5.11　木刻楞民居

砖木结构的建筑在博克图民居建筑中也占有很高比例。若按屋顶形式划分，可分为四坡顶和两坡顶两种，四坡顶民居有些位于相对平坦的地区，有些位于坡度较大的地区。位于平坦地区的四坡顶砖砌建筑形制统一，均为两户式的联户住宅，通常六开间、三进深。建筑的立面装饰风格也十分相似，一般为：檐下设一圈锯齿形的砖砌线脚装饰，窗间及转角处有隅石，地基部分采用石筑；立面上的窗户贴脸多为顶端式，贴脸中心设拱心石，窗台部分用砖角斜砌出倒山字形。此外，一些建筑的山墙和入口处还建有木质门斗和阳光房（图 5.12）。

位于坡地上的砖木结构的民居由于地形需要，其底部多建地下一层或半地下一层。为防潮和抗压性考虑，地下一层多采用石筑。入口若设在建筑的下坡面，通常要加建木质楼梯，方便人们上行。很多住宅都将木质楼梯与入口敞廊结合设计，使它们融为一体。这类住宅的立面形式与相对平缓地区的四坡顶住宅区别不大，只在窗户的宽度和贴脸形式上略有变化（图 5.13）。

两坡顶的砖木结构的民居体量与四坡屋顶民居相近，装饰风格也较为近似，多为联户住宅（图 5.14）。此外，博克图民居中还有完全采用石头砌筑的（图 5.15）。其中的普通民居为一层，门窗洞口采用砖砌装饰，山墙处设阳光房。另有两栋疑似职工宿舍，它们的建筑形式与护路军司令部几乎一模一样，只是地基较高，主入口处为敞廊加踏步的形式（图 5.16）。在这两栋宿舍附近还有一座满铁寮，是当时日本占领时期日本职工的职工宿舍（图 5.17）。

图 5.12　位于平坦地区的四坡顶砖木结构民居

图 5.13　建于坡上的四坡顶砖木结构民居

图 5.14　两坡顶砖木结构民居

图 5.15　石砌民居

图 5.16　疑似宿舍

图 5.17　满铁寮

5.2.4　市街公共建筑与综合服务

中东铁路建成之后随之产生了各种管理机构，俄国人专门掌控和操作市政及司法部门。1907 年，中东铁路管理局局长霍尔瓦特公布《哈尔滨自治公议会章程》之后，俄国人计划在 2 000 以上居民的较大城镇推行该章程。当时的博克图拥有人口 2 767 人，虽然居民们一致认为本镇建立“公议会”为时过早，但在 1908 年的 9 月 8 日，全权代表会议还是选举皮图什金为城镇首任公议会会长。同时，各类公共服务设施和机构在博克图大量修建。

在教育方面，中东铁路公司在博克图设立了一所高小，名为铁路小学，小学带有宿舍，为远离父母的学生提供住宿。博克图铁路小学由中东铁路管理局教育处直接管理，在 1904 年之前，中东铁路公司为铁路职工子女提供免费教育，此后铁路职工子女每月缴费 3 卢布，普通百姓子女每月缴费 5 卢布。

除了铁路小学之外，中东铁路沿线的每个大型站点均设有教堂。1912~1913 年，博克图修建了行军教堂。教堂不仅服务于驻扎在此的俄国士兵，也是当地居民寻源和庇佑心灵的乐土。行军教堂建在山坡上，教堂外是一个花园兼广场的大院落。高耸的教堂掩映在树林之间，与环境融为一体。如今该教堂已被拆除，但其原有基地遗址还在（图 5.18）。

中东铁路沿线站点的医疗卫生工作主要分为两类：一是医治病人，二是预防和治疗传染病。 医治病人

图 5.18　行军教堂及遗址

主要在医院和急诊室进行，包括对门诊病人提供医疗救助和对住院病人进行医治。在中东铁路建设初期，铁路干线和支线分段施工，卫生部门为配合施工，在干线设 14 个医务段，支线设 5 个医务段，医务段下设医院、医务所或助医所。博克图属于第四医务段，它的服务区间为 49 俄里。到 1903 年，段内职工家属达 1 395 人，段门诊定员 4 人，医师、助医师各 1 人。博克图铁路医院有病床 26 张，定员 13 名，其中医师 1 人，助医师 2 人。铁路医院旧址遗留至今，中华人民共和国成立后其也曾作为医院使用过一段时间（图 5.19）。

图 5.19　铁路医院

5.3　规划特点

中东铁路的建设时间十分有限，为了缩短工程时间，铁路沿线站点建造的城镇建筑都有统一的规划设计，即具有标准化的模式，只根据不同地区的实际地理环境情况与职能进行局部调整。整体上来说，形成了一种铁路沿线站点城镇规划与建筑的特殊风格。这种标准化的规划与建造模式是博克图的城镇建设背景。

5.3.1　顺应地势、网格布局

中东铁路沿线站点采用标准化设计图结合实际地形进行布局，沿线二等站、三等站设计图一般以火车站为中心，建筑平行于铁路布置，如铁路沿线站点规划标准图所示（图 5.20、图 5.21）。城镇规划一般以网格式布局为主，这是因为在建设之初，城镇规模不大，结构较为简单，城镇依靠铁路建设起来，铁路的走向、附近水域和地形均影响着城镇的布局形式。网格式布局便于土地划分交易，对不同地形的适应性较强，易于形成良好的城市秩序，便于城镇的管理。从军事方面考虑，这种道路规划类型有益于城市的快速建设和对外扩张。所以即便站点区域地势起伏，城镇的主要部分还是选择在相对平缓的地区进行网格式布局，只是局部按照地势走向进行调整。博克图镇三面环山，几乎没有完全平坦的区域，城镇居住区设在铁路以北，而站前地势最低、相对平缓，越往北侧、西侧和东侧地势就越高，所以整个城镇的建筑分为两个走向，机车库以东地区建筑呈南北向布局，以顺应东侧地形坡度，机车库以西地区建筑采取东北、西南向布局，以顺应南侧铁路走向。站在城镇东面的山坡上向下鸟瞰，建筑分布依山就势、规矩整齐（图 5.22）。

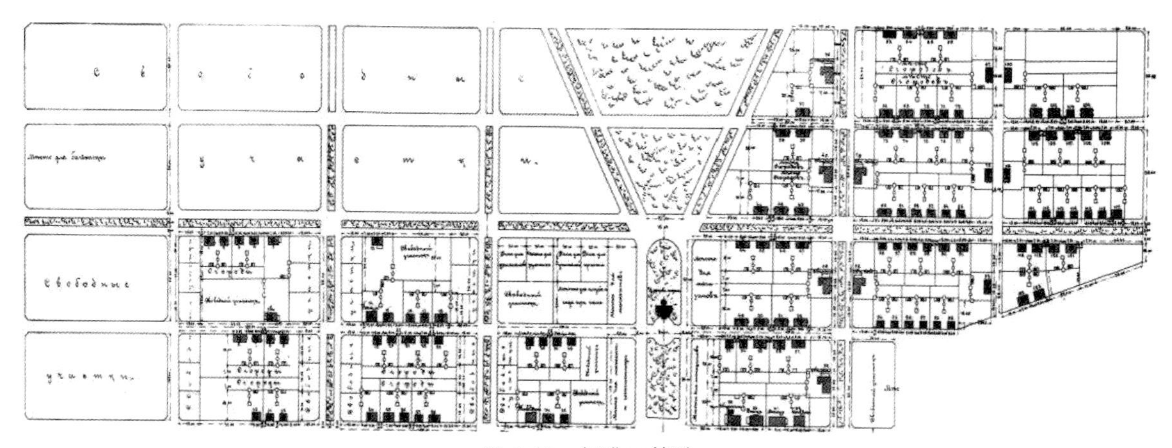

图 5.20　标准二等站

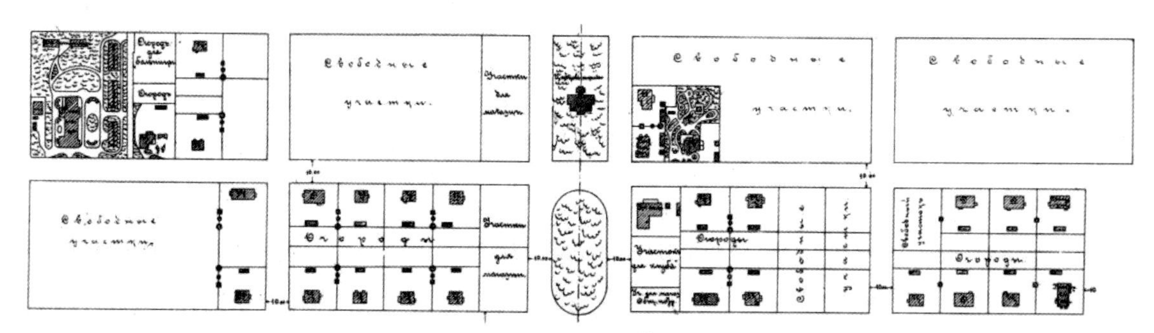

图 5.21　标准三等站

图 5.22　博克图鸟瞰图及街景（1923 年）

5.3.2　功能清晰、分区严谨

在铁路建设初期，俄国人占据铁路北侧相对平坦之地，华人的建设范围集中在铁路南侧或北侧较远的山坡上，由此形成铁路以北、铁路以南两个较大的区域和北面以及西侧几个聚落式的区域组团，基本将不同功能区域划分清楚。铁路以北，路网结构清晰，建筑密度较大，每个组团由 8~10 栋建筑围合形成。这一块为俄国铁路职工的生活社区及公共服务区。与一些站点的公共服务设施独自成区不同，博克图的公共建筑分散布置在生活社区中。例如，铁路医院布置在城镇最东侧，一些公共建筑布置在城镇西北侧，城镇中央布置护路军司令部和警察署，城镇最北面高处布置行军教堂。教堂位于整个城镇的中心最高点，与车站遥相呼应，不仅起到统领全局的作用，还给人以"陆地灯塔"的心理暗示。靠近铁路的区域铁路站舍与附属建筑组团，包括站舍、机车库、水塔、工区、段长办公室和仓储用房，它们与铁路紧密联系，同时又保持一定的独立性，是保障铁路正常运行的最重要的部分。

铁路以南和俄国人居住区以北的海拔较高的地方有几个村落，是当时中国人居住的地方。其中最靠近行军教堂的组团是市场，位于几个村落的中心，供给当地居民日常所需物资。位于城镇以西的区域是护路军营地，8 座兵营和 8 栋长官住宅形成了独立组团（图 5.23），除此之外，城镇内还设有公共厕所、开水房、公共浴池、厨房等辅助建筑（图 5.24、图 5.25）。西大营的官兵与驻守城镇中心的官兵一样，牢牢扼守住博克图，与警察署一起保障博克图的治安。

图 5.23　西大营遗址

图 5.24　公共厕所

图 5.25　开水房

5.4　艺术风格

博克图历史建筑的艺术风格与中东铁路沿线其他站点附属建筑有相似之处，也有其独特之处。这些特点多表现在空间布局、材料使用和装饰细部的处理上。博克图历史建筑空间布局紧凑，平面多采用矩形；材料种类丰富，相互之间组合多元化，装饰细部精巧、美观。三者完美地结合，体现了建筑的地方性、民族性和艺术性。

5.4.1 空间处理

博克图历史建筑的内部空间可分为常规空间和特殊空间。常规空间平面多为矩形或L形，单元形态规则完整，建筑内部房间布局紧凑。住宅的内部空间非常精简，若为联户住宅，相同户型或不同户型间的组合方式可根据各户内居住者家庭结构与生活模式的不同而进行灵活的空间分配。简洁的平面形式中蕴含着多种可能性。博克图住宅按户型平面布置方式不同，可分为两种类型：一种为对称或者并列重复布置一个标准的户型平面，这种住宅标准化建造程度很高，户内可容纳相同结构家庭的生活起居；另一种则是不同的户型单元的组合，这种组合又包括面积相同但户内布局迥异的单元组合和不同面积、不同布局的单元进行搭配的两种组织方式（图5.26）。

博克图的集合住宅空间与护路军司令部非常相似，均是矩形平面，入口正对楼梯，中间设走廊，两侧为房间。这种布局形式是中东铁路宿舍的典型模式，除了公用卫生间和管理用房外，主要是重复的居住单元。事实上，该种布局也适用于其他功能建筑，如铁路医院或者护路军司令部，可以说是一种万能布局模式。除去卫生间和管理用房，剩下的空间可布置成办公室、会议室、诊疗室、住院室，等等。这类住宅不仅功能多变，而且空间轮廓清晰、方向感强、家具摆放适应性好、利于采光和通风。

公共建筑与住宅建筑相比，空间尺度更大，功能分区也更加复杂。对于夸张尺度的空间需要借助结构手段来实现，最简单的结构形式就是框架柱网。博克图西大营的营房和步兵营均采用木质的结构立柱予以支撑，机车库则使用钢筋做柱予以支撑。此外，空间与空间之间组合、空间与周围环境之间的处理也很重要。兵营的内部空间采用穿套式，流动的空间感使原本单调的空间变得活跃。建筑顶部设有高出屋面的天窗和侧高窗，将难得的阳光带进室内，大大改变了建筑原本单调凝固的空间表情。火车站站台一侧的坡屋面延伸下来并形成了一个外廊空间，带有连续柱廊的灰空间增加了建筑实墙面与外部环境之间的联系，形成了一种良好的过度，并为旅客创造了休息、纳凉、躲避雨雪的场所。

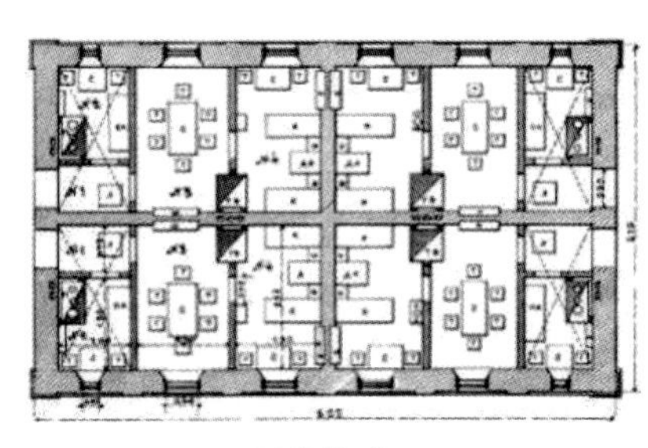

a 四户住宅

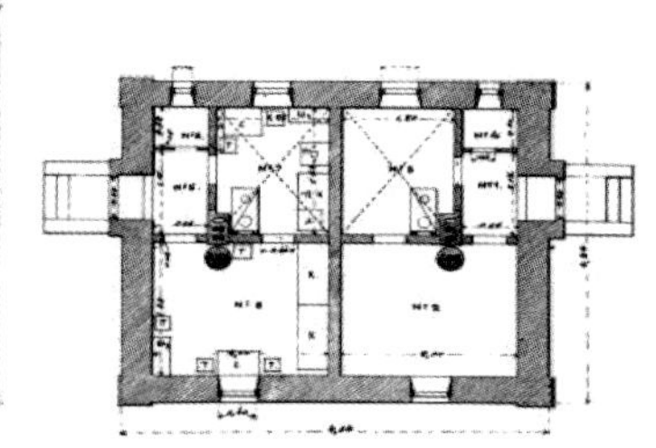

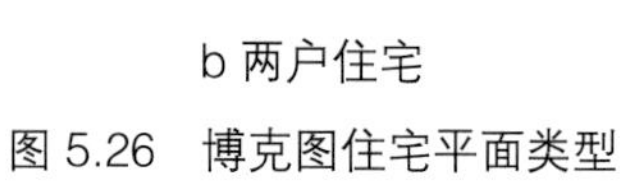

b 两户住宅

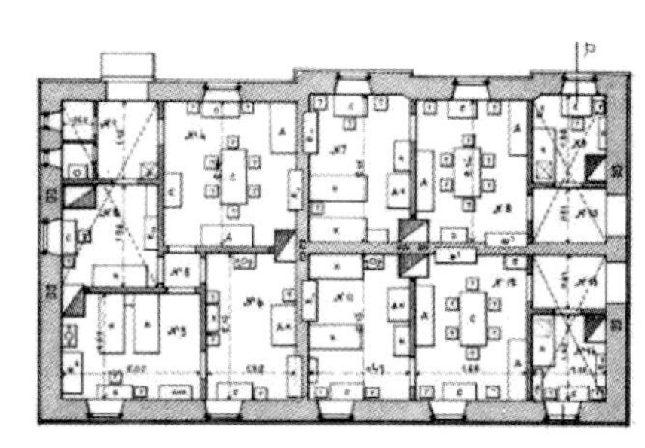

c 三户住宅

图5.26 博克图住宅平面类型

5.4.2 材料表达

材料表达是建筑形态的重要载体，建筑材料的使用和组合直接促成了建筑异常丰富的样貌。博克图以砖、石、木、玻璃、金属等为主要建筑材料，砖木、砖石、石木、金属与砖石等组合应用于各类建筑之中，结合现实要求，遵守量才为用的原则，充分发挥每种材料的性能与优势，在很短的时间内建造了大批既能满足结构与使用要求，又有千姿百态的外部形象的各类建筑。

博克图建筑中最常见的建筑就是木刻楞。木刻楞是俄罗斯传统的建筑形式，随中东铁路的修建传到中国并在铁路沿线附属地内大量兴建、使用。由于博克图周边森林资源丰富，使木材成为一种相对廉价的、方便获取的建筑材料，所以这里的木刻楞建筑数量较多。建筑的承重结构和维护结构均采用木材，为保温、防寒，模板支撑的墙体内多填充石灰和木屑等保温材料。人字形木屋架上覆铁皮屋面或者铺以瓦材。室内吊顶和地板、室外门窗贴脸与檐口装饰均采用木材。木材还作为建造住宅阳光房的材料，阳光房常建造在入口处，实际上也起到了门厅的作用。阳光房利用木材自重小且抗压能力强的特点，以梁柱为骨架，细木框镶嵌玻璃，在三个方向形成大面积的通透墙体，围合成明亮通透的室内空间。在冬季，阳光房能起到避风御寒，减少入口处的热量损失，同时将阳光引入建筑，蓄积热量的作用；在夏季，则可以作为休憩、赏景的娱乐性厅室。外观上，阳光房轻薄透明、装饰丰富，同砖石砌筑的主体建筑形成强烈的反差，使得建筑表情一下子生动起来（图 5.27）。

砖、木、石相结合也是博克图建筑中最常见的材料组合方式。一般是以石材砌筑基础，以砖砌筑墙体，以木材为梁架，以铁皮或瓦覆顶，以金属制作把手、合页等细部构件。从外部形态上看，石材加工较为粗糙，砌块大，位于建筑底部，成为基座层；其上以砖材砌筑墙体，墙体外不做灰层处理，因为俄式红砖质地细腻、砌块大小一致、灰缝均匀，所以表面以砖块本身的内外错动形成装饰线脚；砖墙顶部是挑出的椽头及木板材制作的屋檐，山墙两侧屋面出挑，部分住宅木梁挑出墙体外部，形成参差错落的装饰效果，由于木材易于精细化加工，因此椽头或封檐板边缘等处均做曲线形处理，使得建筑形象得到柔化，体量上也更轻盈；最顶层的铁皮屋顶极薄，而以瓦为顶的建筑则稍感沉闷。由此可见，在这一类建筑的建造中，根据材料的各自特点，不仅要利用材料的物理性能，也要利用材料本身的质感进行搭配，自下而上，由粗

图 5.27　木刻楞住宅与阳光房

糙至精细、由沉重至轻盈，是较为经典的建筑外部形象的处理方式。绝大部分的住宅都设有木质的入口门斗，门斗檐部是重要的装饰节点，多做雕刻与镂空的处理，纹样是重复的几何形符号。但不同的建筑有着不同的组合，也有曲线形的花形镂空，整体依附砖墙而建，突出墙体，清水砖墙成为其背景，形成材质的肌理对比，效果较好。同时，砖石材料偏冷，木材则给人温和的感受，搭配使用使得建筑表情柔和，更加符合居住建筑的性格（图 5.28）。

围护结构中也出现砖石结合使用的情况，有两种形式：一种是通身采用石砌，只在门窗洞口处用砖，以增加结构强度；另一种是由于受到坡地的影响，因此地上一层采用砖砌，地下一层或者半层采用石砌，这里石砌部分与地基的作用是一样的，其抗压、防潮、耐火性、耐冻性都比较好。石材作为外墙材料，根据其不同的石质、形状和色彩拼装出的立面效果也是不同的，其浓郁的自然气质具有很强的表现力。博克图护路军司令部的建筑立面采用石材砌筑，立面石材虽形状不一，但大小近似，勾缝痕迹清晰，颜色有暖有冷，与门窗洞口和转角的黄砖相结合，形成粗犷与细腻的对比，增加立面的装饰性，丰富立面层次（图 5.29）。

5.4.3 细部装饰

在立面装饰上，博克图历史建筑根据材料的分类，在砖、石、木等材料上有着不同的表现方法；根据位置的不同，在檐口、门窗、屋顶、山墙等部分的形式上也有比较成熟的处理方式。在结合材料特性，满足功能要求的前提下，城镇装饰语言有着符号化与多样化的特征。

对于窗这一独立的建筑构件来说，博克图有较为统一的窗型和异常丰富的装饰纹样。装饰纹样通过

图 5.28 砖、木、石结合建筑

图 5.29 砖、石结合建筑

窗户的贴脸表达出来，贴脸通过在窗口四个边界表现出不同的轮廓与装饰的变化，形成变幻无穷的窗装饰形式（图 5.30）。

博克图的门斗和阳光房分别有独立的标准做法。由于这些做法的依据是东北地区寒冷的自然气候条件，因此无论是门斗还是阳光房，其最主要的功能是防风、保温。博克图的门斗和阳光房均采用木质。门斗为双坡屋顶，外形简单，无过多装饰，通身采用木板拼接而成，重点体现其实用性（图 5.31）。而作为入口的过渡空间，阳光房有时是一栋住宅里最活跃的部分（图 5.32）。博克图阳光房多采用单层单坡面，多用细木条来组成几何图案，装饰风格颇具俄罗斯风格特色。阳光房本身轻盈、通透，与木刻楞相结合，使整个建筑获得统一的效果；与砖石建筑相结合又呈现出了材质上的对比与碰撞，呈现出不同的艺术效果。

由于木刻楞住宅通常只在檐下伸出檩条，并不做多余装饰，所以博克图的檐口主要采用砖砌线脚装饰。线脚围绕檐口一周，多砌两道 3 层的叠涩，有些公共建筑的檐口装饰复杂，还会砌 5 层，或在叠涩下端

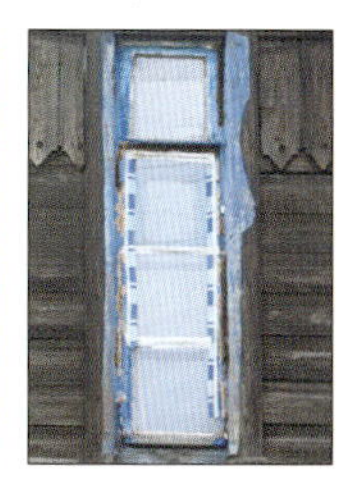

a 直冠窗楣

b 垂肩窗楣

c 条纹边框窗楣

图 5.30　窗楣

图 5.31　门斗

图 5.32　阳光房

砌出一条腰线来（图 5.33）。

山花落影作为立面造型的重点，装饰层次多而细腻，无论是作为山墙面的装饰，还是作为突出正立面中心或入口而做的造型，山花落影都能产生一定的艺术效果。仅仅采用砖砌叠涩，也能形成平行纹、直纹、阶梯纹、垂带纹及其变形等多种样式（图 5.34）。有些山花落影仅沿双坡檐口边缘平行砌筑，是

图 5.33　砖砌檐口

图 5.34　山花落影

为平行纹；有些山花落影沿三角形底边横向砌筑，是为直纹；还有些山花落影叠涩层数较多或者较长，抑或者在两边中心的部分向下砌筑很长的装饰，这种形式为垂带纹；还有变异形态，即将三角形的两边砌成弧状，这种形式较传统落影更显活泼、生动。

具有典型俄罗斯田园建筑风格的传统木质镂空雕刻装饰在博克图建筑中数量也很多。其中，许多木结构建筑的屋檐、窗檐等都有精美的图案装饰。这些装饰符号很多都来自模数化的母题，不同的母题重复、叠加和组合构成了变化无穷的装饰图案。装饰图案也分为平面镂空图案和立体图案两种，其中平面镂空图案牙机巧制、美轮美奂。概括起来，这些平面的木雕中间的镂空图案包括心形孔、菱形孔、圆形牙子、凹凸纹牙子等（图 5.35）。

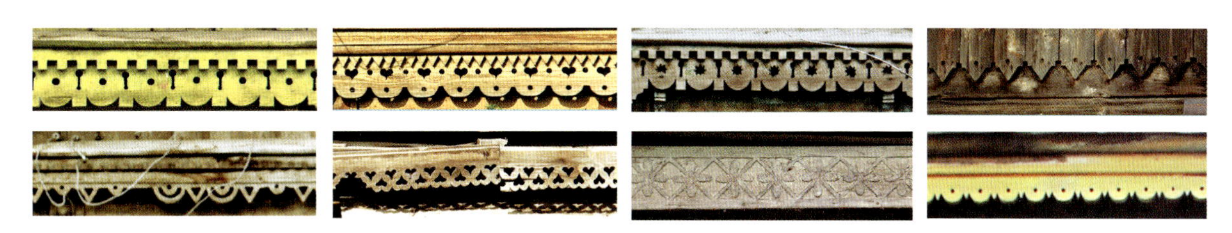

图 5.35　木质镂空雕刻装饰

除此之外，立面转角和窗间处的隅石、窗下的宝瓶装饰、砖石之间相交接的艺术效果都是博克图历史建筑细部装饰常采用的方法，这些方法与前文所述的细部装饰结合，形成了更具地域性和艺术性的装饰风格。

5.5　结　论

博克图作为中东铁路二等站，其近代的建设过程与发展脉络既有着附属地城镇的一般特征，又结合其自身的环境形成了独具特色的城镇面貌和文化传统。本章从历史背景、建筑类型、城镇规划以及艺术特色 4 个方面对博克图中东铁路建筑的形成与发展特征进行调查和浅析，对中东铁路历史城镇以及建筑的保护和再利用有较好的借鉴和参考作用，也是对这段独特历史的重新整理、挖掘与再现。

附录 1 扎兰屯历史建筑一览表
Appendix 1 A List of Historic Buildings in Zhalantun

序号	名称	结构	竣工年代	现状	照片
01	扎兰屯火车站站舍	砖木	1902 年	建筑屋顶被改建，层数有变化，现为铁路职员办公室	
02	水塔	砖木	1903 年	保护良好，容量为 120 t，现已荒废	
03	机车库	砖混	1903 年	窗遭严重破坏，原室内铁柱被堵死，现已荒废	
04	机车库附属建筑	砖石	1903 年	保护一般，现已废弃	
05	站前仓库	砖木	不详	保护良好，重新修缮后仍在使用	
06	铁路俱乐部	砖石	1903 年	保护良好，剧场内座席已拆除，室内重新装修，现为铁路离退休干部活动室	

续表

序号	名称	结构	竣工年代	现状	照片
07	中东铁路避暑旅馆	砖石	1905 年	保护良好，重新修缮粉刷过，现为扎兰屯中东铁路历史研究学会	
08	中东铁路俱乐部	砖石	1903 年	保护良好，重新修缮，现为扎兰屯历史博物馆	
09	俄式餐厅	砖木	1903 年	木质敞廊已拆除，内部全部翻新，改动很大，现为六国饭店	
10	圣·尼古拉教堂	砖木	1905 年	原钟楼已被拆除，部分门窗被堵死，现为扎兰屯职业高级学校音乐教室	
11	沙俄教堂办公室	砖木	1905 年	保存较好，现为扎兰屯职业高级学校的储藏室	
12	沙俄子弟小学	砖木	1910 年	除一个壁炉外，内部已经完全改动，部分门窗被堵死，重新修缮，后用作办公室	

续表

序号	名称	结构	竣工年代	现状	照片
13	原路立俄侨子弟小学	砖木	1903 年	木质门斗、凉亭损毁，有些围墙改动，现为扎兰屯铁路小学	
14	俄侨小学附属建筑	砖石	不详	保存较好	
15	沙俄森林警察大队	砖石	1909 年	重新修缮，现为扎兰屯中东铁路博物馆	
16	沙俄马厩	砖石	1910 年	门、窗被改造，保护一般，现已废弃	
17	沙俄兵营	砖石	1910 年	门、窗被改造，保护一般，现为仓库	
18	中东铁路扎兰屯卫生所	砖木	1903 年	保护良好，重新修缮，现为扎兰屯文物保护管理所	

续表

序号	名称	结构	竣工年代	现状	照片
19	日伪时期结核病医院建筑 A 栋	砖混	不详	建筑改造很多，现为扎兰屯结核病医院住院处	
20	日伪时期结核病医院建筑 B 栋	砖混	不详	保护一般，现已废弃	
21	日伪时期政府办公楼	砖混	1932 年	改造很多，现为扎兰屯幼儿师范学校教学楼	
22	吊桥	钢木	1905 年	木构件被更换过	
23	中东铁路阳光浴场	砖木	1905 年	保护良好，重新修缮，现为吊桥公园纪念品商店	
24	原铁路五号楼	砖木	1908 年	保护良好，重新修缮，现为扎兰屯乘务员公寓	

续表

序号	名称	结构	竣工年代	现状	照片
25	铁路职工住宅	砖石	不详	贴建严重，木质凉亭损毁较多，现为民宅	
26	铁路职工住宅	砖木	不详	贴建严重，木质凉亭保存较好，现为民宅	
27	铁路职工住宅	砖木	不详	贴建严重，木质凉亭损毁，门斗已改建，现已废弃	
28	铁路职工住宅	砖木	不详	贴建严重，木质凉亭损毁，门斗已改建，现已废弃	
29	铁路职工住宅	砖木	不详	贴建严重，木质凉亭损毁，部分门斗已改建，现已废弃	
30	铁路职工住宅	砖木	不详	贴建严重，木质凉亭损毁，雨搭被破坏，现已废弃	

续表

序号	名称	结构	竣工年代	现状	照片
31	铁路职工住宅	砖木	不详	贴建严重，木质凉亭损毁，门斗已改建，现已废弃	同序号 25 ~ 30 照片
32	铁路职工住宅	砖木	不详	贴建、搭建严重，木质凉亭有破损，门斗已改建，现为民居	
33	铁路职工住宅	砖木	不详	贴建严重，无木质凉亭，门斗保存较好，现为民宅	
34	铁路职工住宅	砖木	不详	贴建、改造严重，现为民宅	
35	铁路职工住宅	砖木	不详	贴建严重，木质凉亭破损严重，门斗部分破损，现为民宅	
36	铁路职工住宅	砖木	不详	贴建严重，木质凉亭破损严重，门斗缺失，现为民宅	

续表

序号	名称	结构	竣工年代	现状	照片
37	铁路职工住宅	砖木	不详	贴建严重，木质凉亭破损严重，门斗保存较好	同序号 34 ~ 36 照片
38	铁路职工住宅	砖木	不详	无贴建，无凉亭、门斗，现为民宅	因围建堵建严重，无法摄像
39	铁路职工住宅	砖木	不详	贴建严重，无凉亭、门斗，现为民宅	因围建堵建严重，无法摄像
40	铁路职工住宅	砖木	不详	贴建严重，无凉亭，门斗破损严重，现为民宅	因围建堵建严重，无法摄像
41	铁路职工住宅	砖木	不详	贴建严重，无凉亭，门斗破损严重， 现为民宅	因围建堵建严重，无法摄像
42	铁路职工住宅	砖木	不详	保存较好，现已废弃	因围建堵建严重，无法摄像

续表

序号	名称	结构	竣工年代	现状	照片
43	铁路职工住宅	砖木	不详	贴建严重，凉亭有破损，门斗有破损，现为民宅	同序号 38 ～ 42 照片
44	铁路职工住宅	砖木	不详	贴建严重，凉亭稍有破损，无门斗，现为民宅	
45	铁路职工住宅	砖木	不详	保存较好，现为民宅	因围建堵建严重，无法摄像
46	铁路职工住宅	砖木	不详	保存较好，现为民宅	因围建堵建严重，无法摄像
47	铁路职工住宅	砖木	不详	贴建比较严重，无凉亭，门斗稍有破损，现为民宅	因围建堵建严重，无法摄像
48	铁路职工住宅	砖木	不详	贴建严重，屋顶已改造，无凉亭，门斗有破损，现为民宅	因围建堵建严重，无法摄像

续表

序号	名称	结构	竣工年代	现状	照片
49	铁路职工住宅	砖木	不详	贴建严重，建筑保存较完整，现为民宅	
50	铁路职工住宅	砖木	不详	贴建严重，凉亭、门斗有破损，现为民宅	
51	铁路职工住宅	砖木	不详	贴建严重，无凉亭、门斗，门窗均被改造，现为民宅	
52	原路立俄侨子弟小学附属建筑（储藏）	砖木	不详	建筑保存比较完整，现已荒废	
53	原路立俄侨子弟小学附属建筑(食堂)	砖木	不详	建筑保存比较完整，现已荒废	
54	牛棚	木质	不详	保存较好，现为仓房	

续表

序号	名称	结构	竣工年代	现状	照片
55	仓库	木质	不详	保存较好，现为储藏室	

注：由于大部分住宅周边搭建、围建严重，部分相似建筑只选择几栋有代表性的贴出照片

附录 2　扎兰屯历史建筑分布示意图

Appendix 2　A Sketch Map of Historic Buildings in Zhalantun

附录 3　一面坡历史建筑一览表

Appendix 3　A List of Historic Buildings in Yimianpo

序号	建筑名称	竣工年代	结构	现状	照片
01	站舍	1899 年	砖木	建筑屋顶改建，层数变化，建筑表面贴饰面砖，现仍为铁路站舍与职员办公室	
02	疗养院	1922 年	砖木	保存良好，现为一面坡铁路医院	
03	护路军兵营	1921 年	砖木	外部保存较完好，室内大厅破坏严重，现空置	
04	铁路乘务员公寓	1921 年	砖木	保存完好，现被私人承包作为商业用途	
05	机车库	1903 年	砖木	周围加建较多，原貌难辨，现属铁路机务段，功能不明	
06	机务段办公室	不详	砖木	保存完好，现仍为铁路机务段办公建筑	

续表

序号	建筑名称	竣工年代	结构	现状	照片
07	铁路辅助工房	不详	砖石	保存完好，现空置	
08	铁路宿舍	不详	砖木	保存完好，现空置	
09	供水用房	不详	砖木	保存较好，现位于供水站院内，功能不明	
10	原功能不详	伪满时期	砖木	一组3栋建筑，保存较好，现为住宅	
11	铁路职工住宅	不详	木质	局部破损补修，有附属木仓房，现为住宅	
12	铁路职工住宅	不详	砖木	主体保存完好，阳光房被改造，现为住宅	

续表

序号	建筑名称	竣工年代	结构	现状	照片
13	铁路职工住宅	不详	砖木	保存完好，现为住宅	
14	铁路职工住宅	不详	砖木	保存完好，现为住宅	
15	铁路职工住宅	不详	砖木	保存较完好，现为住宅	
16	铁路职工住宅	不详	砖木	保存完好，现为住宅	
17	铁路职工住宅	不详	砖木	保存完好，现为住宅	
18	铁路职工住宅	不详	砖木	保存完好，现为住宅	

续表

序号	建筑名称	竣工年代	结构	现状	照片
19	铁路职工住宅	不详	砖木	窗改造严重，现为住宅	
20	铁路职工住宅	不详	砖木	保存完好，现为住宅	
21	铁路职工住宅	不详	木质	保存较完好，现为住宅	
22	铁路职工住宅	不详	木质	局部墙面刷水泥，现为住宅	
23	铁路职工住宅	不详	砖木	保存完好，现空置	
24	铁路职工住宅	不详	木质	局部刷水泥，现为住宅	

续表

序号	建筑名称	竣工年代	结构	现状	照片
25	铁路职工住宅	不详	砖木	局部破损，阳光房被封堵，现为住宅	
26	铁路职工住宅	不详	砖木	局部改建，现为住宅	
27	原功能不明	不详	砖木	墙面贴饰面砖，现功能不明	
28	铁路职工住宅	不详	砖木	周边贴建较多，保存较完好，现为住宅	
29	铁路职工住宅	不详	木质	保存完好，现为住宅	
30	铁路职工住宅	不详	砖木	局部破损修补，保存较完好，现为住宅	

续表

序号	建筑名称	竣工年代	结构	现状	照片
31	铁路职工住宅	不详	木质	保存较好，现为住宅	
32	铁路职工住宅	不详	木质	保存较好，现为住宅	
33	铁路职工住宅	不详	木质	保存完好，现为住宅	
34	铁路职工住宅	不详	砖木	周边加建严重，现为住宅	
35	铁路职工住宅	不详	木质	保存完好，现为住宅	
36	铁路职工住宅	不详	砖木	保存完好，现为住宅	

续表

序号	建筑名称	竣工年代	结构	现状	照片
37	铁路职工住宅	不详	木质	保存完好，现为住宅	
38	铁路职工住宅	不详	砖木	保存完好，现为住宅	
39	建筑段办公室	不详	砖木、木质	一组两栋建筑，现状完好，现为办公建筑	
40	铁路职工住宅	不详	砖木	保存较好，现为住宅	
41	铁路职工住宅	不详	砖木	保存较好，现为住宅	
42	铁路职工住宅	不详	砖木	保存完好，现为住宅	

续表

序号	建筑名称	竣工年代	结构	现状	照片
43	铁路职工住宅	不详	砖木	建筑周围加建较多，遮挡严重，现为住宅	
44	铁路职工住宅	不详	砖木	保存完好，现为住宅	
45	铁路职工住宅	不详	木质	保存较好，现为住宅	
46	原功能不详	不详	砖木	伪满时期建筑，局部破坏，现空置	
47	铁路职工住宅	不详	木质	外饰面为泥抹灰，局部破损修补，现为住宅	
48	铁路职工住宅	不详	木质	外饰面为泥抹灰，破损严重，现为住宅	

续表

序号	建筑名称	竣工年代	结构	现状	照片
49	铁路职工住宅	不详	木质	外饰面为泥抹灰，破损严重，现为住宅	
50	铁路职工住宅	不详	砖木	保存完好，现为住宅	
51	铁路职工住宅	不详	砖木	保存完好，现为住宅	
52	铁路职工住宅	不详	砖木	局部破损修复，现空置	
53	铁路职工住宅	不详	砖木	外立面保护良好，内部楼梯、地板破坏严重，未使用	
54	铁路职工住宅	不详	木质	外饰面为泥抹灰，局部有破损，现为住宅	

续表

序号	建筑名称	竣工年代	结构	现状	照片
55	铁路职工住宅	不详	木质	外饰面为泥抹灰，局部有破损，现为住宅	
56	铁路职工住宅	不详	木质	外饰面为泥抹灰，局部有破损，现为住宅	
57	铁路职工住宅	不详	木质	外饰面为泥抹灰，局部有破损，现为住宅	
58	铁路职工住宅	不详	砖木	保存完好，现为住宅	
59	货运段办公室	1928 年	砖木	保存较完好，门窗被封堵，现空置	
60	货运段仓库	1928 年	砖木	破坏较严重，现空置	

续表

序号	建筑名称	竣工年代	结构	现状	照片
61	原功能不详	不详	砖木	保存较完好，局部有破损，现空置	
62	铁路职工住宅	不详	砖木	建筑主体保存较好，门斗被拆除，现为住宅	
63	铁路职工住宅	不详	砖木	破坏严重，外墙面刷水泥，现为住宅	
64	铁路职工住宅	不详	砖木	保存完好，现为住宅	
65	铁路职工住宅	不详	砖木	保存较完好，现为住宅	
66	铁路职工住宅	不详	砖木	建筑周围加建较多，保存较完好，现为住宅	

续表

序号	建筑名称	竣工年代	结构	现状	照片
67	铁路职工住宅	不详	砖木	保存完好，现为住宅	
68	铁路职工住宅	不详	砖木	保存较完好，个别窗口被改造，现为住宅	
69	铁路职工住宅	不详	砖木	窗口被改造，现为住宅	
70	铁路职工住宅	不详	砖木	保存较完好，现为住宅	
71	铁路职工住宅	不详	砖木	门窗被改造，现为住宅	
72	铁路职工住宅	不详	砖木	保存较完好，现为住宅	

续表

序号	建筑名称	竣工年代	结构	现状	照片
73	粮食仓库	不详	砖木	保存较完好，现空置	
74	粮库管理用房	不详	砖木	山墙面破坏严重，现空置	
75	铁路职工住宅	不详	砖木	建筑主体保存较完好，门斗被拆除，现为住宅	
76	铁路职工住宅	不详	砖木	保存完好，现为住宅	
77	铁路职工住宅	不详	木质	外墙为泥面抹灰，脱落严重，现为住宅	
78	弹药库	1899 年	石质	保存较完好，现为仓库	

续表

序号	建筑名称	竣工年代	结构	现状	照片
79	铁路职工住宅	不详	砖石	保存较完好，现为住宅	
80	铁路职工住宅	不详	砖石	破坏严重，现空置	
81	面包房	不详	木质	保存完好，现为住宅	
82	铁路职工住宅	不详	砖木	保存较完好，现为住宅	
83	铁路职工住宅	不详	砖木	保存较完好，现为住宅	
84	铁路职工住宅	不详	木质	保存较完好，现为住宅	

续表

序号	建筑名称	竣工年代	结构	现状	照片
85	沙俄领事馆	不详	砖木	保存较完好，现为办公建筑	
86	秋林百货公司分店	不详	砖木	建筑周围加建，遮挡较多，现为住宅	
87	铁路职工住宅	不详	木质	外墙为泥面抹灰，已刷水泥，现为住宅	
88	铁路职工住宅	不详	砖木	建筑周围加建、遮挡较多，现为住宅	
89	铁路职工住宅	不详	砖木	建筑周围加建、遮挡较多，现为住宅	
90	兵营	不详	砖木	建筑周围加建、遮挡较多，现为住宅	

续表

序号	建筑名称	竣工年代	结构	现状	照片
91	铁路职工住宅	不详	砖木	保存较完好，现为住宅	
92	铁路职工住宅	不详	砖木	保存较完好，现为沿街商店	
93	中东啤酒厂办公用房	不详	砖木	局部改造，现为办公建筑	
94	啤酒厂厂房	不详	砖木	局部改造，现为仓库	
95	铁路职工住宅	不详	砖木	保存较完好，现为住宅	
96	弹药库	不详	砖木	保存较完好，现为仓库	

续表

序号	建筑名称	竣工年代	结构	现状	照片
97	公和利号火磨	1929年	砖木	原建筑为5层，后加建2层，保存较好，现空置	
98	火磨账房	1929年	砖木	保存较好，现空置	
99	商业建筑	不详	砖木	局部破损，现空置	
100	五金商店	不详	砖木	局部破损，现功能不明	
101	商业建筑	不详	砖木	一组建筑沿街布置，形成商业街，部分建筑被改造，破损严重	
102	铁路职工住宅	不详	砖木	局部破损，现为住宅	

续表

序号	建筑名称	竣工年代	结构	现状	照片
103	铁路职工住宅	不详	砖木	建筑周围加建，遮挡较多，现为住宅	
104	商业建筑	不详	砖木	背立面外廊破损，现空置	
105	铁路职工住宅	不详	砖木	局部破损严重，现为住宅	
106	厚德福饭店	不详	砖木	保存完好，新刷墙面涂料，现为住宅	
107	大兴当楼	不详	砖木	一层破坏严重，现为个体商业建筑	
108	铁路职工住宅	不详	砖木	保存较完好，现为住宅	

续表

序号	建筑名称	竣工年代	结构	现状	照片
109	铁路职工住宅	不详	砖木	保存较完好，现为住宅	
110	铁路职工住宅	不详	砖木	保存较完好，现为住宅	
111	铁路职工住宅	不详	砖木	破坏严重，现空置	
112	铁路职工住宅	不详	砖木	现状较完好，现为住宅	
113	铁路职工住宅	不详	砖木	破坏严重，现为住宅	
114	商业建筑	不详	砖木	一层破坏较严重，现为商住混合建筑	

续表

序号	建筑名称	竣工年代	结构	现状	照片
115	铁路职工住宅	不详	砖木	破坏极严重，空置将拆除	
116	铁路职工住宅	不详	砖木	破坏极严重，空置将拆除	
117	铁路职工住宅	不详	砖木	破坏极严重，空置将拆除	
118	铁路职工住宅	不详	砖木	局部破损，现为住宅	
119	铁路职工住宅	不详	砖木	建筑周围加建遮挡严重，现为住宅	
120	铁路职工住宅	不详	砖木	局部破损，现为住宅	

续表

序号	建筑名称	竣工年代	结构	现状	照片
121	铁路职工住宅	不详	砖木	破坏较严重，空置将拆除	
122	清真寺	1931 年	砖木	保存完好，现为清真寺	
123	商业建筑	不详	砖木	保存较完好，为一组沿街商业建筑	
124	谢尔盖教堂	1901 年	木质	已毁	
125	俱乐部	1904 年	砖木	已毁，仅余基础	
126	普照寺	不详	木质	原建筑均已毁，现于原址复建普照寺	

附录 4　一面坡历史建筑分布示意图
Appendix 4　A Sketch Map of Historic Buildings in Yimianpo
北
现存历史建筑
已消失历史建筑

附录 5　横道河子历史建筑一览表

Appendix 5　A List of Historic Buildings in Hengdaohezi

序号	建筑名称	竣工年代	结构	现状	照片
01	横道河子站站舍	1901 年	混合式	2002 年在原建筑基础上增加一个哥特式塔尖，现为站舍	
02	横道河子站机车库	1903 年	混合式	建筑外立面整体进行翻新，改动较大，空置	
03	发电厂	不详	砖木	外立面保护良好，部分窗遭到破坏，现为仓库	
04	发电厂附属用房	不详	砖木	窗已用砖砌死，扶壁柱出现残破，现为仓库	
05	横道河子站车务段	1903 年	混合式	外立面保护良好，现仍为站区食堂	
06	横道河子站铁路治安所	1904 年	砖木	外立面保护良好，内部楼梯、地板破坏严重，空置	

续表

序号	建筑名称	竣工年代	结构	现状	照片
07	水牢	1904年	砖木	保护较差，门窗均已破坏，内部空间亦被破坏，空置	
08	兵营	不详	砖木	外立面保护良好，立面窗及屋顶老虎天窗被破坏，空置	
09	兵营	不详	混合式	保护良好，部分窗贴脸处有砖块脱落，空置	
10	兵营	不详	混合式	保护良好，基础部分石材有风化趋势，空置	
11	马厩	不详	砖木	保护良好，扶壁柱有轻微破坏，现用于居住	
12	马厩	不详	砖木	保护一般，有类似阳光房的搭建，空置	

续表

序号	建筑名称	竣工年代	结构	现状	照片
13	兵营	不详	混合式	保护一般，外立面保存较好，调研时内部正在重新装修，空置	
14	圣母进堂教堂	1902 年	木质	保护较好，现为博物馆	
15	卫生所	1903 年	混合式	保护较好，现为油画村采风建筑	
16	住院部	1903 年	混合式	保护一般，墙脚隅石被破坏，基础部分砖石脱落，现为油画村采风建筑	
17	医院附属用房	不详	混合式	保护较差，三面山墙已被改造为中式茅草屋，呈现出一种建筑两种风格的形式，现为油画村采风建筑	
18	医院职工宿舍	不详	混合式	保护良好，现用于居住	

续表

序号	建筑名称	竣工年代	结构	现状	照片
19	铁路办公室	不详	混合式	保护良好，立面门窗均为重新装修所换，现功能为民用生产	
20	机车库附属建筑	不详	混合式	建筑被翻新重建，现为锅炉房	
21	铁路机务段办公室	1903 年	混合式	保护较好，窗被替换为塑钢窗，现为办公建筑	
22	横道河子站铁路职工宿舍楼（铁路大白楼）及附属建筑	不详	混合式	保存较好，现为铁路职工住宅 附属建筑现为仓库	 
23	铁路职工住宅 俄式木屋	1903 年	木质	保存良好，部分窗替换为塑钢窗，阳光房被封死，现用于居住	

续表

序号	建筑名称	竣工年代	结构	现状	照片
24	铁路职工住宅俄式木屋	1903 年	木质	保护较差，正立面有贴建，建筑形态基本被破坏，现用于居住	
25	铁路职工住宅俄式木屋	1903 年	木质	保护一般，贴建严重，现用于居住	
26	铁路职工住宅俄式木屋	1903 年	木质	保护一般，贴建严重，现用于居住	
27	铁路职工住宅俄式木屋	1903 年	木质	保护良好，阳光房被破坏，现用于居住	
28	铁路职工住宅俄式木屋	1903 年	木质	保护较好，现为商业用途	
29	铁路职工住宅俄式木屋	1903 年	木质	保护较好，基础部分有部分脱落，现用于居住	

续表

序号	建筑名称	竣工年代	结构	现状	照片
30	铁路职工住宅 俄式木屋	1903 年	木质	保护一般，贴建严重，现用于居住	
31	铁路职工住宅 俄式木屋	不详	木质	保护较差，门窗、雨棚都遭到严重的损坏，空置	
32	铁路职工住宅 俄式木屋	不详	木质	保护较差，屋顶与墙身断裂，整栋建筑下沉，空置	
33	铁路职工住宅 俄式木屋	不详	木质	保护较差，墙面脱落，建筑下沉倾斜，空置	
34	铁路职工住宅 俄式木屋	不详	木质	保护较差，墙体脱落严重，空置	
35	铁路职工住宅 石头房	不详	石木	保护良好，有门窗改动，现用于居住	

续表

序号	建筑名称	竣工年代	结构	现状	照片
36	铁路职工住宅石头房	不详	石木	保护较好，现用于居住	
37	铁路职工住宅石头房	不详	石木	保护较好，现用于居住	
38	铁路职工住宅石头房	不详	石木	保护较好，现用于居住	
39	铁路职工住宅	不详	砖木	保护一般，墙体脱落严重，屋面部分塌陷，空置	
40	铁路职工住宅	不详	混合式	保护较好，现用于居住	
41	铁路职工住宅	不详	混合式	保护一般，墙皮脱落塌陷严重，现用于居住	

续表

序号	建筑名称	竣工年代	结构	现状	照片
42	铁路职工住宅	不详	混合式	保护较好，现用于居住	
43	铁路职工住宅	不详	砖木	保护较好，现用于居住	
44	铁路职工住宅	不详	砖木	保护一般，墙皮脱落严重，阳光房被破坏，现用于居住	
45	铁路职工住宅	不详	砖木	保护一般，墙皮脱落严重，山墙木板掉落，现用于居住	
46	铁路职工住宅	不详	砖木	保护较好，现用于居住	
47	铁路职工住宅	不详	砖木	保护一般，贴建严重，现用于居住	

续表

序号	建筑名称	竣工年代	结构	现状	照片
48	铁路职工住宅	不详	混合式	保护较好，现用于居住	
49	铁路职工住宅	不详	砖木	保护一般，贴建严重，现用于居住	
50	铁路职工住宅	不详	混合式	保护较好，现用于居住	
51	铁路职工住宅	不详	混合式	保护一般，贴建严重，现用于居住	
52	铁路职工住宅	不详	混合式	保护较好，现用于居住	
53	铁路职工住宅	不详	混合式	保护一般，贴建严重，现用于居住	

续表

序号	建筑名称	竣工年代	结构	现状	照片
54	铁路职工住宅	不详	混合式	保护一般，门窗贴脸破坏严重，现用于居住	
55	铁路职工住宅	不详	混合式	保护一般，贴建严重，现用于居住	
56	铁路职工住宅	不详	混合式	保护较好，现用于居住	
57	铁路职工住宅	不详	砖木	保护较差，门斗塌陷，现用于居住	
58	铁路职工住宅	不详	砖木	保护较差，墙面和转角隅石脱落，窗结构被改变，现用于居住	
59	铁路职工住宅	不详	混合式	保护较好，现用于居住	

续表

序号	建筑名称	竣工年代	结构	现状	照片
60	铁路职工住宅	不详	混合式	保护一般，贴建严重，现用于居住	
61	铁路职工住宅	不详	砖木	保护较好，局部墙面轻微脱落，现用于居住	
62	铁路职工住宅	不详	混合式	保护一般，窗被替换为塑钢窗，现用于居住	
63	铁路职工住宅	不详	混合式	保护较好，现用于居住	
64	铁路职工住宅	不详	混合式	保护较好，现用于居住	
65	铁路职工住宅	不详	混合式	保护较好，现用于居住	

续表

序号	建筑名称	竣工年代	结构	现状	照片
66	铁路职工住宅	不详	混合式	保护较好，现用于居住	
67	铁路职工住宅	不详	混合式	保护一般，门窗被替换，现用于居住	
68	铁路职工住宅	不详	混合式	保护一般，门窗被替换，现用于居住	
69	铁路职工住宅	不详	砖木	保护一般，门窗被替换，地下室被封死，现用于居住	
70	铁路职工住宅	不详	砖木	保护较好，现用于居住	
71	铁路职工住宅	不详	砖木	保护较好，现用于居住	

续表

序号	建筑名称	竣工年代	结构	现状	照片
72	铁路职工住宅	不详	砖木	保护较好，现用于居住	
73	铁路职工住宅	不详	混合式	保护较好，现用于居住	
74	铁路职工住宅	不详	砖木	保护一般，个别门窗掉落，外墙表皮脱落严重，空置	
75	铁路职工住宅	不详	混合式	保护较差，窗口被封死，屋门被卸掉，现用作仓库	
76	铁路职工住宅	不详	砖木	保护良好，部分墙皮脱落，现用于居住	
77	铁路职工住宅	不详	砖木	保护较差，山墙木板脱落，现用作仓库	

续表

序号	建筑名称	竣工年代	结构	现状	照片
78	铁路职工住宅	不详	砖木	保护良好，现用于居住	
79	铁路职工住宅及仓房	不详	混合式木质	保护良好，现用于居住	 
80	铁路职工住宅及仓房	不详	混合式木质	保护良好，现用于居住	 
81	铁路职工住宅	不详	混合式	保护良好，现用于居住	

续表

序号	建筑名称	竣工年代	结构	现状	照片
82	铁路职工住宅	不详	砖木	保护良好，现用于居住	
83	铁路职工住宅	不详	混合式	保护一般，有部分贴建，现用于居住	
84	铁路职工住宅	不详	混合式	保护良好，现用于居住	
85	铁路职工住宅	不详	砖木	保护良好，现用于居住	
86	铁路职工住宅	不详	砖木	保护一般，门窗等被替换，现用于居住	
87	铁路职工住宅	不详		保护较差，阳光房塌陷，墙面脱落严重，空置	

续表

序号	建筑名称	竣工年代	结构	现状	照片
88	铁路职工住宅	不详	砖木	保护较差，贴建严重，现用于居住	
89	铁路职工住宅	不详	混合式	保护良好，现用于居住	
90	铁路职工住宅	不详	砖木	保护一般，基础部分砖块脱落，现用于居住	
91	铁路职工住宅	不详	砖木	保护较好，有阳光房，现用于居住	
92	铁路职工住宅	不详	混合式	保护一般，有部分贴建，现用于居住	
93	铁路职工住宅	不详	砖木	保护良好，空置	

续表

序号	建筑名称	竣工年代	结构	现状	照片
94	铁路职工住宅	不详	混合式	保护一般，贴建严重，现用于居住	
95	铁路职工住宅砖木结构	不详	砖木	保护一般，墙身局部有砖块脱落，现用于居住	
96	铁路职工住宅	不详	砖木	保护良好，现用于居住	
97	铁路职工住宅	不详	砖木	保护良好，现用于居住	
98	铁路职工住宅	不详	混合式	保护一般，贴建严重，现用于居住	
99	铁路职工住宅	不详	混合式	保护良好，现用于居住	

续表

序号	建筑名称	竣工年代	结构	现状	照片
100	铁路职工住宅	不详	砖木	保护良好，有阳光房，现用于居住	
101	铁路职工住宅	不详	砖木	保护良好，有阳光房，现用于居住	
102	铁路职工住宅	不详	砖木	保护一般，有阳光房，现用于居住	
103	铁路职工住宅	不详	砖木	保护良好，有阳光房，现用于居住	
104	铁路职工住宅	不详	砖木	保护良好，有阳光房，现用于居住	
105	铁路职工住宅	不详	砖木	保护良好，有阳光房，现用于居住	

续表

序号	建筑名称	竣工年代	结构	现状	照片
106	铁路职工住宅	不详	混合式	保护良好，有阳光房，现用于居住	
107	铁路职工住宅	不详	混合式	保护一般，门斗被翻新，窗被替换，现用于居住	
108	铁路职工住宅	不详	混合式	保护良好，现用于居住	
109	铁路职工住宅	不详	混合式	保护一般，有阳光房，空置	
110	铁路职工住宅	不详	混合式	保护一般，扶壁柱有砖块脱落，现用于居住	
111	铁路职工住宅	不详	砖木	保护良好，现用于居住	

续表

序号	建筑名称	竣工年代	结构	现状	照片
112	铁路职工住宅	不详	砖木	保护良好，现用于居住	
113	铁路职工住宅	不详	砖木	保护一般，有阳光房，部分贴建，现用于居住	
114	铁路职工住宅	不详	砖木	保护一般，有阳光房，现用于居住	
115	铁路职工住宅	不详	混合式	保护一般，门窗位置有所变动，现用于居住	
116	铁路职工住宅	不详	混合式	保护一般，有部分贴建，现用于居住	
117	铁路职工住宅	不详	混合式	保护一般，有部分贴建，现用于居住	

续表

序号	建筑名称	竣工年代	结构	现状	照片
118	铁路职工住宅	不详	混合式	保护一般，有部分贴建，现用于居住	
119	铁路职工住宅	不详	混合式	保护良好，现用于居住	
120	铁路职工住宅	不详	混合式	保护良好，现用于居住	
121	铁路职工住宅	不详	砖木	保护较好，墙身少部分脱落，空置	
122	铁路职工住宅	不详	砖木	保护一般，有局部贴建，一层门窗被封堵，现用于居住	
123	铁路职工住宅	不详	砖木	保护良好，有阳光房，现用于居住	

续表

序号	建筑名称	竣工年代	结构	现状	照片
124	铁路职工住宅	不详	混合式	保护一般，有局部贴建，现用于居住	
125	铁路职工住宅	不详	混合式	保护良好，有阳光房，现用于居住	
126	铁路职工住宅	不详	砖木	保护良好，有阳光房，现功能为美术馆	
127	铁路职工住宅	不详	混合式	保护良好，现用于居住	
128	铁路职工住宅	不详	砖木	保护良好，有阳光房，现用于居住	

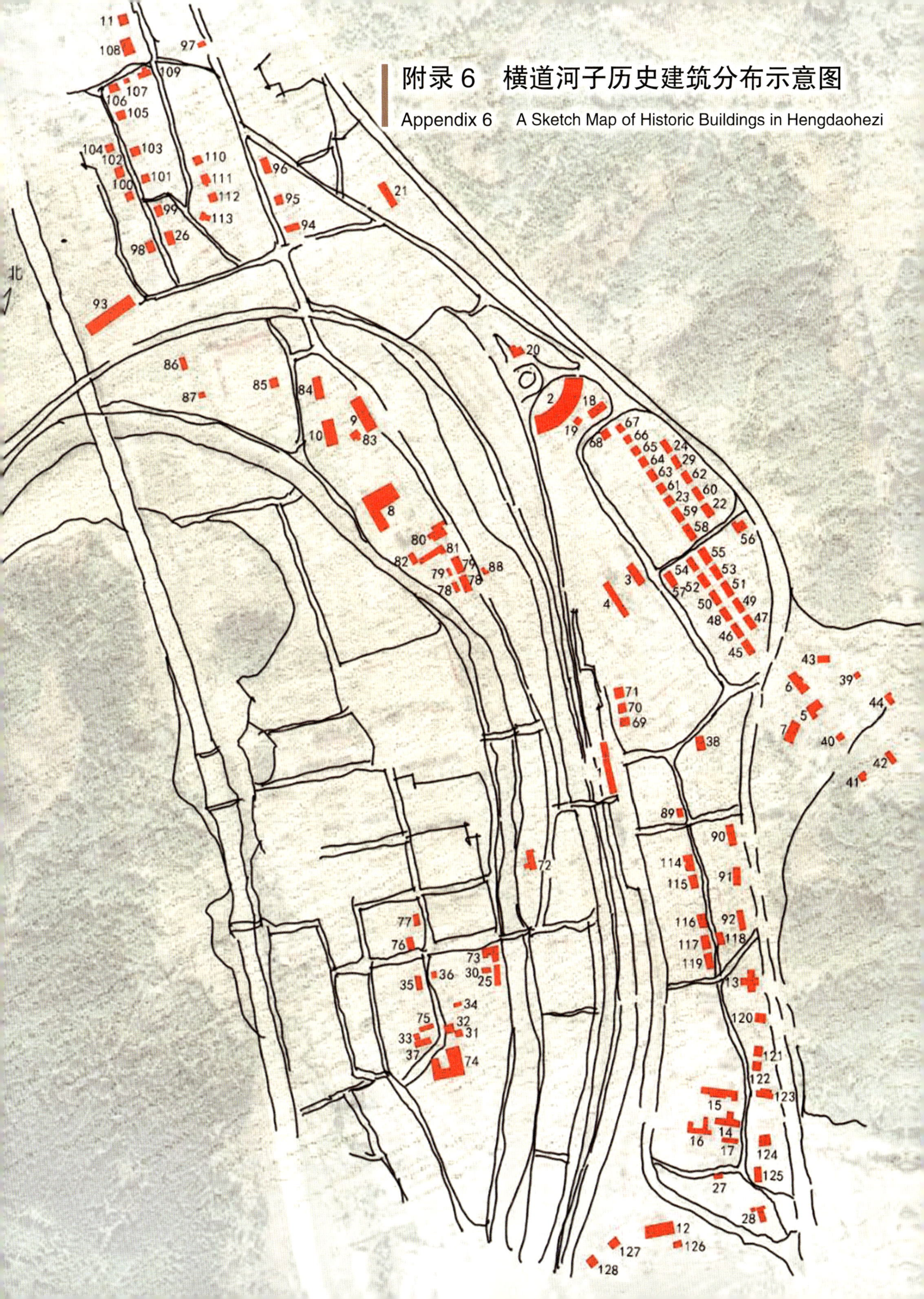

附录 6　横道河子历史建筑分布示意图

Appendix 6　A Sketch Map of Historic Buildings in Hengdaohezi

附录 7　昂昂溪历史建筑一览表
Appendix 7　A List of Historic Buildings in Ang'angxi

序号	名称	竣工年代	结构	现状	照片
01	兵营	1902 年	砖木	整体保存完好，建筑内部被改造，有部分破损，现已废弃	
02	兵营附属建筑	1902 年	砖木	整体保存完好，现已废弃	
03	兵营附属建筑	1902 年	砖木	整体保存完好，立面有贴建，现已废弃	
04	禁闭室	1902 年	砖木	整体保存完好，现已废弃	
05	兵营附属建筑	不详	石木	整体保存一般	周边围堵严重，无法拍照
06	俄式住宅 06 号	不详	砖木	整体保存完好，屋顶和窗户被改建，现已空置	

续表

序号	名称	竣工年代	结构	现状	照片
07	俄式住宅 07 号	不详	砖木	建筑立面贴建严重，现已空置	
08	俄式住宅 09 号	不详	砖木	整体保存完好，立面窗户被堵住，山墙有贴建，现已空置	
09	俄式住宅 10 号	不详	砖木	整体保存完好，现已空置	
10	俄式住宅 11 号	不详	砖木	整体保存完好，山墙面有贴建，门窗部分改建，现已空置	
11	俄式住宅 12 号	不详	砖木	整体保存完好，建筑三面均贴建较严重，门窗有改建，现已空置	
12	俄式住宅 13 号	不详	砖木	整体保存完好，现已空置	

续表

序号	名称	竣工年代	结构	现状	照片
13	俄式住宅 14 号	不详	砖木	整体保存完好，门斗侧面有贴建，山墙处门有改建痕迹，现已空置	
14	俄式住宅 15 号	不详	砖木	整体保存完好，雨搭保存较好，现已空置	
15	俄式住宅 16 号	不详	砖木	整体保存完好，雨搭保存较好，周边围堵严重，现已空置	
16	俄式住宅 17 号	不详	砖木	整体保存完好，门斗、阳光房保存较好，立面两窗被改建，现已空置	
17	俄式住宅 18 号	不详	砖木	整体保存完好，山墙面门斗保存完整，现已空置	
18	俄式住宅 19 号	不详	砖木	整体保存完好，山墙面门斗、入口大门有改建，山墙有贴建，现已空置	

续表

序号	名称	竣工年代	结构	现状	照片
19	俄式住宅 20 号	不详	砖木	整体保存完好，山墙面门斗保存较好，两侧有贴建，立面窗户有改建痕迹，现已空置	
20	俄式住宅 21 号	不详	砖木	整体保存完好，山墙面阳光房保存较好，建筑细部装饰构件有缺失，入口大门被替换，现已空置	
21	俄式住宅 22 号	不详	砖木	整体保存完好，一侧山墙阳光房保存完好，另一侧被改建，入口大门被替换，现已空置	
22	俄式住宅 23 号	不详	砖木	整体保存完好，部分窗户被改建，现已空置	
23	俄式住宅 24 号	不详	砖木	整体保存完好，日本人后加建部分被改建，现已空置	
24	俄式住宅 25 号	不详	砖木	整体保存完好，山墙有贴建，周边围堵严重，现已空置	

续表

序号	名称	竣工年代	结构	现状	照片
25	俄式住宅 26 号	不详	砖木	整体保存完好，立面和山墙面有多处贴建，现已空置	
26	俄式住宅 27 号	不详	砖木	整体保存完好，现已空置	
27	俄式住宅 28 号	不详	砖木	建筑保存完好，部分窗户被堵住，现已空置	
28	俄式住宅 29 号	不详	砖木	建筑保存完好，阳光房木质稍微有缺损、变形，山墙有贴建，现已空置	
29	俄式住宅 30 号	不详	砖木	建筑保存完好，周边贴建、围堵较严重，现已空置	
30	俄式住宅 31 号	不详	砖木	建筑保存完整，周边有杂物堆积，山墙有贴建，现已空置	

续表

序号	名称	竣工年代	结构	现状	照片
31	俄式住宅 32 号	不详	砖木	建筑保存完整，周边围堵严重，难以拍摄建筑全貌，立面窗户有改建，现已空置	
32	俄式住宅 33 号	不详	砖木	建筑保存完整，山墙有贴建，入口大门被替换，现已空置	
33	俄式住宅 34 号	不详	砖木	整体保存完好，山墙有贴建,立面窗户有改建痕迹，现已空置	
34	俄式住宅 35 号	不详	砖木	整体保存好，周边贴建严重，现已空置	
35	俄式住宅 36 号	不详	砖木	整体保存完好，窗户有改建痕迹，立面有贴建，现已空置	
36	俄式住宅 37 号	不详	木质	整体保存完好，窗户、门和部分围护结构有破损，现已空置	

续表

序号	名称	竣工年代	结构	现状	照片
37	俄式住宅 38 号	不详	砖木	整体保存完好，阳光房有破损，立面窗户有改动痕迹，现已空置	
38	俄式住宅 39 号	不详	砖木	整体保存完好，周边围堵严重，现已空置	
39	俄式住宅 40 号	不详	砖木	整体保存完好，山墙面有贴建，阳光房被改建，现已空置	
40	俄式住宅 41 号	不详	砖木	整体保存完好，阳光房被改建，门斗保存完好，日本人加建部分有改造，现已空置	
41	俄式住宅 42 号	不详	砖木	整体保存完好，阳光房有破损变形，现已空置	
42	俄式住宅 43 号	不详	砖木	整体保存完好，山墙有贴建，门斗有破损，现已空置	

续表

序号	名称	竣工年代	结构	现状	照片
43	俄式住宅 44 号	不详	砖木	整体保存完好，窗户有改建痕迹，门斗保存完好，现已空置	
44	俄式住宅 45 号	不详	砖木	整体保存完好，立面窗户多处被改建，现已空置	
45	俄式住宅 46 号	不详	砖木	整体保存完好，阳光房被改建，现已空置	
46	俄式住宅 47 号	不详	砖木	整体保存完好，立面有贴建，现已空置	
47	俄式住宅 48 号	不详	砖木	整体保存完好，山墙有贴建，现已空置	
48	俄式住宅 49 号	不详	砖木	整体保存完好，现已空置	

续表

序号	名称	竣工年代	结构	现状	照片
49	俄式住宅 50 号	不详	砖木	整体保存完好，山墙面有贴建，现已空置	
50	俄式住宅 51 号	不详	砖木	整体保存完好，砖砌门斗保存较好，山墙有贴建，阳光房被改建，现已空置	
51	俄式住宅 54 号	不详	砖木	整体保存完好，阳光房破损严重，门斗保存较好，现已空置	
52	俄式住宅 55 号	不详	砖木	整体保存完好，部分窗户破损，现已空置	
53	俄式住宅 56 号	不详	砖木	整体保存完好，山墙有贴建，现已空置	
54	俄式住宅 57 号	不详	砖木	整体保存完好，山墙有贴建，现已空置	

续表

序号	名称	竣工年代	结构	现状	照片
55	俄式住宅 58 号	不详	砖木	整体保存完好，没有门斗、雨搭，山墙有贴建，现已空置	
56	俄式住宅 59 号	不详	砖木	整体保存完好，阳光房保存完整，现已空置	
57	俄式住宅 60 号	不详	砖木	整体保存完好，部分窗户有改建痕迹，现已空置	
58	俄式住宅 61 号	不详	砖木	整体保存完好，山墙有贴建，立面门窗有改造，现已空置	
59	俄式住宅 62 号	不详	砖木	整体保存完好，窗户有改造，立面贴建严重，现已空置	
60	俄式住宅 63 号	不详	砖木	整体保存完好，山墙面阳光房、门斗保存完好，山墙有贴建，现空置	

续表

序号	名称	竣工年代	结构	现状	照片
61	俄式住宅 64 号	不详	砖木	整体保存完好，山墙面、正立面均贴建严重，现为饭店	
62	俄式住宅 65 号	不详	砖木	整体保存完好，现已空置	
63	俄式住宅 66 号	不详	砖木	整体保存完好，立面有贴建，现已空置	
64	俄式住宅 67 号	不详	砖木	整体保存完好，立面门窗有改建，现已空置	
65	俄式住宅 70 号	不详	砖木	整体保存完好，山墙面门斗保存完好，立面窗户有改建痕迹，现已空置	
66	俄式住宅 71 号	不详	砖木	整体保存较好，山墙面木质门斗保存完好，阳光房破坏严重，山墙面有贴建，立面门窗有改建痕迹，现已空置	

续表

序号	名称	竣工年代	结构	现状	照片
67	俄式住宅 73 号	不详	砖木	整体保存完好，山墙面门窗有改建痕迹，山墙有贴建，现已空置	
68	俄式住宅 74 号	不详	砖木	整体保存完好，山墙面有贴建，现已空置	
69	俄式住宅 75 号	不详	砖木	整体保存完好，立面门窗有改建痕迹，山墙阳光房有破损变形，现已空置	
70	俄式住宅 76 号	不详	砖木	整体保存完好，山墙窗户被堵住，立面有贴建，现已空置	
71	俄式住宅 77 号	不详	砖木	整体保存完好，山墙面阳光房破损变形，山墙面有贴建，现已空置	
72	俄式住宅 78 号	不详	砖木	整体保存完好，山墙面有贴建，立面窗户有改建痕迹，现已空置	

续表

序号	名称	竣工年代	结构	现状	照片
73	俄式住宅 80 号	1902 年	木质	整体保存完好，阳光房较为完整，局部有改建痕迹，现已空置	
74	俄式住宅 81 号	不详	石质	整体保存完好，周边围堵、贴建严重，立面窗户有改建痕迹，现已空置	
75	俄式住宅 82 号	不详	砖木	整体保存完好，山墙木质门斗保存完好，山墙面有贴建，现已空置	
76	俄式住宅 83 号	不详	砖木	整体保存完好，山墙面贴建严重，立面窗户改建成门，现已空置	
77	俄式住宅 84 号	不详	砖木	整体保存完好，山墙面有贴建，阳光房保存完整，现已空置	
78	俄式住宅 85 号	不详	砖木	整体保存完好，木质门斗保存完好，山墙面贴建严重，现已空置	

续表

序号	名称	竣工年代	结构	现状	照片
79	俄式住宅 86 号	不详	砖木	整体保存完好，山墙面有贴建，现已空置	
80	俄式住宅 87 号	不详	砖木	整体保存良好，三个立面被严重改建，一个立面有贴建，现为饭店	
81	俄式住宅 88 号	不详	砖木	整体保存完好，现已空置	
82	俄式住宅 89 号	不详	砖木	整体保存完好，山墙面有贴建，现已空置	
83	俄式住宅 90 号	不详	砖木	整体保存完好，现已空置	
84	俄式住宅 91 号	不详	砖木	整体保存完好，现已空置	

续表

序号	名称	竣工年代	结构	现状	照片
85	俄式住宅 92 号	不详	砖木	整体保存完好，现已空置	
86	俄式住宅 93 号	不详	砖木	整体保存完好，立面有贴建，木质门斗入口部分有改动痕迹，现已空置	
87	俄式住宅 94 号	不详	砖木	整体保存完好，现已空置	
88	俄式住宅 95 号	不详	砖木	整体保存完好，山墙面窗户被堵住，门被换，现已空置	
89	俄式住宅 97 号	不详	砖木	整体保存完好，山墙面贴建严重，现已空置	
90	俄式住宅 98 号	不详	砖木	整体保存完好，立面有贴建，现已空置	

续表

序号	名称	竣工年代	结构	现状	照片
91	俄式住宅 99 号	不详	砖木	整体保存完整，立面窗有改建痕迹，现已空置	
92	俄式住宅 102 号	不详	砖木	整体保存完好，门有改建痕迹，现已空置	
93	俄式住宅 103 号	不详	砖木	整体保存完好，窗有改建痕迹，现已空置	
94	俄式住宅 104 号	不详	砖木	整体保存完好，门有改建痕迹，山墙面有贴建，现已空置	
95	俄式住宅 105 号	不详	砖木	整体保存完好，山墙面有贴建，现已空置	
96	俄式住宅 106 号	不详	砖木	整体保存完好，山墙面有贴建，现已空置	

续表

序号	名称	竣工年代	结构	现状	照片
97	俄式住宅 107 号	不详	砖木	整体保存完好，窗有堵砌和改建痕迹，立面有贴建，现已空置	
98	俄式住宅 108 号	不详	砖木	整体保存完好，山墙面有贴建，现已空置	
99	俄式住宅 109 号	不详	砖木	整体保存完好，门窗有改建痕迹，现已空置	
100	俄式住宅 110 号	不详	砖木	整体保存完好，现已空置	
101	火车站站舍	1903 年	砖木	整体保存完好，外部重新粉刷，内部已重修，现为昂昂溪火车站	
102	铁路天桥	1902 年	砖木	整体保存完好，依然在使用	

续表

序号	名称	竣工年代	结构	现状	照片
103	铁路职工俱乐部	1906 年	砖木	整体保存完好，外部重新粉刷，现为昂昂溪老年活动中心	
104	原中东铁路昂昂溪医院	1903 年	砖木	整体保存完好，立面窗户有改建痕迹，室内地板和地砖依旧保留，现为昂昂溪铁路医院	
105	马厩	不详	砖木	整体保存完好，立面多处门窗有改建痕迹，现已空置	
106	马厩	不详	砖木	整体保存完好，立面多处门窗有改建痕迹，现已空置	
107	俄式住宅 109 号	不详	砖木	整体保存完好，山墙面贴建，现已空置	
108	俄式住宅 110 号	不详	木质	整体保存完好，周围遮挡严重，现已空置	

续表

序号	名称	竣工年代	结构	现状	照片
109	俄式住宅 111 号	不详	砖木	整体保存完好，山墙面贴建严重，现已空置	
110	俄式住宅 112 号	不详	砖木	整体保存完好，现已空置	
111	兵工厂	1903 年	砖木	整体保存完好，立面多处门窗有改建痕迹，立面多处贴建，现已废弃	
112	兵工厂附属建筑 01	不详	砖木	整体保存完好，现已空置	
113	兵工厂附属建筑 02	不详	砖木	整体保存完好，现已空置	
114	兵工厂附属建筑 03	不详	砖木	整体保存完好，现已空置	

续表

序号	名称	竣工年代	结构	现状	照片
115	机车库	1091 年	砖木	整体保存完好，立面有改建痕迹，现已空置	
116	机车库附属建筑 01	不详	砖木	整体保存完好，门窗有改建痕迹，现已空置	
117	机车库附属建筑 02	不详	砖木	整体保存完好，门窗有改建痕迹，现已空置	
118	机车库附属建筑 03	不详	石质	整体保存完好，门窗有改建痕迹，现已空置	
119	石头房	不详	砖石	整体保存完好，周围贴建、围堵严重，现已空置	
120	职工宿舍	1903 年	砖木	整体保存完好，入口处有改动，屋面被翻新，现为建筑工区	

附录 8 昂昂溪历史建筑分布示意图

Appendix 8 A Sketch Map of Historic Buildings in Ang'angxi

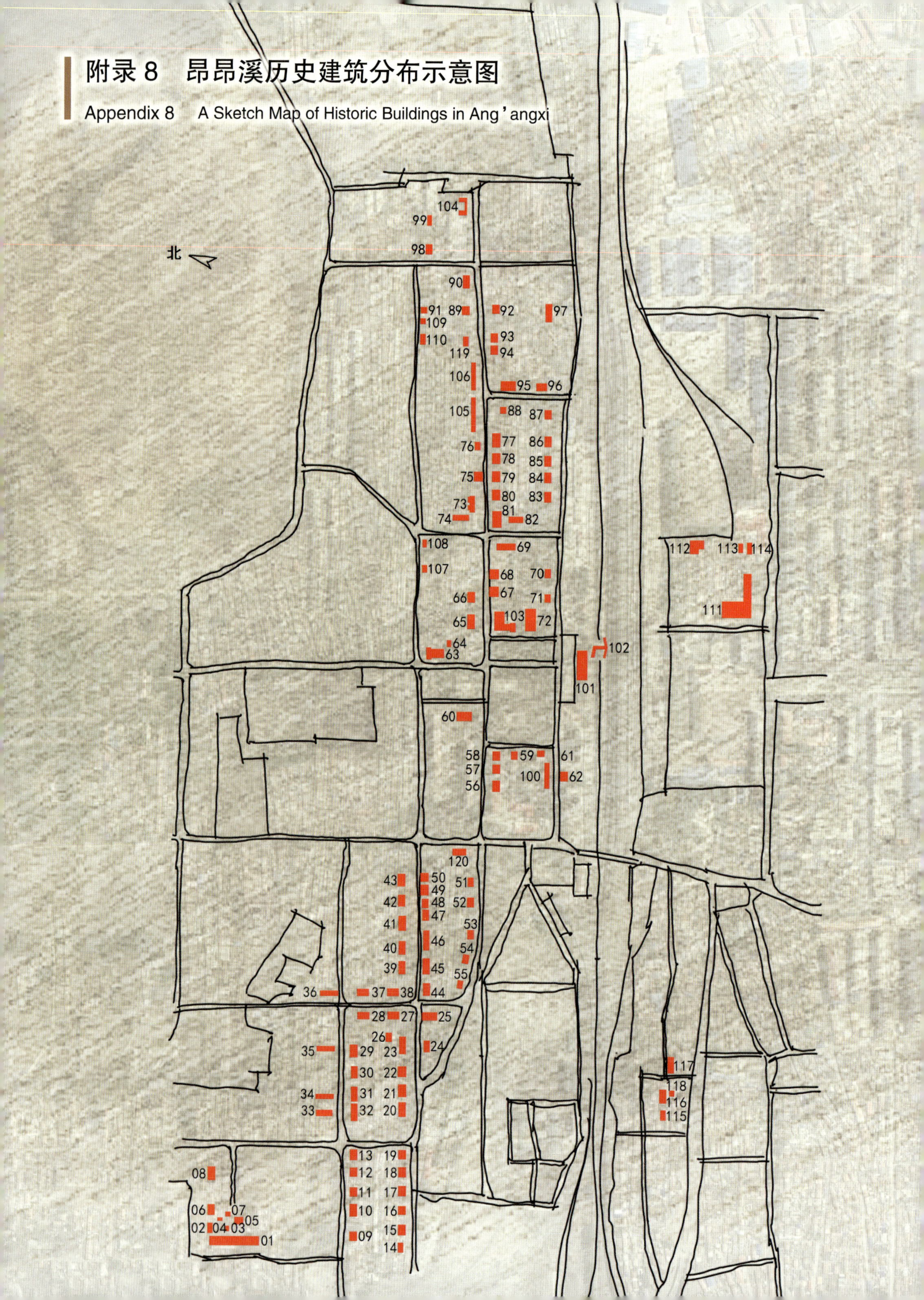

附录 9　博克图历史建筑一览表

Appendix 9　A List of Historic Buildings in Boketu

序号	名称	竣工年代	结构	现状	照片
01	铁路员工住宅	不详	砖木	建筑保存较好，门斗改建，现为民居	
02	铁路员工住宅	不详	砖木	建筑保存较好，部分窗户和屋面已改，现为民居	
03	铁路员工住宅	不详	砖木	建筑保存较好，有部分搭建，现为民居	
04	铁路员工住宅	不详	砖木	建筑保存较好，部分窗户、门斗遭改建，现为民居	
05	铁路员工住宅	不详	砖木	建筑保存较好，局部窗户改建，现为民居	
06	铁路员工住宅	不详	砖木	建筑保存较好，门斗保存完整，部分窗户有改建，现为民居	

续表

序号	名称	竣工年代	结构	现状	照片
07	铁路员工住宅	不详	砖木	建筑保存较好，门斗保存完整，阳光房窗户有改建，建筑下半部分有搭建，现为民居	
08	铁路员工住宅	不详	砖木	建筑保存较好，门斗保持完整，门斗上的门被替换，现为民居	
09	铁路员工住宅	不详	砖木	建筑保存完好，现已空置	
10	铁路员工住宅	不详	砖木	建筑保存完好，门斗与阳光房部分、建筑屋顶有改建，现为民居	
11	铁路员工住宅	不详	砖、木、石混搭	建筑保存完好，阳光房部分被破坏，现为民居	
12	铁路员工住宅	不详	砖木	建筑保存完好，地下一层原本为石构，现在已改变，现为民居	

续表

序号	名称	竣工年代	结构	现状	照片
13	铁路员工住宅	不详	砖木	建筑保存完好，建筑下部有搭建，现为民居	
14	铁路员工住宅	不详	砖、木、石混搭	建筑保存完好，但两侧山墙和一层下部均有贴建，现为民居	
15	苏联烈士纪念碑	不详	石质	纪念碑保存完好	
16	中东铁路医院	1902 年	砖木	建筑保存完好，内部有部分破损，现已废弃	
17	铁路员工住宅	不详	木质	建筑保存完好，窗户与屋面有改建，建筑山墙有贴建，现为民居	
18	铁路员工住宅	不详	砖木	建筑保存完好	四周其他建筑围堵严重，无法拍照

续表

序号	名称	竣工年代	结构	现状	照片
19	铁路员工住宅	不详	木质	建筑保存完好，屋面已经改建，现为民居	
20	铁路员工住宅	不详	木质	建筑保存完好，阳光房保存较好，屋面已经改建，现为民居	
21	铁路员工住宅	不详	木质	建筑保存完好，门斗有部分板条被替换，现为民居	
22	铁路员工住宅	不详	木质	建筑保存完好，屋面已改建，立面入口有改变，现为民居	
23	铁路员工住宅	不详	砖木	建筑保存完好，现已废弃，由于周边围堵严重，无法拍摄建筑全貌	
24	铁路员工住宅	不详	砖木	建筑保存完好，部分窗户已封堵，现为民居	

续表

序号	名称	竣工年代	结构	现状	照片
25	铁路员工住宅	不详	木结构	建筑保存完好，门斗保存较好，建筑山墙有贴建，现为民居	
26	铁路员工住宅	不详	石质	建筑保存完好，山墙有贴建，建筑围护结构部分改建，现为民居	
27	铁路员工住宅	不详	木质	建筑保存完好，山墙侧阳光房保存较好，部分窗户改建，现为民居	
28	铁路员工住宅	不详	石质	建筑保存完好，门斗保存完好，窗户部分改建，现为民居	
29	铁路员工住宅	不详	砖木	建筑保存完好，部分窗户有改建，现为民居	
30	铁路员工住宅	不详	木构	建筑保存完好，阳光房保存完好，屋面有改动，现为民居	

续表

序号	名称	竣工年代	结构	现状	照片
31	铁路员工住宅	不详	砖木	建筑保存较好，部分窗户被堵住，立面贴建严重，现已废弃	
32	铁路员工住宅	不详	木质	建筑保存完好，现为博大煤炭经销部	
33	铁路员工住宅	不详	砖木	建筑保存完好，屋面已改建,立面部分砖块被破坏,现一半空置、一半为民居	
34	铁路员工住宅	不详	木质	建筑保存完好，屋面和窗户、阳光房已改建，现为民居	
35	百年段长办公室	不详	砖木	建筑保存完好，牙克石政府已立碑，建筑内部保存很多当年的装修和家具，现被当地文保人士所保管	
36	铁路员工住宅	不详	砖木	建筑保存完好，窗户被改建，现已废弃	

续表

序号	名称	竣工年代	结构	现状	照片
37	铁路员工住宅	不详	砖木	建筑保存完好，山墙面有贴建，屋面被改建，现为民居	
38	满铁寮	不详	砖木	建筑保存完好，窗户均被改建，现部分用于居住、部分废弃	
39	博克图铁路员工集体宿舍	1903 年	石质	建筑保存完好，窗户被改建，入口阳光房保存完好，现为齐齐哈尔房管分局博克图办事处	
40	博克图铁路员工集体宿舍	1903 年	石质	建筑保存完好，窗户被改建，现已废弃	
41	护路军司令部	1903 年	石质	建筑保存极为完好，现已被当地文保人士所保护	
42	护路军兵营	1902 年	砖质	建筑外观与内部结构保存完好，部分窗户被堵住，周边贴建严重，现为商店	

续表

序号	名称	竣工年代	结构	现状	照片
43	护路军兵营	1902 年	砖质	建筑保存完好，现已废弃	
44	铁路员工住宅	不详	木质	建筑保存完好，檐口装饰有破损，现为民居	
45	铁路员工住宅	不详	砖木	建筑保存完好，门斗保存完好，屋顶有改建，现为民居	
46	铁路员工住宅	不详	木质	建筑保存完好，部分围护结构和窗户被改建，阳光房保存完好，现为民居	
47	铁路员工住宅	不详	木质	建筑保存完好，立面部分破损，现为民居	
48	铁路员工住宅	不详	砖木	建筑保存完好，部分窗户被改建，有的窗户被改建为门，现部分为民居、部分已废弃	

续表

序号	名称	竣工年代	结构	现状	照片
49	铁路员工住宅	不详	砖木	建筑保存完好，山墙有贴建，现为民居	
50	铁路员工住宅	不详	木质	建筑保存完好，阳光房有改建，立面有贴建，现为民居	
51	铁路员工住宅	不详	砖木	建筑保存完好，门斗保存完好，现为民居	
52	铁路员工住宅	不详	木质	建筑保存完好，山墙有贴建，现为民居	
53	铁路员工住宅	不详	木质	建筑保存完好，两侧阳光房木料有替换，屋面有改建，现为民居	
54	铁路员工住宅	不详	木质	建筑破损有些严重，窗户被木板堵住，周边有贴建，现已废弃	

续表

序号	名称	竣工年代	结构	现状	照片
55	铁路员工住宅	不详	木质	建筑围护结构有部分破损,门斗和阳光房有破损,现为民居	
56	铁路员工住宅	不详	木质	建筑保存较好，窗户有改建，两侧阳光房保留，现为民居	
57	铁路员工住宅	不详	木质	建筑保存完好，周边有贴建，窗户装饰贴脸保存完好，现为民居	
58	铁路员工住宅	不详	木质	建筑保存完好，屋面已改建，周边围堵严重，无法拍全立面	
59	铁路员工住宅	不详	木质	建筑保存完好，周边围堵严重，无法拍全立面	
60	铁路员工住宅	不详	木质	建筑保存完好，周边围堵严重，无法拍全立面	

续表

序号	名称	竣工年代	结构	现状	照片
61	铁路员工住宅	不详	木质	建筑维护构件有破损，周边围堵严重，无法拍全立面	
62	铁路员工住宅	不详	木质	建筑围护构件完好，阳光房有破损，窗户被堵住，现为民居	
63	铁路员工住宅	不详	木质	建筑保存完好，门窗均有改变，阳光房有破损，现为民居	
64	铁路员工住宅	不详	木质	建筑保存完好，阳光房破损严重，现为民居	
65	铁路员工住宅	不详	木质	建筑保存完好，门斗有改建，现为民居	
66	铁路员工住宅	不详	木质	建筑保存完好，有部分改建，窗户木质贴脸装饰保存完好，现为民居	

续表

序号	名称	竣工年代	结构	现状	照片
67	铁路员工住宅	不详	砖木	建筑保存完好，部分窗户已改建，现部分为民居、部分废弃	
68	铁路员工住宅	不详	木质	建筑保存完好，部分窗户已改建，现为民居	
69	铁路员工住宅	不详	砖木	建筑保存完好，立面窗户已改建，现为民居	
70	铁路员工住宅	不详	砖木	建筑保存完好，立面窗户已改建，现为民居	
71	铁路员工住宅	不详	木质	建筑保存完好，阳光房有改建，门斗保存较好，现为民居	
72	铁路员工住宅	不详	砖木	建筑保存完好，阳光房保存完好，立面和窗户遭改建，现为民居	

续表

序号	名称	竣工年代	结构	现状	照片
73	铁路员工住宅	1902 年	木质	建筑保存完好，窗户有部分改造，现为民居	
74	铁路员工住宅	不详	砖木	保存较为完好，现为民居	
75	铁路员工住宅	不详	砖木	保存较为完好，阳光房有一定破损，侧立面有贴建，现为民居	
76	铁路员工住宅	不详	砖木	保存较为完好，侧面有贴建，窗户被改造，现为民居	
77	铁路员工住宅	不详	砖木	保存较为完好，现已废弃	
78	铁路员工住宅	不详	砖木	保存较为完好，现为民居	

续表

序号	名称	竣工年代	结构	现状	照片
79	铁路员工住宅	不详	木质	建筑保存较为完好，装饰细节犹在，现已废弃	
80	铁路员工住宅	不详	木质	保存较为完好，装饰细节犹在，现已废弃	
81	铁路员工住宅	不详	木质	建筑整体变形，围护结构仍在，急需保护，现已废弃	
82	机车库	不详	砖混	建筑整体保存完整，门已更新	
83	水塔	不详	砖混	水箱部分破损严重，基座保存完好	

附录 10 博克图历史建筑分布示意图

Appendix 10 A Sketch Map of Historic Buildings in Boketu

参考文献
References

[1] 扎兰屯市史志编纂委员会 . 扎兰屯市志 [M]. 天津：百花文艺出版社，1993.

[2] 郑长椿 . 中东铁路历史编年（1895—1952）[M]. 哈尔滨：黑龙江人民出版社，1987.

[3] 苏崇民 . 满铁史 [M]. 北京：中华书局，1990.

[4] 程维荣 . 近代东北铁路附属地 [M]. 上海：上海社会科学院出版社，2008.

[5] 朱明 . 扎兰屯文史资料 [M]. 呼和浩特：远方出版社，2004.

[6] 刘松茯 . 哈尔滨城市建筑的现代转型与模式探析（1898—1949）[M]. 北京：中国建筑工业出版社 2003.

[7] 亚历山大 • 仲尼斯，利恩 • 勒费夫儿 . 古典主义建筑——秩序的美学 [M]. 何可人，译 . 北京：中国建筑工业出版社，2008.

[8] 英罗杰 • 斯克鲁顿 . 建筑美学 [M]. 刘先觉，译 . 北京：中国建筑工业出版社，2003.

[9] 李砚祖 . 装饰之道 [M]. 北京：中国人民大学出版社，1993.

[10] 李济棠，中国人民政治协商会议黑龙江省委员会文史资料委员会编辑部 . 中俄密约和中东铁路的修筑 [M]. 哈尔滨：黑龙江人民出版社，1989.

[11] 宋景文 . 珠河县志 [M]. 台北：成文出版社有限公司，1974.

[12] 罗荣渠 . 从“西化”到现代化 [M]. 合肥：黄山书社，2008.

[13] 尔集亚宁 . 俄罗斯建筑史 [M]. 陈志华，译 . 北京：建筑工程出版社，1955.

[14] 杨秉德 . 中国近代中西建筑文化交融史 [M]. 武汉：湖北教育出版社，2003.

[15] 金东哲 . 海林县志 [M]. 北京：中国文史出版社，1990.

[16] 李济棠 . 中东铁路——沙俄侵华的工具 [M]. 哈尔滨：黑龙江人民出版社，1979.

[17] 常怀生 . 哈尔滨建筑艺术 [M]. 哈尔滨：黑龙江科学技术出版社，1990.

[18] 郐艳丽 . 东北地区城市空间形态研究 [M]. 北京：中国建筑工业出版社，2006.

[19] 维特伯爵 . 维特伯爵回忆录 [M]. 肖洋，柳思思，译 . 北京：中国法制出版社，2011.

[20] B.B. 戈利岑 . 中东铁路护路队参加一九〇〇年满洲事件纪略 [M]. 李述笑，田宜耕，译 . 北京：商务印书馆，1984.

[21] 哈尔滨满铁事务所 . 北满概观 [M]. 汤尔和，译 . 上海：商务印书馆，1937.
[22] 梁玮男 . 世纪之交的华美乐章——哈尔滨“新艺术”建筑解析 [M]. 武汉：华中科技大学出版社，2009.
[23] 武国庆 . 建筑艺术长廊——中东铁路老建筑寻踪 [M]. 哈尔滨：黑龙江人民出版社，2008.
[24] 庞学臣 . 中东铁路大画册 [M]. 哈尔滨：黑龙江人民出版社，2013.
[25] 张庆斌 . 俄罗斯建筑立面装饰图集 [M]. 北京：中国建筑工业出版社，2005.
[26] 横道河子人民政府 . 百年古镇横道河子 [M]. 哈尔滨：黑龙江人民出版社，2008.
[27] 中东铁路工程局 . 中东铁路建设图集（1896—1903）[M]. 北京：商务印书馆，1904.
[28] 饶胜文 . 布局天下：中国古代军事地理大势 [M]. 北京：解放军出版社，2001.
[29] 吴焕加 .20 世纪西方建筑史 [M]. 郑州：河南科学技术出版社，1998.
[30] 万书元 . 当代西方建筑美学新潮 [M]. 上海：同济大学出版社，2012.
[31] 宓汝成 . 中国近代铁路史资料（1863—1911）[M]. 北京：中华书局，1963.
[32] 金士宣，徐文述 . 中国铁路发展史（1876—1949） [M]. 北京：中国铁道出版社，1986.
[33] 郑永旺 . 俄罗斯东正教与黑龙江文化：龙江大地上俄罗斯东正教的历史回声 [M]. 哈尔滨：黑龙江大学出版社，2010.
[34] 吴克明 . 俄国东正教侵华史略 [M]. 兰州：甘肃人民出版社，1985.
[35] 田中秀 . 东北之交通 [M]. 沈钟灵，译 . 沈阳：东北问题研究社，1932.
[36] 克拉金 . 哈尔滨——俄罗斯人心中的理想城市 [M]. 张琦，路立新，译 . 哈尔滨：哈尔滨出版社，2007.
[37] 张彤 . 整体地区建筑 [M]. 南京：东南大学出版社，2003.
[38] 史永高 . 材料呈现——19 和 20 世纪西方建筑中材料的建造-空间双重性研究 [M]. 南京：东南大学出版社，2008.
[39] 张柏春，姚芳，张久春，等 . 苏联技术向中国的转移（1949 —1966）[M]. 济南：山东教育出版社，2005.
[40] 作新社 . 白山黑水录 [M]. 上海：作新社，1902.
[41] 王其钧 . 西方建筑图解词典 [M]. 北京：机械工业出版社，2006.
[42] 王葆华，田晓 . 装饰材料与施工工艺 [M]. 武汉：华中科技大学出版社，2009.
[43] 韩伟强 . 石构建筑与木构建筑 [M]. 南京：东南大学出版社，2001.
[44] 陈志华 . 外国建筑史（19 世纪末叶以前 ）[M]. 3 版 . 北京：中国建筑工业出版社，2004.

[45] 季翔．建筑表皮语言 [M]. 北京：中国建筑工业出版社，2011.
[46] 李海清，潘谷西．中国建筑现代转型 [M]. 南京：东南大学出版社，2003.
[47] 马进，杨靖．当代建筑构造的建构解析 [M]. 南京：东南大学出版社，2005.
[48] 施维琳，丘正瑜．中西民居建筑文化比较 [M]. 昆明：云南大学出版社，2007.
[49] 韩建新，刘广杰．建筑装饰构造 [M]. 2 版．北京：中国建筑工业出版社，2004.
[50] 任光宣．俄罗斯艺术史 [M]. 北京：北京大学出版社，2000.
[51] 柳孝图．建筑物理 [M]. 3 版．北京：中国建筑工业出版社，2010.
[52] 张家博．路径：建筑的思维与建构 [D]. 天津：天津大学，2010.
[53] 陈越．砖砌体——以材料自然属性为分析基础的建构形式研究 [D]. 南京：东南大学，2006.
[54] 张玉函．建筑形态的发生 [D]. 昆明：昆明理工大学，2007.
[55] 达日夫．中东铁路与东蒙古 [D]. 呼和浩特：内蒙古大学，2011.
[56] 史清俊．砖石材料在建筑表皮中的美学应用研究 [D]. 西安：西安建筑科技大学，2012.
[57] 邹涵博．建筑石材工艺研究 [D]. 北京：清华大学，2007.
[58] 陈楠．建筑石材技术及运用初探 [D]. 南京：东南大学，2005.
[59] 李国友．文化线路视野下的中东铁路建筑文化解读 [D]. 哈尔滨：哈尔滨工业大学，2013.
[60] 毛英丽．中东铁路住宅建筑研究 [D]. 哈尔滨：哈尔滨工业大学，2015.
[61] 刘 泉．近代东北城市规划之空间形态研究——以沈阳、长春、哈尔滨、大连为例 [D]. 大连：大连理工大学，2008.
[62] 李琦．一面坡近代城镇建筑与规划研究 [D]. 哈尔滨：哈尔滨工业大学，2014.
[63] 曲蒙．扎兰屯近代城镇规划与建筑研究 [D]. 哈尔滨：哈尔滨工业大学，2013.
[64] 司道光．中东铁路建筑保温与采暖技术研究 [D]. 哈尔滨：哈尔滨工业大学，2013.
[65] 杨舒驿．中东铁路建筑砖构筑形态研究 [D]. 哈尔滨：哈尔滨工业大学，2012.
[66] 陈海娇．中东铁路附属建筑木材构筑形态的表征与组合方式研究 [D]. 哈尔滨：哈尔滨工业大学，2012.
[67] 陈秋杰．西伯利亚大铁路修建及其影响研究（1917 年前）[D]. 长春：东北师范大学，2011.
[68] 姜鑫．工业考古学视角下中东铁路工业遗产的研究策略与方法 [D]. 哈尔滨：哈尔滨工业大学，2011.
[69] 李百浩．日本在中国的占领地的城市规划历史研究 [D]. 上海：同济大学，1997.
[70] 曲晓范．近代东北城市的历史变迁 [M]. 长春：东北师范大学出版社，2001.
[71] 李国友，刘大平．近代工业文明与移民文化的辉煌交响：中东铁路重镇横道河子建筑景观初探 [J].

北京规划建设，2011（1）：86-89.
[72] 侯幼斌 . 文化碰撞与“中西建筑文化交融”[J]. 华中建筑，1988（3）：6-9.
[73] 张军，刘大平，孙尧 . 横道河子中东铁路建筑群遗产价值调研分析 [J]. 华中建筑，2015（3）：95-100.
[74] 姜鑫，刘大平 . 中东铁路横道河子远东机车库建筑形态探析 [J]. 北京规划建设，2011（1）：77-81.
[75] 曲晓范 . 满铁附属地与近代东北城市空间及社会结构的演变 [J]. 社会科学战线，2003（1）：155-161.
[76] 莫娜，刘大平 . 哈尔滨城市边缘建筑文化特质解析 [J]. 城市建筑，2008（6）：82-84.
[77] 罗清海，彭文武，柳建祥，等 . 几种生物质材料的保温节能性能分析 [J]. 南华大学学报（自然科学版），2011，25（1）：103-107.
[78] 刘靖方，张伟，刘开蕾 . 对火墙、火炕砌筑方法的研究 [J]. 平顶山工学院学报，2006（5）：56-57.
[79] 肖冰 . 东北地区井干式传统民居建构解析 [J]. 陕西建筑，2010（2）：5-7.
[80] 李琦 . 建筑文化遗产群落的多样性特征解读——以中东铁路为例 [J]. 建筑师，2017（5）：101-105.

图片来源
Picture Credits

图 1.1 载于：

左上：

http://image.so.com/v?ie=utf-8&src=hao_360so&q=%E6%89%8E%E5%85%B0%E5%B1%AF&correct=%E6%89%8E%E5%85%B0%E5%B1%AF&cmsid=13b9f5c7eac79e407063648d8afc4c97&cmran=0&cmras=6&cn=0&gn=0&kn=6#multiple=0&gsrc=1&dataindex=9&id=bf8cda022a0361eada553b1c274fd3de&currsn=0&jdx=9&fsn=66

中上：

http://image.so.com/v?ie=utf-8&src=hao_360so&q=%E6%89%8E%E5%85%B0%E5%B1%AF&correct=%E6%89%8E%E5%85%B0%E5%B1%AF&cmsid=13b9f5c7eac79e407063648d8afc4c97&cmran=0&cmras=6&cn=0&gn=0&kn=6#id=0fa1ef4740aab34266769ee9f6554a63&itemindex=0&currsn=0&jdx=17&gsrc=1&fsn=66&multiple=0&dataindex=17&prevsn=0

右上：

http://image.so.com/v?ie=utf-8&src=hao_360so&q=%E6%89%8E%E5%85%B0%E5%B1%AF&correct=%E6%89%8E%E5%85%B0%E5%B1%AF&cmsid=13b9f5c7eac79e407063648d8afc4c97&cmran=0&cmras=6&cn=0&gn=0&kn=6#id=88b9d5eac96fef19d76a5ac4b9e86332&itemindex=0&currsn=0&jdx=23&gsrc=1&fsn=66&multiple=0&dataindex=23&prevsn=0

左下：

http://image.so.com/v?ie=utf-8&src=hao_360so&q=%E6%89%8E%E5%85%B0%E5%B1%AF&correct=%E6%89%8E%E5%85%B0%E5%B1%AF&cmsid=13b9f5c7eac79e407063648d8afc4c97&cmran=0&cmras=6&cn=0&gn=0&kn=6#multiple=0&gsrc=1&dataindex=39&id=864a2ee91fff66006235ec6787dd40e0&currsn=0&jdx=39&fsn=66

中下：

http://image.so.com/v?ie=utf-8&src=hao_360so&q=%E6%89%8E%E5%85%B0%E5%B1%AF&correct=%E6%89%8E%E5%85%B0%E5%B1%AF&cmsid=13b9f5c7eac79e407063648d8afc4c97&cmran=0&cmras=6&cn=0&gn=0&kn=6#multiple=0&gsrc=1&dataindex=35&id=65da364b4599a87e81ca7236528f82ec&currsn=0&jdx=35&fsn=66

右下：

http://image.so.com/v?ie=utf-8&src=hao_360so&q=%E6%89%8E%E5%85%B0%E5%B1%AF&correct=%E6%89%8E%E5%85%B0%E5%B1%AF&cmsid=13b9f5c7eac79e407063648d8afc4c9

7&cmran=0&cmras=6&cn=0&gn=0&kn=6#multiple=0&gsrc=1&dataindex=39&id=864a2ee91fff66006235ec6787dd40e0&currsn=0&jdx=39&fsn=66

图 1.2，图 1.3，图 1.29，图 1.33，图 2.29a，图 2.63a，图 3.2，图 3.7，图 3.8a，图 3.10b，图 3.11a，图 3.11b，图 3.11c，图 3.27，图 3.30，图 3.36a，图 5.3，图 5.6（a），图 5.18，图 5.22，图 5.24，图 5.25 载于：《中东铁路大画册》（中东铁路工程局，1905）

图 1.4，图 1.34，图 1.35，图 1.36（b）（c），图 2.6，图 5.26 载于：哈尔滨支部 .《满洲建筑杂志》，1936）

图 1.7，图 1.14，图 1.16（a），图 1.19，图 1.42c，图 2.1a，图 2.11，图 2.12，图 2.65，图 2.66，图 3.24a，图 3.36b，图 3.39a，图 3.39b 载于：《建筑艺术长廊——中东铁路老建筑寻踪》（武国庆，黑龙江人民出版社，2008）

图 2.2，2.7，2.8，2.9，图 2.18，图 2.20a，图 2.63b，图 2.64，图 2.67 历史照片，一面坡当地居民提供

图 2.3，图 3.3，图 3.10a，图 3.41，图 5.20，图 5.21 载于：《中东铁路建设图集（1896—1903）》（中东铁路工程局，1904）

图 3.1 载于：《百年古镇横道河子》（横道河子人民政府，2008）

图 3.5 载于：《世界遗产地理》（走遍东北亚，2016 年 11 月刊）

图 3.9 左下载于：
http://www.lotour.com/zhengwen/2/lg-jc-20877.shtml

图 3.12 左载于：
http://imharbin.com/post/18896

图 4.11 载于：
http://blog.sina.com.cn/s/blog_48b3cedd0102vkfy.html

后 记
Postscript

2010 年暑假前期，带学生去横道河子镇进行中东铁路历史建筑的测绘，当时就被小镇的异国风情所打动，留下了极深的印象和好感。也就从那时起，开始关注中东铁路建筑遗产的研究，并在其后第二年的夏天，再一次来到横道河子镇，继续完成了余下重要历史建筑的测绘。此后连续几年，分别又去了扎兰屯、一面坡、安达、肇东、阿城等中东铁路沿线的城镇与站点，进行了大量的历史建筑测绘，并对诸多的历史城镇进行了细致的考察和调研。这些难忘的经历和珍贵的成果，后来都为主持承担的（2013—2016）国家自然科学基金项目“文化线路视野下的中东铁路建筑文化特质与保护研究”（51278139），以及（2016—2017）中俄政府间科技合作项目“中国中东铁路与俄罗斯西伯利亚铁路（远东段）沿线建筑文化遗产特色及保护策略研究”（CR19-18）的顺利完成提供了极大的支持。结合这些纵向科研课题的研究工作，先后完成了《一面坡近代城镇建筑与规划研究》（李琦）、《扎兰屯近代城镇规划与建筑研究》（曲蒙）、《横道河子近代城镇规划与建筑研究》（宗敏）等硕士论文以及若干篇相关的学术论文。本书就是在这些研究成果的基础上，经过整理充实后而编撰完成的。

这本书所选择的 5 个沿线历史城镇，都各具特色与风采。不论在规划布局上，还是在功能属性上、建筑艺术上，都表现出不同的个性化特征。横道河子镇建在海拔相对较高的山区，与山体河流相伴，沿铁路两侧高低错落的建筑构成了迷人的景观；扎兰屯镇在铁路的一侧发展，紧邻大面积的森林与河流，有着极好的怡人风光，是当时沿线铁路员工休闲度假的好去处；一面坡镇因离哈尔滨较近，具有三面环山、一面临水的优美自然景观，也曾是当时沿线重要的商业中心；昂昂溪目前仍保存着较为完整的中东铁路居住区，大量的铁路员工住宅建筑形态多姿，建造精美，令人流连忘返；博克图镇的历史建筑功能类型齐全，造型各异，风格多样，至今保存相对较好，历史味道依然浓厚。

通过这些年的研究，逐步深刻地认识到：中东铁路沿线的历史城镇是这条文化线路中最精彩、最具特色，也是最有价值的历史建筑遗产。它们像一颗颗闪亮夺目的珍珠，散落并串联在这条文化线路上；它们的存在是这条文化线路能够如此蕴含魅力的前提，无法想象，如果这些历史城镇变得黯淡，最终缺失，这条文化线路遗产的价值还从何谈起。因此，如何保护好这些沿线的历史城镇，就成为当前应该被关注的头等大事。从沿线历史城镇的现状来看，除少量历史城镇的建筑遗产得到了较好的保护之外，大部分都急需给予更有效的保护和更科学的修缮，否则将留下无法弥补的遗憾。这是每一个人都不愿看到的结果。

最后，这本书的编写凝聚了很多人的智慧和辛苦。博士生李琦、曲蒙在编辑排版以及文字的充实、调整、完善等方面默默地做了大量的工作；王岩老师在英文翻译上给予了热心的帮助；李国友老师当年搜集的很多资料文献为本书增色不少；硕士生朱萌、周里婷、祝庄荣、闫楚倩等也参与了本书的排版工作。没有大家的全力支持，就没有这本书的出版，大家所做的一切，将终生难忘。

刘大平　卞秉利

2018.5

图书在版编目(CIP)数据

中东铁路沿线近代城镇规划与建筑形态研究/刘大平，卞秉利著. —哈尔滨：哈尔滨工业大学出版社，2018.6

（地域建筑文化遗产及城市与建筑可持续发展研究丛书）

lSBN 978-7-5603-7490-1

I. ①中… Ⅱ. ①刘… ②卞… Ⅲ. ①铁路沿线—城市建设—研究—东北地区 Ⅳ. ①F299. 273

中国版本图书馆CIP数据核字（2018）第140944号

策划编辑 杨 桦
责任编辑 佟 馨 陈 洁 鹿 峰 宗 敏
装帧设计 卞秉利
出版发行 哈尔滨工业大学出版社
社 址 哈尔滨市南岗区复华四道街10号 邮编150006
传 真 0451-86414749
网 址 http://hitpress. hit. edu. cn
印 刷 哈尔滨市石桥印务有限公司
开 本 889mm×1194mm 1/16 印张23.25 字数520千字
版 次 2018年6月第1版 2018年6月第1次印刷
书 号 ISBN 978-7-5603-7490-1
定 价 228.00元